21 世纪全国应用型本科计算机案例型规划教材

Visual C++程序设计实用案例教程

主　编　于永彦　王志坚
　　　　娄渊胜　束玉琴

北京大学出版社

PEKING UNIVERSITY PRESS

内 容 简 介

本书为 C++程序设计教材的高级程序设计部分，主要讲述 Visual C++基础知识与基本应用，包括 OOP 概念、Windows 程序原理、MFC 类库及其应用程序框架、数据库应用程序设计、网络应用程序设计和多媒体应用程序设计。全书仍然以一个实用的"简易学生管理系统"为研究载体，针对每一个具体应用问题设计一个"子工程模型"，从基本概念入手，循序渐进，既有必要的理论知识的铺垫，又重点突出了对读者实践技能的培养与训练。

本书适用于理工类大中、专院校的 C++程序设计课程，也可供程序设计爱好者和工程技术人员参考使用。

图书在版编目(CIP)数据

Visual C++程序设计实用案例教程/于永彦，王志坚，娄渊胜，束玉琴主编. —北京：北京大学出版社，2010.2
(21 世纪全国应用型本科计算机案例型规划教材)

ISBN 978-7-301-16597-3

Ⅰ. V… Ⅱ. ①于…②王…③娄…④束… Ⅲ. C 语言—程序设计—高等学校—教材 Ⅳ. TP312

中国版本图书馆 CIP 数据核字(2010)第 009482 号

书 名：	Visual C++程序设计实用案例教程
著作责任者：	于永彦 王志坚 娄渊胜 束玉琴 主编
策 划 编 辑：	孙哲伟 李 虎
责 任 编 辑：	孙哲伟
标 准 书 号：	ISBN 978-7-301-16597-3/TP · 1074
出 版 者：	北京大学出版社
地 址：	北京市海淀区成府路 205 号 100871
网 址：	http://www.pup.cn http://www.pup6.com
电 话：	邮购部 62752015 发行部 62750672 编辑部 62750667 出版部 62754962
电 子 邮 箱：	pup_6@163.com
印 刷 者：	北京大学印刷厂
发 行 者：	北京大学出版社
经 销 者：	新华书店

787 毫米×1092 毫米 16 开本 21.5 印张 492 千字
2010 年 2 月第 1 版 2010 年 2 月第 1 次印刷

定 价： 32.00 元

21世纪全国应用型本科计算机案例型规划教材
专家编审委员会
(按姓名拼音顺序)

信息技术的案例型教材建设

(代丛书序)

刘瑞挺

北京大学出版社第六事业部在 2005 年组织编写了《21 世纪全国应用型本科计算机系列实用规划教材》，至今已出版了 50 多种。这些教材出版后，在全国高校引起热烈反响，可谓初战告捷。这使北京大学出版社的计算机教材市场规模迅速扩大，编辑队伍茁壮成长，经济效益明显增强，与各类高校师生的关系更加密切。

2008 年 1 月北京大学出版社第六事业部在北京召开了"21 世纪全国应用型本科计算机案例型教材建设和教学研讨会"。这次会议为编写案例型教材做了深入的探讨和具体的部署，制定了详细的编写目的、丛书特色、内容要求和风格规范。在内容上强调面向应用、能力驱动、精选案例、严把质量；在风格上力求文字精练、脉络清晰、图表明快、版式新颖。这次会议吹响了提高教材质量第二战役的进军号。

案例型教材真能提高教学的质量吗？

是的。著名法国哲学家、数学家勒内·笛卡儿(Rene Descartes，1596—1650)说得好："由一个例子的考察，我们可以抽出一条规律。(From the consideration of an example we can form a rule.)"事实上，他发明的直角坐标系，正是通过生活实例而得到的灵感。据说是在 1619 年夏天，笛卡儿因病住进医院。中午他躺在病床上，苦苦思索一个数学问题时，忽然看到天花板上有一只苍蝇飞来飞去。当时天花板是用木条做成正方形的格子。笛卡儿发现，要说出这只苍蝇在天花板上的位置，只需说出苍蝇在天花板上的第几行和第几列。当苍蝇落在第四行、第五列的那个正方形时，可以用(4，5)来表示这个位置……由此他联想到可用类似的办法来描述一个点在平面上的位置。他高兴地跳下床，喊着"我找到了，找到了"，然而不小心把国际象棋撒了一地。当他的目光落到棋盘上时，又兴奋地一拍大腿："对，对，就是这个图"。笛卡儿锲而不舍的毅力，苦思冥想的钻研，使他开创了解析几何的新纪元。千百年来，代数与几何，井水不犯河水。17 世纪后，数学突飞猛进的发展，在很大程度上归功于笛卡儿坐标系和解析几何学的创立。

这个故事，听起来与阿基米德在浴池洗澡而发现浮力原理，牛顿在苹果树下遇到苹果落到头上而发现万有引力定律，确有异曲同工之妙。这就证明，一个好的例子往往能激发灵感，由特殊到一般，联想出普遍的规律，即所谓的"一叶知秋"、"见微知著"的意思。

回顾计算机发明的历史，每一台机器、每一颗芯片、每一种操作系统、每一类编程语言、每一个算法、每一套软件、每一款外部设备，无不像闪光的珍珠串在一起。每个案例都闪烁着智慧的火花，是创新思想不竭的源泉。在计算机科学技术领域，这样的案例就像大海岸边的贝壳，俯拾皆是。

事实上，案例研究(Case Study)是现代科学广泛使用的一种方法。Case 包含的意义很广：包括 Example 例子，Instance 事例、示例，Actual State 实际状况，Circumstance 情况、事件、境遇，甚至 Project 项目、工程等。

我们知道在计算机的科学术语中，很多是直接来自日常生活的。例如 Computer 一词早在 1646 年就出现于古代英文字典中，但当时它的意义不是"计算机"而是"计算工人"，即专门从事简单计算的工人。同理，Printer 当时也是"印刷工人"而不是"打印机"。正是由于这些"计算工人"和"印刷工人"常出现计算错误和印刷错误，才激发查尔斯·巴贝奇(Charles Babbage，1791—1871)设计了差分机和分析机，这是最早的专用计算机和通用计算机。这位英国剑桥大学数学教授、机械设计专家、经济学家和哲学家是国际公认的"计算机之父"。

20 世纪 40 年代，人们还用 Calculator 表示计算机器。到电子计算机出现后，才用 Computer 表示计算机。此外，硬件(Hardware)和软件(Software)来自销售人员。总线(Bus)就是公共汽车或大巴，故障和排除故障源自格瑞斯·霍普(Grace Hopper，1906—1992)发现的"飞蛾子"(Bug)和"抓蛾子"或"抓虫子"(Debug)。其他如鼠标、菜单……不胜枚举。至于哲学家进餐问题，理发师睡觉问题更是操作系统文化中脍炙人口的经典。

以计算机为核心的信息技术，从一开始就与应用紧密结合。例如，ENIAC 用于弹道曲线的计算，ARPANET 用于资源共享以及核战争时的可靠通信。即使是非常抽象的图灵机模型，也受到二战时图灵博士破译纳粹密码工作的影响。

在信息技术中，既有许多成功的案例，也有不少失败的案例；既有先成功而后失败的案例，也有先失败而后成功的案例。好好研究它们的成功经验和失败教训，对于编写案例型教材有重要的意义。

我国正在实现中华民族的伟大复兴，教育是民族振兴的基石。改革开放 30 年来，我国高等教育在数量上、规模上已有相当的发展。当前的重要任务是提高培养人才的质量，必须从学科知识的灌输转变为素质与能力的培养。应当指出，大学课堂在高新技术的武装下，利用 PPT 进行的"高速灌输"、"翻页宣科"有愈演愈烈的趋势，我们不能容忍用"技术"绑架教学，而是让教学工作乘信息技术的东风自由地飞翔。

本系列教材的编写，以学生就业所需的专业知识和操作技能为着眼点，在适度的基础知识与理论体系覆盖下，突出应用型、技能型教学的实用性和可操作性，强化案例教学。本套教材将会有机融入大量最新的示例、实例以及操作性较强的案例，力求提高教材的趣味性和实用性，打破传统教材自身知识框架的封闭性，强化实际操作的训练，使本系列教材做到"教师易教，学生乐学，技能实用"。有了广阔的应用背景，再造计算机案例型教材就有了基础。

我相信北京大学出版社在全国各地高校教师的积极支持下，精心设计，严格把关，一定能够建设出一批符合计算机应用型人才培养模式的、以案例型为创新点和兴奋点的精品教材，并且通过一体化设计、实现多种媒体有机结合的立体化教材，为各门计算机课程配齐电子教案、学习指导、习题解答、课程设计等辅导资料。让我们用锲而不舍的毅力，勤奋好学的钻研，向着共同的目标努力吧！

刘瑞挺教授　本系列教材编写指导委员会主任、全国高等院校计算机基础教育研究会副会长、中国计算机学会普及工作委员会顾问、教育部考试中心全国计算机应用技术证书考试委员会副主任、全国计算机等级考试顾问。曾任教育部理科计算机科学教学指导委员会委员、中国计算机学会教育培训委员会副主任。PC Magazine《个人电脑》总编辑、CHIP《新电脑》总顾问、清华大学《计算机教育》总策划。

前 言

一直以来，C++程序设计始终是计算机、通信等相关专业的主修课程，对于诸如数据结构、操作系统、编译原理等后续课程的学习、专业知识结构的完整构建具有一锤定音的作用。系统掌握 C++语言的基础理论与实用技术，已成为大多数学生的必修课程与必备技能。目前的一些典型的 C++编译工具，如 Visual C++、Borland C++等，虽然较好地实现了功能抽象和数据抽象的有机统一，一定程度上实现了可视化编程，但也因此使得所要学习的知识体系变得日益庞大，往往费了大量时间而达不到预期的学习效果。

古语云："实践出真知。"在北京大学出版社领导的大力支持下，编者邀请了河海大学、江苏信息职业技术学院、淮阴工学院等三所高校的部分骨干教师，联合编写了 C++程序设计教材，拟包括《C++程序设计基础案例教程》、《Visual C++程序设计实用案例教程》、《C++学习指导》和《C++实践教程》四个分册，并已于 2009 年 1 月份先期出版了《C++程序设计基础案例教程》一书。从兄弟院校采用情况及反馈意见来看，既对教材特色和内容组织给予了充分肯定，也对诸如教材定位、素材取舍与案例编排上提出了宝贵的修改意见，感激之余，不免惴惴难安。为此，本次在组织编写《Visual C++程序设计实用案例教程》过程中，重新修订了原讲义，对全书结构作了较大调整，对实践案例作了重新筛选，力求数量适当、难度适宜、覆盖面适中。

一定程度上可将本书看作为《C++程序设计基础案例教程》的姊妹篇，是对前一本教材的深化与升华。第 1 章首先带领读者扼要回顾了面向对象程序设计的基础理论与基本技术，为后续章节的学习进行有效铺垫。第 2、第 3 章则从 API、MFC 而各方面介绍了设计Windows 程序的基本原则与基本方法，所选案例较为经典，涉及面较广，需要读者深入领会。第 4、第 5、第 6 章分别基于对话框、文档/视图、数据库等三种技术，从三个角度各自设计了一个完整的"简易管理系统"，它们功能上保持一致，而实现方法与具体过程各有千秋，其目的就是在对比中学习三种设计方法的优劣性，为读者的进一步深造提供参考意见。在第 7、第 8 章，我们分别就 Visual C++在网络和多媒体方面的应用作了一定的探讨，重点是通过若干个典型案例加以分析，目的是抛砖引玉，引导读者加强自学意识。

本书的编写得到了很多热心人士的帮助与支持。首先感谢河海大学计算机与信息工程学院、淮阴工学院计算机工程系、江苏信息职业技术学院的领导及各位同仁，感谢他们为全书的整体性构思提供了许多建设性的建议，感谢他们为本书提供了试用平台，并提出了许多宝贵的修改建议。还有其他为本书进行过文字校对、编辑排版的老师、同学，此处不再一一列出，谨一并表示最诚挚的谢意。

虽然编者主观上做了最大的努力，但由于本身的水平有限，加上时间仓促，教学改革的力度又较大，难免存在一些不足。"他山之石可以攻玉"，真诚地希望使用或阅读本书的读者给予批评指正，不吝赐教。

作 者

2009 年 10 月 6 日 于无锡

目　　录

第 1 章

面向对象程序设计

本章主要介绍面向对象程序设计的基本理论与基本技术，包括类与对象的定义、构造派生类、二义性、虚基类、运算符重载、虚函数与抽象类、类模板等。通过学习，要求掌握类的封装性、继承性与多态性的基本概念及应用；熟悉二义性问题及其解决办法；了解什么是虚基类、虚函数与抽象类；能运用面向对象的程序设计方法编写简单的应用程序。

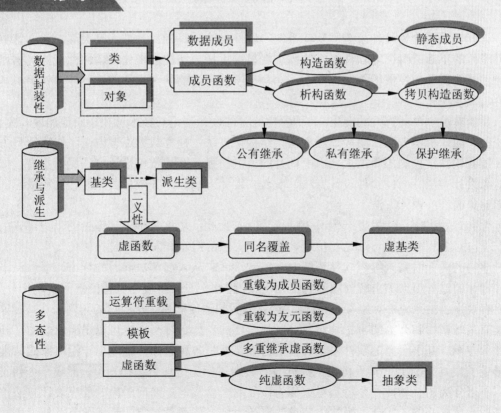

引言

C++语言是一种面向对象程序设计(Object Oriented Programming，OOP)语言，它汲取了传统结构化程序设计(Structured Programming，SP)的精华，尝试对程序结构进行"统一化、模块化"处理，其实质是一种更高层次上的结构化。

在面向对象程序设计理论体系中，"对象"是构建软件系统的基本元素，而从一组对象中抽象出来的共性就形成了"类"，一个具体的对象称为类的一个"实例"。类的多个实例虽然具有不同的名称，但具有相同的属性和行为，只是具体的取值范围可能不同而已。例如，某个"大学生"是一个对象，而"所有大学生"则构成"大学生类"。每个大学生具有相同的信息结构(姓名、性别、专业等)，但实际取值却可能是不同的。

从数据存储角度看，类可看做是用户自定义的数据类型，一个对象就是该类型的一个变量；而从程序设计角度看，类把数据与处理封装在一起，具有继承性、多态性等特点。

本章将以 Visual C++ 6.0 英文版为系统平台，简要介绍面向对象程序设计的基本理论与基本技术。

1.1 概　　述

计算机系统分为硬件系统和软件系统，硬件是物质基础，软件才是灵魂。随着计算机硬件资源的不断改善，对软件系统的需求就显得更加迫切和多样化。软件性能的优劣已成为制约计算机普及发展的关键性因素，探索科学、先进的软件设计方法已成为计算机基础研究的重要课题。

伴随着第一台计算机的诞生，各种各样的软件设计理论与技术就在不断地涌现和完善，传统的有面向机器方法、面向过程方法、结构化方法、抽象数据类型方法、快速原型方法等。随着软件规模的不断扩大、内部耦合的日益加强，新的软件设计方法层出不穷，如面向对象设计方法、面向组件设计方法、嵌入式设计方法等，其中最典型的、比较成熟的是面向对象的程序设计方法。

面向对象程序设计思想产生于 20 世纪 80 年代初，堪称软件设计理论的里程碑式的革命。面向对象程序设计方法是对传统软件设计方法的继承和发展，是一种仿真真实世界中各种事物的内在联系来组织软件系统的全新方法，它从人们解决问题的行为习惯入手，使软件设计的过程与人类求解问题的思维相一致，将软件设计阶段与具体的代码实现相分离。它将客观事物抽象成"对象"，进而建立对象之间的通信联系。从用户的角度来看，对象就是具有某些属性和行为的事物，对象可以是具体的，如自行车；也可以是概念性的，如车辆通行方案。基于对象的软件系统的基本构成要素是各种对象，抽象出一组对象的共性，就形成了"类"，通过"类"机制把数据与对数据的相关处理封装在一起，形成一个相互依存、不可分离的整体，一个特定对象称为该类的一个实例。面向对象的程序设计方法正是以类为设计核心的，实现了模块内信息的有效封装，隐藏了对象的具体细节，使模块间关系更简单、数据更安全，同时提高了工作效率和程序的可靠性，方便了大型复杂软件系统的前期调试和后期维护。

描述面向对象方法所涉及的类、对象、继承、多态等基本概念的程序设计语言，称为面向对象程序设计语言(Object-Oriented Programming Language，OOPL)。OOPL 属于高级语言，可以更直接、更系统地描述各类对象及其相互关系。

按功能侧重程度的不同，可把面向对象程序设计语言分为纯面向对象程序设计语言和混合型面向对象程序设计语言两大类。在纯面向对象程序设计语言中，几乎所有的语言成分都是对象，人们不能使用这种语言去进行面向过程程序设计方法和结构化设计方法的软件设计，这方面的代表是 Java 语言。而混合型面向对象程序设计语言既支持面向对象设计方法，也支持面向过程设计方法和结构化设计方法，大部分面向对象程序设计语言都属于这种类型，最典型的是 C++语言。

C++作为一种应用最广泛的面向对象程序设计语言，具有类、对象、消息等概念，全面支持面向对象技术的抽象性、封装性、继承性和多态性特征。

(1) 抽象能力强，函数模板和类模板提供了更高级别的抽象。

(2) 提供强大而特有的多继承机制，表达能力强。

(3) 支持运算符重载，对象的运算更易表达且表达更加自然。

(4) 支持高效的内存管理，提供自动和人工回收两种方式。

(5) 是一种强类型语言，编译阶段就能发现程序潜在错误，不会将错误带到运行阶段。

(6) 加强了异常处理，支持对象类型的异常处理。

(7) 支持命名空间，更加有利于大型软件工程项目。

(8) C++代码质量高、运行速度快、可移植性好。

由于 C++继承并扩展了 C 语言，增加了支持面向对象技术的语言成分。凭借 C 语言广泛的用户基础，C++语言一经推出后，迅速获得了商业上的成功。迄今为止，C++语言已拥有很多实用版本，如 Turbo C++、Borland C++、MS C++、Visual C++等。其中，Visual C++是目前最流行的 C++语言开发环境，目前主要版本是 6.0 版，本书所有例子都是在英文版 Visual C++ 6.0 环境下编译和调试的。

1.2　类与对象概念

类与对象是面向对象程序设计思想的理论基石。类是一组对象共有特性的抽象，而某个特定对象就称为所属类的一个实例。类机制实现了数据与操作的有效封装，保障了程序模块之间的功能独立性与数据安全性。

1.2.1　定义类

类定义的一般形式如下：

```
class <类名>
{
private:
    私有数据成员和成员函数
protected :
    受保护数据成员和成员函数
public:
```

```
    公有数据成员和成员函数
};
```

其中，class 是关键字；<类名>表示所要定义的类名称；花括号中为类的定义实体，包括数据成员和成员函数。private、protected 和 public 关键字用来说明类成员的访问属性，具体涵义见表 1-1。

表 1-1　类成员访问属性

访 问 属 性	涵　　义
public	公有成员，表示可被本类成员或外部程序中声明的该类对象所访问
private	私有成员，表示只可被本类成员访问，外部程序无法直接访问。这也是默认属性
protected	受保护成员，与私有成员类似，但与派生类稍有区别

【例 1.1】　定义一个 Person 类，用于管理学生基本信息。

首先启动 Visual C++ 6.0 系统，选择 File/New 菜单项。

选择 Files 选项卡，选择 C/C++ Header File 选项，表示新建头文件(.h 文件)。在右侧的 File 文本框中输入文件名，例如此处输入 MyClassObject，并在 Location 文本框中设置文件存储位置，如图 1.1 所示。

图 1.1　新建.h 文件

最后单击 OK 按钮，进入代码编辑界面，可输入下面的代码：

```
struct Per
{
    int Per_Number;                 //编号
    char Per_Name[9];               //姓名
    bool Per_Sex;                   //性别
};
class Person
{
private:
    Per p[10];                      //10 条学生信息
    int Size;                       //实际学生信息数
public:
    void Insert(Per Pertemp);       //插入 Pertemp 学生信息
    void Delete(int tempNumber);    //删除指定编号为 temp 的学生信息
```

```
    int  GetSum();                          //返回实际学生信息数
    Per FindNode(int tempNumber);           //按编号查找
    void Display();                         //显示信息
};
```

这里，首先定义了一个结构类型 Per，再定义类 Person，其中声明了一个 Per 类型的私有数据成员 p[10]，一个 int 型变量 Size，以及 Insert(Per Pertemp)等 5 个成员函数。

选择 File/Save 菜单项，将上述代码保存到 MyClassObject.h 文件中。

上面的 5 个成员函数提供了 Person 类的外部接口。注意，此处在类体内仅说明了成员函数的原型，并没有定义具体代码，所以还不能实现任何功能。为了体现类数据封装性，一般把成员函数的具体实现放在类定义体之外的一个同名实现文件(.cpp)中。

与上述步骤类似，在图 1.1 中选择 C++ Source File 选项，创建 MyClassObject.cpp 文件。进入代码编辑界面后，即可定义成员函数的具体实现代码，格式如下：

```
返回类型 类名::成员函数名(形参表)
{
    函数体;
}
```

其中，"::" 称为类作用域运算符，用于指定成员函数属于某个类，例如：

```
void Person::Display()
{
    for(int i=0;i<Size;i++)
    {
        cout<<p[i].Per_Number;
        cout<<p[i].Per_Name;
        cout<<(p[i].Per_Sex==1?"男":"女")<<endl;
    }
}
```

注意以下几点。

(1) 数据成员一般为 private，不能嵌套定义，且不能直接初始化。

(2) 成员函数一般为 public，如果代码段较短小，可直接放在类体内，类似于 inline 函数。

1.2.2 声明对象

定义了一个类只是创建了一种新的数据类型，只有声明了对象才真正拥有了存储空间。

可以在定义类的同时声明对象。例如下面的代码：

```
class Person
{
private:
    Per p[10];
    int Size;
public:
    void Insert(Per Pertemp);
    void Delete(int tempNumber);
```

```
    int  GetSum();
    Per FindNode(int tempNumber);
    void Display();
}p1;                                        //同时声明了对象p1
```

也可以在定义类后再声明对象，例如下面声明了两个 Person 对象：

```
Person p2,p3;
```

一旦声明了一个类的对象，就可以用"."运算符来访问类的 public 成员，例如：

```
p2.Display();
```

C++语言允许同类对象之间相互赋值，例如：

```
p1= p2;
```

若一组对象同属于某一个类，则构成一个对象数组。声明对象数组的格式如下，例如：

```
Person p[10];
```

声明了对象数组之后，就可以引用其数组元素了，例如：

```
cout<<p[1].Display();
```

1.2.3 构造函数和析构函数

任何一个类都拥有两个特殊的成员函数：构造函数和析构函数。这两个函数既可以显式定义，也可以隐含调用。

1. 构造函数

构造函数用于初始化对象，否则对象的初始值将是不确定的。构造函数的定义格式如下：

```
<类名>::<类名>(<参数表>)
{
    <函数体>
}
```

构造函数与类同名，一般由系统在创建对象时自动调用。

例如，下面是 Person 类的构造函数：

```
class Person
{
private:
    Per p[10];
    int Size;
public:
    Person(int s){Size=s;}          //构造函数
}p1;
```

定义了构造函数后，在定义对象时可以将参数传递给构造函数来初始化对象。例如：

```
Person p(10);
```

提示：构造函数可以重载，可以有参数，也可以使用默认参数，但没有返回类型。如果类中没有显式定义构造函数，编译器会自动定义一个不带参数的构造函数。

还有一种特殊的构造函数，称为拷贝构造函数。拷贝构造函数的功能是使用已存在对象去初始化新建的同类对象。拷贝构造函数的一般形式如下：

```
class <类名>
{
public:
    类名(类名&对象名);
    ...
}
```

注意：拷贝构造函数只有一个参数，且必须是对某个同类对象的引用。

例如，下面为 Person 类增加一个拷贝构造函数：

```
class Person
{
private:
    Per p[10];
    int Size;
public:
    Person(int s){Size=s;}           //构造函数
    Person(Person &myPerson);        //拷贝构造函数
};
```

下面是该拷贝构造函数的实现代码：

```
Person::Person(Person &myPerson)      //拷贝构造函数的实现代码
{
    Size=myPerson.Size;
    for(int i=0;i<Size;i++)
        p[i]=myPerson.p[i];
}
```

需要注意的是，每一个类都有一个拷贝构造函数。如果在类中没有明确定义，则系统会自动定义一个默认的拷贝构造函数。

2．析构函数

析构函数主要用于做一些清理工作。析构函数的定义格式如下：

```
<类名>::~<类名>()
{
    <函数体>
}
```

与构造函数相比，析构函数名是在类名前加字符"~"，既没有参数也没有返回值。析构函数不能重载，即一个类中只能定义一个析构函数。析构函数可以在程序中被调用，也可由系统自动调用。

下面是 Person 类的析构函数：

```
class Person
```

```
{
    ...
    ~Person(){Size=0;}                    //析构函数
    ...
};
```

同样，如果一个类中没有定义析构函数，系统也会为它自动生成一个默认的析构函数，不过该析构函数是一个空函数，什么也不做。

1.2.4 类的组合

【例 1.2】 先定义点类 Point，再定义矩形类 Rectangle。

分析：Rectangle 类包含两个 Point 类型的成员 p1 和 p2，分别表示矩形的左上角、右下角两个点，这种结构称为"类的组合"。其中 Rectangle 类称为外层类，Point 类称为内层类，p1、p2 称为子对象。

```
class Point
{
private:
    double x, y;
public:
    Point(double i=0,double j=0)
    {
        x=i;
        y=j;
        cout<<"Point 构造函数被调用"<<endl;
    }
    double Get_x(){return x;}
    double Get_y(){return y;}};
class Rectangle
{
private:
    Point p1, p2;                         //p1:矩形的左上角点,p2:右下角点
public:
    Rectangle(Point xp1, Point xp2);
};
```

注意：系统无法自动调用内层类的构造函数为外层类对象中的子对象赋初值，在设计外层类的构造函数时，需要显式调用内层类的构造函数为各子对象赋初值。

下面是外层类构造函数的定义格式：

```
<类名>::<类名>(形参表):对象成员 1(形参表),对象成员 2(形参表),……
{
    类的初始化程序体
}
```

其中，"对象成员 1(形参表),对象成员 2(形参表)，……"称为成员初始化列表。当创建外层类对象时，按其中子对象成员的声明次序，依次调用所属类的构造函数创建子对象成员。当所有对象成员被构造完毕之后，外层类的构造函数才被执行。

例如，上述 Rectangle 类的构造函数可按如下形式定义：

```
Rectangle::Rectangle(Point xp1, Point xp2) : p1(xp1) , p2(xp2)
{
    double x = fabs(p1.Get_x()- p2.Get_x());
    double y = fabs(p1.Get_y()- p2.Get_y());
    Areao = x*y;
}
```

需要注意的是，当外层类对象超出作用域时，系统对子对象内存空间的释放是通过系统自动调用内层类的析构函数来完成的，析构顺序与构造顺序相反。

1.3　继承与派生

总体来看，类与类之间的关系可归纳为 4 种，见表 1-2。

表 1-2　类与类之间的关系

类之间关系	涵　义
关联关系	类之间语义上的联系，例如公司和员工的关系
依赖关系	一个对象依赖另一个对象的服务。例如要拧螺钉，一般要依赖改锥来完成
聚合关系	整体与部分的关系，如汽车和轮子
泛化关系	"一般"与"特殊"的关系。通过泛化关系，可以将类组成若干层次结构

图 1.2 所表述的是"学生"类之间的泛化关系。

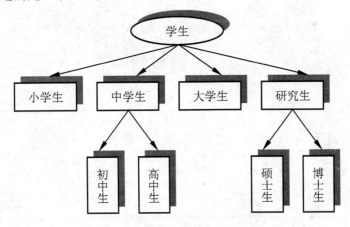

图 1.2　"学生"类的层次结构

C++中用于建立和表述这种泛化关系的方法就是继承与派生。由一个已有类可以创建新类，已有类称为基类或父类，产生的新类称为派生类或子类。派生类自动具有基类的所有成员，并可根据需要添加更多的成员。显然，派生类同样可以作为基类再派生出新类，以此类推，形成类的层次结构。图 1.2 所示的层次结构，由上到下，是一个具体化、特殊化的过程；由下到上，则是一个逐步抽象化的过程。

1.3.1　派生类声明

从基类产生派生类的方法一般有两种：如果派生类仅继承于一个基类，称做单继承；若派生类继承于两个或两个以上的基类，称做多继承。显然，多继承更符合事物之间的客观关系。Visual C++早期版本只支持单继承，从 5.0 版开始支持多继承。

在单继承方式下派生类可用如下格式定义：

```
class<派生类名>:[继承方式]<基类名>
{
    派生类成员;
};
```

由于类成员可以有 public、protected、private 这 3 种访问属性，对应地也有 public、private、protected 这 3 种继承方式，如果未指定继承方式，则默认为 private 继承。

不同继承方式会导致基类成员的访问属性在派生类中发生不同的变化，见表 1-3。

表 1-3　访问属性与继承的关系

访问属性 继承方式	public	protected	private
public	public	protected	private
private	private	private	private
protected	protected	protected	private

【例 1.3】　从类 Person 派生出类 Student。

```
class Person
{
private:
    Per p[10];                  //10 条学生信息
    static int Size;            //实际学生信息数
public:
    Person(int s){Size=s;}      //构造函数
    Person(Person &myPerson);   //拷贝构造函数
    ~Person(){Size=0;}          //析构函数
};
class Student:public Person
{
private:
    char student_class[20];     //增加私有成员：班级
};
```

Student 类以 public 方式继承于 Person 类，除了拥有学生类的所有成员外，又增加了一个独有的私有数据成员 student_class[20]。

1.3.2　派生类构造函数和析构函数

派生类构造函数不仅要初始化派生类数据成员，而且要初始化基类子对象。如果派生类成员中还包括内嵌的其他类对象，则还要调用内嵌对象的构造函数来间接初始化这些对象的数据成员。因此，派生类的构造函数较为复杂。语法形式如下：

```
<派生类名>::<派生类名>(参数总表):基类名1(参数表1),……,基类名n(参数表n),
    内嵌对象名1(内嵌对象参数表1),……,内嵌对象名m(内嵌对象参数表m)
{
    派生类新增成员的初始化语句;
}
```

其中："参数总表"需要列出初始化基类数据、新增内嵌对象数据及新增一般成员数据所需要的全部参数；在冒号之后列出需要使用参数进行初始化的基类名和内嵌成员名及各自的参数表，各项之间用逗号分隔。

修改例 1.3，为 Student 类设计构造函数。

```
Student::Student(int s,char *Class):Person(s)          //显式调用基类构造函数
{
    strcpy(student_class,Class);
}
```

派生类析构函数的功能与普通析构函数一样，定义方法也没什么不同，只要在析构函数体中把派生类的新增成员的清理工作做好就够了，系统会自己调用基类及成员对象的析构函数来对基类及对象成员进行清理。

1.3.3　多继承

在多继承方式下每个派生类可以有多个基类，而每个基类也可作为多个派生类的基类。例如，"在职研究生"类多继承于"学生"类和"教师"类，如图 1.3 所示。

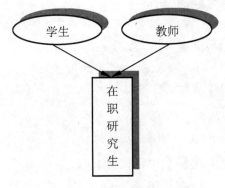

图 1.3　多继承结构示例

多继承机制是 C++语言所特有的，使得 C++语言具有更强的类型表达能力。

在多继承派生类的定义中，各个基类名之间用逗号隔开，格式如下：

```
class<派生类名>:[继承方式]基类名1,[继承方式]基类名2,……,[继承方式]基类名n
{
    派生类成员;
};
```

【例 1.4】　多继承示例。

首先由 Person 类以 public 方式派生出两个类：Teacher 类、Student 类。

```
class Person                            //原始基类
{
    ...
};
class Student:public Person             //派生类 1
{
private:
    char student_class[20];             //增加私有成员: 班级
public:
    Student(int s,char *Class):Person(s)
    {strcpy(student_class,Class);}
};
class Teacher:public Person             //派生类 2
{
private:
    char Teacher_WU[20];                //单位
public:
    Teacher (int s, char *WU):Person(s)
    {strcpy(Teacher_WU,WU); }
};
```

再由 Student 类和 Teacher 类多重派生出 GraduateStudent 类:

```
class GraduateStudent:public Student,public Teacher
{
private:
    char Graduate_study[20];        //研究方向
    char Graduate_mentor_name[8];   //导师姓名
};
```

多继承派生类的构造函数的定义格式如下:

```
派生类名::派生类名(基类 1 形参,基类 2 形参,……基类 n 形参,本类形参):
        基类名 1(参数), 基类名 2(参数), ……基类名 n(参数)
{
    成员初始化;
}
```

如 GraduateStudent 类的构造函数可定义如下:

```
GraduateStudent(int s,char *Class,char *TechT,
    char *study,char *mentor_name):Student(s,Class),Teacher(s,TechT)
{
    strcpy(Graduate_study,study);
    strcpy(Graduate_mentor_name,mentor_name);
}
```

此时各个构造函数的调用顺序如下。

(1) 先调用所有基类的构造函数,再调用派生类的构造函数。

(2) 处于同一层次的各基类构造函数的调用顺序,取决于定义派生类时所指定的基类顺序(从左向右),与派生类构造函数中所定义的成员函数初始化列表顺序无关。

当多继承中含有内嵌对象时，派生类的构造函数的定义格式如下：

```
派生类名::派生类名(基类1形参,基类2形参,……基类n形参,本类形参):
        基类名1(参数),基类名2(参数),……基类名n(参数),对象数据成员的初始化
{
    成员初始化;
}
```

此时的调用顺序如下。

(1) 调用基类构造函数。

(2) 调用内嵌成员对象的构造函数，调用顺序与在类中声明的顺序一致。

(3) 调用派生类的构造函数。

1.4　多　态　性

多(重)继承方式容易产生成员访问的二义性问题，除了可以通过同名覆盖或虚基类方法来解决外，还可应用类的多态性技术，即在程序运行时声明一个基类指针，系统将根据该指针所指向的对象类型自动确定是调用基类的成员还是调用派生类的成员。

多态性概念并不神秘，读者非常熟悉的重载函数就是最简单的多态性例子。按照多态性的呈现状态来划分，可以分为 4 类，见表 1-4。

表 1-4　多态性分类

多　态　性	涵　　义
重载多态性	表现为同一个类中的成员函数的重载
继承多态性	表现为派生类对基类的覆盖和重载
运行时多态性	表现为针对类簇中的不同层次动态确定不同的类对象，调用不同的成员函数
参数多态性	表现为用参数方法决定一个类的数据类型，即下面要介绍的模板

使用多态性提高了处理问题的抽象级别，但降低了程序设计的复杂性。

1.4.1　运算符重载

C++中预定义的运算符的操作对象只能是 int、float 等基本数据类型。而实际上，在很多情况下需要一些复杂的运算，如复数的四则运算、日期类型的加减运算等，此时就必须重载一些运算符以实现这种特殊需求。

运算符的重载形式有两种：重载为类的成员函数、重载为类的友元函数。

1. 重载为类的成员函数

运算符重载为类的成员函数的一般语法形式如下：

```
<函数类型>operator<运算符>(形参表)
{ 函数体; }
```

(1) "函数类型"指定了重载运算符的返回值类型，也就是运算结果类型。

(2) operator 是定义运算符重载函数的关键字。

(3) "运算符" 是要重载的运算符名称。

(4) "形参表" 给出重载运算符所需要的参数和类型。

【例 1.5】 声明一个日期/时间类 DateTime，并重载 "+" 运算符。

```
class DateTime
{
    int year;
    int month;
    int day;
public:
    DateTime(int y=0,int m=0,int d=0)
    {
        year=y;
        month=m;
        day=d;
    }
    void SetDate(int yy,int mm,int dd)
    {
        year=yy;
        month=mm;
        day=dd;
    }
    DateTime operator +(DateTime&);   //重载为成员函数，返回结果为DateTime类
    int GetYear()
    {return year;}
    int GetMonth()
    {return month;}
    int GetDay()
    {return day;}
    void Print()                     //显示日期
    {cout<<year<<"-"<<month<<"-"<<day<<endl;}
};
DateTime DateTime::operator +(DateTime& dateTime)   //"+"运算符重载
{
    int y,m,d;
    y=dateTime.year+year;
    m=dateTime.month+month;
    d=dateTime.day+day;
    DateTime result(y,m,d);
    return result;
}
```

编写测试主函数，代码如下：

```
void main()
{
    DateTime  D1(2006,10,1),D2(2008,3,10);
    DateTime D=D1+D2;
    D.Print();
}
```

编译并运行程序，结果如图 1.4 所示。

图 1.4　运算符重载示例运行结果

2. 重载为类的友元函数

运算符重载为类的友元函数的一般语法形式如下：

```
friend<函数类型>operator<运算符>(形参表)
{
    函数体;
}
```

其中，friend 是用于表明运算符重载为友元函数时的关键字。

【例 1.6】　修改例 1.5，将"+"与"−"重载为类的友元函数。

```
#include<iostream.h>
class DateTime
{
    ...
public:
    ...
    friend DateTime operator+(DateTime p1,DateTime p2);//重载运算符"+"
    friend DateTime operator-(DateTime p1,DateTime p2);//和"-"为友元函数
};
DateTime operator+(DateTime p1,DateTime p2)
{
    return DateTime(p1.year+p2.year,p1.month+p2.month,p1.day+p2.day);
}
DateTime operator-(DateTime p1,DateTime p2)
{
    return DateTime(p1.year-p2.year,p1.month-p2.month,p1.day-p2.day);
}
void main()
{
    DateTime  D1(2006,10,1),D2(2008,5,1),D3,D4;
    D3=D1+D2;                                        //重载"+"
    D3.Print();
    D4=D1-D2;                                        //重载"-"
    D4.Print();
}
```

从上述程序可以看出，将运算符重载为类的友元函数时，必须把操作数全部通过形参的方式传递给运算符重载函数。

提示：有些运算符不能重载为友元函数，如"="、"()"、"[]"和"->"等。

1.4.2 虚函数

虚函数是在基类中声明的，用 virtual 加以标识，一般出现在函数原型中。其语法形式如下：

```
virtual<函数类型><函数名>(形参表);
```

当基类的某个函数被声明为虚函数后，可以在一个或多个派生类中被重新定义。

【例 1.7】 通过指针访问虚函数。

```cpp
#include<iostream.h>
class Student
{
public:
    virtual void print()                    //定义虚函数
    {cout<<"一位学生!"<<endl;}
};
class GraduateStudent:public Student
{
public:
    void print()                            //重定义虚函数
    {cout<<"一位研究生!"<<endl;}
};
void main()                                 //测试主函数
{
    Student s,*ps;
    GraduateStudent gs;
    ps=&s;
    ps->print();
    ps=&gs;
    ps->print();
}
```

编译并运行程序，结果如图 1.5 所示。

图 1.5　使用虚函数示例运行结果

上面在基类中对 print 函数进行了虚函数声明，在派生类 GraduateStudent 中重新定义 print 函数。main 函数在执行中不断改变其所指向的对象。

需要注意的是，在派生类中不再需要 virtual 声明。

1.4.3　纯虚函数与抽象类

纯虚函数是指在基类中仅做一般性声明而没有具体定义的虚函数。一般格式如下：

```
virtual <函数类型><虚函数名称>(<参数列表>)=0
```

对应地，如果一个类至少包含一个纯虚函数，称为抽象类。

需要注意的是，不能直接定义抽象类的对象，必须先生成抽象类的非抽象派生类，然后再实例化。如果一个类派生于抽象类，但是并没有重新定义抽象类中的纯虚函数，则该派生类仍然是一个抽象类。只有当派生类中所继承的所有纯虚函数都被实现时，才不是抽象类。

【例 1.8】 抽象类的使用。

```cpp
class Person                              //抽象类
{
public:
    virtual void print()=0;              //定义纯虚函数
};
class Student:public Person
{
public:
    void print()                         //重载虚函数
    {cout<<"一位学生!"<<endl;}
};
class Teacher:public Person
{
public:
    void print()                         //重载虚函数
    {cout<<"一位教师!"<<endl;}
};
void main()
{
    Person *pp;
    Student s;
    Teacher t;
    pp=&s;
    pp->print();
    pp=&t;
    pp->print();
}
```

编译并运行程序，结果如图 1.6 所示。

图 1.6　抽象类示例运行结果

1.4.4　类模板

类模板是一种参数多态性，实质是参数化的类，用于为相似的一组类定义一种通用模式。在套用类模板时，编译程序生成的相应类实例称为模板类。

类模板的声明格式如下：

```
template < <模板参数表> >
class < 类模板名 >
{
    <类模板定义体>
};
```

其中，template 是类模板关键字，class 指出定义的是类模板；"模板参数表"说明若干个形参。

注意：不能使用类模板来直接生成对象，必须首先指定"实参"实例化为相应的模板类，再通过该模板类声明具体的对象。格式如下：

```
<类模板名><类型实参表> <对象>;
```

【例 1.9】 类模板的使用。

```
struct Student
{
    char Per_Number[19];      //身份证号
    char Per_name[9];         //姓名
    bool Per_sex;             //性别
    int Per_age;              //年龄
    char Per_Adress[9];       //籍贯
    char Per_class[20];       //班级
};
struct Teacher
{
    char Per_Number[19];      //身份证号
    char Per_name[9];         //姓名
    bool Per_sex;             //性别
    int Per_age;              //年龄
    char Per_WU[20];          //单位
    char Per_TT[20];          //职称
};
template <class T>            //类模板
class Person
{
private:
    T a;
public:
    Person();
    T Get();
    void Set(T x);
};
template <class T>
Person <T>::Person()          //构造函数
{}
template <class T>
T Person <T>::Get()           //返回类型变量
{
    return a;
```

```
}
template <class  T>
void Person <T> :: Set(T  x)  //设置类型变量
{
    a = x;
}
void main()
{
    Student s={"2001","张矜",true,20,"江苏南京","通信1082"};
    Teacher t={"1001","李辉",false,40,"河海大学","教授"};
    Person<Student> Stu1;
    Person<Teacher> Tea1;
    Stu1.Set(s);
    cout<<"学生信息:"<<endl;
    cout<<"身份证号:"<<Stu1.Get().Per_Number;
    cout<<"姓名:"<<Stu1.Get().Per_name;
    cout<<"性别:"<<(Stu1.Get().Per_sex?"男":"女");
    cout<<"年龄:"<<Stu1.Get().Per_age;
    cout<<"籍贯:"<<Stu1.Get().Per_Adress;
    cout<<"班级:"<<Stu1.Get().Per_class<<endl;
    Tea1.Set(t);
    cout<<"教师信息:"<<endl;
    cout<<"身份证号:"<<Tea1.Get().Per_Number;
    cout<<"姓名:"<<Tea1.Get().Per_name;
    cout<<"性别:"<<(Tea1.Get().Per_sex?"男":"女");
    cout<<"年龄:"<<Tea1.Get().Per_age;
    cout<<"单位:"<<Tea1.Get().Per_WU;
    cout<<"职称:"<<Tea1.Get().Per_TT;
    cout<<endl;
}
```

编译并运行程序，结果如图 1.7 所示。

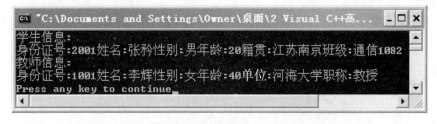

图 1.7 类模板示例运行结果

需注意以下两点。

(1) 类模板允许使用默认参数。

(2) 类模板的成员函数实际上是函数模板，既可以在体内说明，也可以在体外定义。

本 章 总 结

类与对象的概念是面向对象程序设计思想的理论基石。类是一组对象的抽象描述，指定对象是所属类的一个实例。类具有 3 大特性。

一是数据封装性，目的是保障数据安全。类结构将数据与操作封装成一个整体，包括数据成员和成员函数，提供 public、private、protected 这 3 种访问属性。

二是继承性，讨论类与类的层次关系。由基类可以创建派生类，派生类又可以作为基类派生新的类，由此可形成丰富的类层次。由于派生类可以拥有基类中除构造函数和析构函数外的全部属性和服务，并可定义自己的特有成员，因此派生类构造函数不仅要初始化自己的数据成员，而且要初始化基类成员。对应于类成员的 3 种访问属性，有公有继承、私有继承和保护继承 3 种继承方式。不同的继承方式将导致基类成员的访问属性在派生类中发生不同的变化。从继承与派生的对应关系来看，存在单继承、多继承、多重派生、多层派生 4 种关系。继承关系的复杂多变性带来了成员访问的二义性问题，包括数据成员的二义性和成员函数的二义性，集中体现在基类与派生类之间存在同名成员或访问多继承的共同基类成员上，解决办法是使用同名覆盖原则或虚基类技术。

三是多态性，考虑在不同层次的类中以及在一个类的内部，同名成员函数之间的关系问题。多态性分为重载多态性、继承多态性、运行时多态性和参数多态性 4 类。其中重载多态性表现为同一个类中的成员函数的重载；继承多态性表现为派生类对基类的覆盖和重载；运行时多态性表现为针对类簇中的不同层次，动态确定不同的类对象，调用不同的成员函数；而参数多态性表现为用参数方法决定一个类的数据类型，即模板技术。使用多态性，可以提高处理问题的抽象级别，降低程序设计的复杂性。

习　　题

1．类成员的 3 种访问控制属性各有什么特点？有何区别？
2．类的构造函数与析构函数的功能是什么？有何特征？
3．类的 static 成员有什么特性？举例说明如何使用类的 static 成员。
4．设计一个整型数组类，可以实现数组元素的插入/删除、求最大/最小元素、求和等功能。
5．仔细阅读下面的程序段，检查有无错误。若有错误，分析原因，给出修改方案；若无错误，写出运行结果。

```cpp
class Point
{
    int x,y;
public:
    Point(int a=0,int b=0) {x=a; y=b;}
    void move(int xoffset,int yoffset)
    {x+=xoffset; y+=yoffset;}
    int getx() {return x;}
    int gety() {return y;}
};
class Rectangle:protected Point
{
    int length,width;
```

```
public:
    Rectangle(int x,int y,int l,int w):Point(x,y)
    { length=l;width=w; }
    int getlength(){return length;}
    int getwidth(){return width;}
};
void main()
{
    Rectangle r(0,0,8,4);
    r.move(23,56);
    cout <<r.getx()<<","<<r.gety()<<","<<r.getlength()<<","<<r.getwidth();
}
```

6．声明一个 Shape(形状)基类，它有两个派生类——Circle(圆)类和 Square(正方形)类，要求如下。

(1) 根据给出的圆心坐标，计算圆的面积。

(2) 根据给出的正方形中点坐标和一个顶点坐标，计算正方形的面积。

提示：Shape 类的数据成员包括中心点的坐标，Circle 类和 Square 类由 Shape 类派生，Circle 类新增一个数据成员，即圆的半径，Square 类新增两个数据成员，即中心坐标和顶点坐标。

7．设计复数类 Complex，将运算符重载为成员函数形式，实现复数类加法、减法和赋值运算符的重载。

8．有一个基类名为"形状"，它有派生类"圆"、"正方形"和"长方形"。利用多态性的概念，以虚函数的形式完成"圆"、"正方形"和"长方形"的面积的计算。

第 2 章

Windows 程序原理

教学目标

本章主要介绍基于 Windows 的应用程序的基本概念及设计方法，包括事件驱动思想、消息传动机制、WinMain 函数和 WinProc 函数、API 函数原理等。通过学习，要求掌握事件驱动与消息传动概念，熟悉使用 API 设计 Windows 应用程序的基本方法，学会使用 App Wizard 编写简单的应用程序。

知识结构

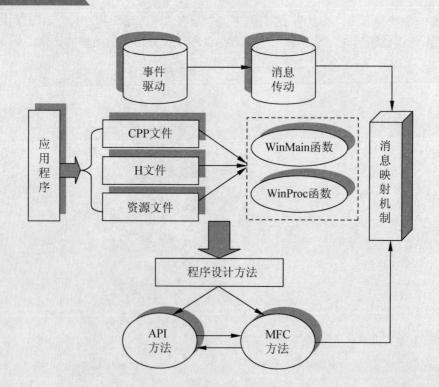

引言

在第 1 章中，设计的程序虽然是基于 Visual C++环境的，也确实使用了面向对象程序设计的一些思想和方法，但运行结果仍然是基于传统的字符界面(即 DOS 界面)。其所涉足的 Visual C++系统的开发潜力可谓九牛一毛。最为遗憾的是，所设计的软件丝毫未涉及 Visual C++最为强大的开发要素，如可视化图形界面、资源共享等设计功能，因而尚不能称为真正的基于 Windows 的应用程序。目前，设计和开发基于 Windows 的应用程序已成为软件开发的主流方向。

Microsoft Windows 是一个具有图形用户接口的多任务和多窗口的操作系统，提供了直观、友好的图形界面，使得基于 Windows 环境的应用程序具有一致的外观和用户接口，体现了一种全新的设计思维与工作模式，具有 DOS 应用程序无可比拟的优势，因而受到了广大软件开发人员的热烈追捧。

Windows 应用程序采用事件驱动的程序设计理念，基于消息循环机制，依托丰富的用户界面对象，充分实现资源共享。为此，本章将从 Win32 数据类型等基本概念入手，循序渐进，逐步剖析 Windows 程序的内部结构及运行机制，并引导读者逐步建立一个自己的简易计算器。

2.1　数　据　类　型

在 Windows 操作系统环境下编写应用程序，需要使用一些 Win32 数据类型，以声明应用程序接口(Application Programming Interface，API)函数的参数、返回值类型等。

Win32 API 支持的数据类型数量众多，约有 100 多种，大致可分为字符型、布尔型、整型、指针型和句柄型 5 类。表 2-1 仅列出了与微软基础类库(Microsoft Fundamental Classes，MFC)相一致的部分类型。

表 2-1　Win32 基本数据类型

类　　　型	涵　　　义
BOOL	布尔值
BSTR	32 位字符指针
BYTE	8 位无符号整数
COLORREF	用做颜色值的 32 位值
DWORD	32 位无符号整数，或者段地址以及与之相关的偏移量
LONG	32 位带符号整数
LPARAM	32 位值，作为参数传递给一个窗口过程或者回调函数
LPCSTR	指向字符串常量的 32 位指针
LPSTR	指向字符串的 32 位指针
LPCTSTR	指向一个兼容 Unicode 和 DBCS 的字符串的 32 位指针
LPTSTR	指向一个兼容 Unicode 和 DBCS 的字符串的 32 位指针

类　　型	涵　　义
LPVOID	指向一个未指定类型的 32 位指针
LRESULT	窗口过程或者回调函数返回的 32 位值
UINT	在 Windows 3.0 和 Windows 3.1 中表示 16 位的无符号整数，在 Win32 中表示 32 位的无符号整数
WNDPROC	指向一个窗口过程的 32 位指针
WORD	16 位无符号整数
WPARAM	作为参数传递给窗口函数或者回调函数

2.2　事件驱动的程序设计模式

传统概念下的软件程序采用顺序的、关联的程序设计思想，是一种"主动"式程序设计模式。在这种模式下，一个程序就是一系列预先定义好的操作指令的组合，具有明显的"开始、过程、结束"阶段。程序的执行流程由程序本身自动控制，每一步骤都必须等到一个完整的指令后再去执行。因此，有时也称为过程驱动式或批处理式。基于这种模式的软件可能也存在事件概念，但其执行次序仍然由程序的预设顺序来控制。即使使用异常处理，但实现原理仍然是顺序的、过程驱动式的。

例如，如果计算 3 门课的平均成绩，其求解过程若用传统模型描述，则如图 2.1 所示。

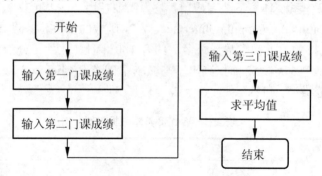

图 2.1　过程驱动式计算模型

注意：这种设计模式是面向程序的，因而人-机交互性能较差，用户界面也不够友好。

相对于过程驱动，事件驱动是一种全新设计模式，程序的执行流程由事件发生的时间次序来控制。例如，不同的按键动作将发出不同的信息，操作系统根据信息接收到的次序及优先级别进行统一排序，再按先后顺序依次处理。可见，事件驱动模式强调的是互动与合作，是一种"被动"式程序设计模式，是面向用户的，更多地考虑了用户各种可能的输入，允许用户按自己的意愿在恰当的时间来启发事件，并针对性设计相应的处理程序。Windows 操作系统就是典型的事件驱动模式。例如上述求平均成绩的问题，若采用事件驱动模型，则如图 2.2 所示。

基于事件驱动的软件开始运行时，首先处于等待事件状态，然后侦察各类事件，并做出响应处理；处理完毕后返回，并再次处于等待状态。

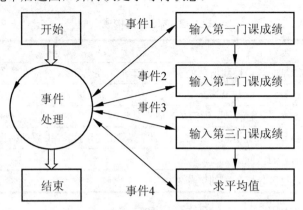

图 2.2　事件驱动式计算模型

由图 2.2 可知，程序的基本架构是一个事件循环程序。

从另一个角度来看，基于事件驱动模式设计 Windows 应用程序，可以看做为改写系统默认事件处理函数为用户自定义处理函数的过程，其目的是使个人意愿取代系统原定处理规程，其核心任务是处理各种事件响应，并与硬件事件进行良性互动。目前的许多软件系统已经很好地综合了这两种事件处理技术，可以预设一些算法来启动一个事件，或者模拟一个中断驱动环境，构建软件抽象框架。

2.3　Windows 消息

基于事件驱动模式设计应用程序，其实质是管理、安排有关事件的发生次序，Windows 系统将对每一个事件产生相应的消息。这里所说的消息，就是指 Windows 发出的一个通知，告诉应用程序某个事情发生了。例如，用户单击、改变窗口尺寸、按键盘上的某个键等，都会使 Windows 发送一个消息给应用程序。因此，Windows 系统需要维护消息的发送、接收与处理，程序设计的过程就是围绕这一系列消息的不断产生与处理而逐步展开的，程序的运行过程也就是时刻捕捉与处理各种突发事件的过程。

2.3.1　消息与消息结构

一条消息是作为一个结构传递给应用程序的，这个结构中包含了消息号、消息的类型、字参数和长字参数等信息。该结构的定义代码如下：

```
typedef struct tagMSG{
    HWND hwnd;
    UINT message;
    WPARAM wParam;
    LPARAM lParam;
    DWORD time;
    POINT pt;
}MSG;
```

MSG 结构中包含了线程的消息队列中的消息信息，各个成员的涵义见表 2-2。

表 2-2 MSG 结构成员

成　　员	涵　　义
hwnd	标识了接收消息的窗口过程所属的窗口句柄，可以是窗口、对话框等任何类型的屏幕对象
message	要发送的消息号，可以是 Windows 单元中预定义的常量，也可以是用户自定义的常量
wParam	第一个消息参数，指定消息附加信息，通常是与消息有关的常量值，也可能是窗口或控件句柄
lParam	第二个消息参数，指定消息附加信息，通常是一个指向内存中数据的指针
time	指定了发出消息的时间
pt	指定了发出消息时光标位置的屏幕坐标

其中，POINT 结构用于定义一个点的 x 和 y 坐标：

```
typedef struct tagPOINT{
    LONG x;                        //指定了点的 x 坐标
    LONG y;                        //指定了点的 y 坐标
}POINT;
```

Windows 应用程序的消息来源很多，大致可分为 4 类，见表 2-3。

表 2-3 Windows 消息类别

消 息 类 别		涵　　义	备　　注
标准消息		除 WM_COMMAND 以外所有以 WM 开头的消息。从 CWnd 派生的类都可以接收此类消息	标准消息不能被 CWinApp 和 CDocument 类接收
非标准消息	命令消息	来自于菜单、加速键或工具栏按钮。通过 wParam 参数来区别不同的消息。以 WM_COMMAND 形式呈现	从 CCmdTarget 派生的类可以接收这类消息
	通告消息	由控件产生的消息，目的是通告事件的发生，向父窗口(通常是对话框)通知事件的发生	
用户消息		用户自定义并在应用程序中主动发出的消息	

标准消息构成了消息系统的主要框架，约有数百种，表 2-4 列出了常见的标准消息。

表 2-4 常用标准消息

标 准 消 息	涵　　义
WM_CREATE	创建一个窗口
WM_DESTROY	销毁一个窗口
WM_CLOSE	关闭一个窗口或应用程序
WM_MOVE	移动一个窗口
WM_SIZE	改变一个窗口的大小
WM_QUIT	结束程序运行
WM_SETTEXT	设置一个窗口的文本
WM_GETTEXT	复制一个窗口的文本到缓冲区

续表

标 准 消 息	涵 　 义
WM_PAINT	重画窗口自己
WM_SHOWWINDOW	隐藏或显示一个窗口
WM_KEYDOWN	按一个键
WM_KEYUP	释放一个键
WM_CHAR	按某键，并已发出 WM_KEYDOWN、WM_KEYUP 消息
WM_INITDIALOG	初始化控件或执行其他任务
WM_MOUSEMOVE	移动鼠标
WM_LBUTTONDOWN	单击鼠标左键
WM_LBUTTONUP	释放鼠标左键
WM_LBUTTONDBLCLK	双击鼠标左键
WM_RBUTTONDOWN	单击鼠标右键
WM_RBUTTONUP	释放鼠标右键
WM_RBUTTONDBLCLK	双击鼠标右键
WM_MBUTTONDOWN	单击鼠标中键
WM_MBUTTONUP	释放鼠标中键
WM_MBUTTONDBLCLK	双击鼠标中键

这里需要注意的是，为了便于理解和应用，Windows 系统又对常用通告消息做了简单分类，用不同的前缀符号标识不同的消息种类。例如 BM 表示按钮控制消息，CB 表示组合框控制消息，DM 表示默认下压式按钮控制消息，EM 表示编辑控制消息，LB 表示列表框控制消息，SBM 表示滚动条控制消息等。

2.3.2　键盘消息

当按或释放一个键盘键时，键盘设备将产生一个扫描码。所谓扫描码，就是键盘的物理代码，每一个扫描码可以唯一确定一个键。为了实现与设备无关的键盘操作，Windows 系统又定义了一个虚拟键盘，由键盘驱动程序将不同的物理键盘映射到同一个虚拟键盘，用户实际处理的是这个唯一的虚拟键盘。表 2-5 列出了虚拟键盘的常用键及其编码。

表 2-5　常用虚拟键代码

符 号 常 量	对 应 按 键	符 号 常 量	对 应 按 键
VK_0～VK_9	0 键～9 键	VK_A～VK_Z	A 键～Z 键
VK_BACK	Back Space 键	VK_NUMPAD0～9	数字小键盘 0 键～9 键
VK_RETURN	Enter 键	VK_MULTIPY	*键
VK_SHIFT	Shift 键	VK_ADD	+键
VK_CAPITAL	Caps Lock 键	VK_SUBTRACT	−键
VK_ESCAPE	Esc 键	VK_F1～VK_F12	F1 键～F12 键

续表

符 号 常 量	对 应 按 键	符 号 常 量	对 应 按 键
VK_SPACE	Space 键	VK_NUMLOCK	Num Lock 键
VK_PRIOR	Page Up 键	VK_TAB	Tab 键
VK_NEXT	Page Down 键	VK_PAUSE	Pause 键
VK_END	End 键	VK_INSERT	Ins 键
VK_HOME	Home 键	VK_DELETE	Del 键
VK_LEFT	←键	VK_DOWN	↓键
VK_RIGHT	→键	VK_UP	↑键

对于键盘上所有键,每次按或释放时,一般都会产生相应的两个按键消息。

(1) WM_KEYDOWN:当按一个键时,Windows 把 WM_KEYDOWN 消息放入消息队列。

(2) WM_KEYUP:当释放一个键时,Windows 会把 WM_KEYUP 放入消息队列。"按"和"释放"操作通常是成对出现的。

特别提醒的是,当按可显字符键时,Windows 除了发送按键消息以外,还会向窗口函数发送字符消息 WM_CHAR。此时 MSG 结构中的 wParam 即为按键的 ASCII 码。

表 2-6 描述了以不同方式按 A 键时的消息的产生次序。

表 2-6 按键与消息

按 键 方 式	产生的消息及次序	wParam 参数
按 A 键,然后释放	WM_KEYDOWN	虚拟键 A
	WM_CHAR	A 的 ASCII 码
	WM_KEYUP	虚拟键 A
先按住 Shift 键,再按 A 键,然后释放 A 键,最后再释放 Shift 键	WM_KEYDOWN	虚拟键 VK_SHIFT
	WM_KEYDOWN	虚拟键 A
	WM_CHAR	A 的 ASCII 码
	WM_KEYUP	虚拟键 A
	WM_KEYUP	虚拟键 VK_SHIFT
按住 A 键,并持续一段时间	WM_KEYDOWN	虚拟键 A
	WM_CHAR	A 的 ASCII 码
	WM_KEYDOWN	虚拟键 A
	WM_CHAR	A 的 ASCII 码
	WM_KEYDOWN	虚拟键 A
	WM_CHAR	A 的 ASCII 码
	WM_KEYUP	虚拟键 A

从表 2-6 可以看出,如果按住一个键不放,则启动自动重复功能,Windows 将发送一系列 WM_KEYDOWN 和 WM_CHAR 消息;最后释放时再发送一个 WM_KEYUP 信息。

2.3.3　鼠标消息

Windows 系统支持单键、双键或 3 键的鼠标，利用 GetSystemMetric 函数可以检测鼠标是否存在以及鼠标上键的个数。当用户移动、单击或释放鼠标键时，都会产生相应消息。根据鼠标所处的位置不同，Windows 将鼠标消息分为两大类：客户区域的鼠标消息、非客户区域的鼠标消息。表 2-4 中包含了常见鼠标消息。以 WM_LBUTTONDOWN 消息为例，声明如下：

```
fwKeys = wParam;              //按键标志
xPos = LOWORD(lParam);        //x坐标
yPos = HIWORD(lParam);        //y坐标
```

其中，wParam 包含一整数值，以标识鼠标键的按状态，一般有 5 种取值。

(1) MK_CONTROL，按了 Ctrl 键。

(2) MK_SHIFT，按了 Shift 键。

(3) MK_LBUTTON，单击了鼠标左键。

(4) MK_MBUTTON，单击了鼠标中键。

(5) MK_RBUTTON，单击了鼠标右键。

参数 lParam 的低字节包含当前光标的 x 坐标值，高字节则包含当前光标的 y 坐标值。

2.4　消息队列

下面简单介绍 Windows 环境下消息队列的概念及消息的传递过程。

2.4.1　进程与线程

Windows 是一个支持多进程、多任务工作模式的操作系统。这里所说的进程是指具有一定独立功能的程序在一个数据集合上的一次动态执行过程。Windows 允许已有进程创建一个新进程。已有进程称为父进程，新进程称为子进程，子进程继承了父进程的基本属性。当然，子进程又可以创建新的子进程，如 A 进程→B_1 进程，B_1 进程→C_1 进程，以此类推，遂形成进程家族，如图 2.3 所示。

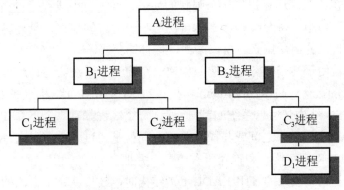

图 2.3　进程家族的树形结构

进程作为程序运行时的存在形式，具有动态性、并发性、独立性、异步性、结构性等基本特征。其中的并发性来源于应用程序的并发执行。所谓程序的并发性，是指多个程序在一个处理器上交替执行，导致多个进程同时存在于内存中，这种交替执行方式在宏观上表现为同时执行。引入并发执行的目的是为了提高计算机资源的利用率，缺点是改变了程序的执行环境，会导致某些工作在并发执行方式下不能正常进行。所谓异步性是指进程以各自独立的、不可预知的速度向前推进，将导致程序执行的不可再现性。

由于进程是存储器、外设等资源的分配单位，同时也是处理机调度的对象，在进程的创建、撤销和切换过程中，系统必须付出较大的时空开销，因而系统中设置的进程数不宜过多，切换频率也不宜过高，这就限制了并发程度的进一步提高。

为此，Windows 系统引入了线程的概念，把线程作为处理机调度的对象，而由于线程并不同时作为拥有资源的单位，这样一个进程可建立多个并发执行的线程。引入线程后减少了程序并发执行时付出的时空开销，使操作系统具有更好的并发性。Windows 不但支持多进程，还支持多线程。

在多线程的操作系统中，一个进程通常包含多个线程，每个线程都是一个处理器调度单位。当创建一个进程时，系统会自动创建它的第一个线程，称为主线程。然后该线程可以创建其他的线程，而这些线程又能创建更多的线程。其关系如图 2.4 所示。

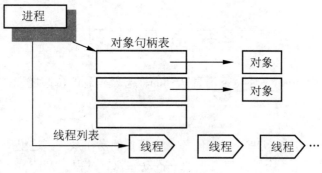

图 2.4　进程与线程关系

2.4.2　消息队列

Windows 为了给程序运行提供一个强壮的环境，要求每个线程运行在一个相对独立的环境中。在这个环境中，每个线程都相信自己是唯一运行的线程，且拥有一个模拟环境，使线程可以维持自己的键盘焦点、窗口激活、鼠标捕获等。

当一个线程被用于某一任务时，例如创建一个窗口，系统会为该线程分配一些资源，其中较特殊的是分配一个 THREADINFO 结构。THREADINFO 结构组成如图 2.5 所示。

THREADINFO 结构是消息系统的基础，保证每个线程都有完全不受其他线程影响的消息队列。Windows 应用程序之间或与操作系统之间就是通过各种消息来进行信息交换的，由 Windows 的 USER 模块接收和管理所有消息，并把它们发给相应窗口，如图 2.6 所示。

当线程有了与之相联系的 THREADINFO 结构时，线程就有了自己的消息队列集合。每个窗口维护自己的消息队列集合，并从中取出消息，再利用窗口函数进行处理。

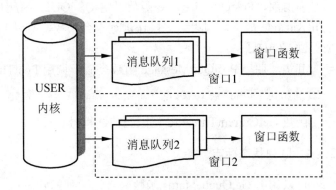

图 2.5　THREADINFO 结构组成　　　　图 2.6　消息队列模型

从本质上说，消息队列是一种以链表式结构组织的一组数据，存放在内核中，并由各进程通过消息队列标识符来引用。在消息队列中可以随意根据特定的数据类型值来检索消息。

2.4.3　将消息发送到队列中

一般调用 PostMessage 函数将消息发送到线程的登记消息队列中：

```
BOOL PostMessage(
    HWND hWnd,              //窗口句柄
    UINT Msg,              //要发送的消息
    WPARAM wParam,         //第一个参数
    LPARAM lParam          //第二个参数
);
```

当一个线程调用 PostMessage 函数时，系统首先要确定是哪一个线程建立了用 hWnd 参数标识的窗口。然后系统分配一块内存，将这个消息参数存储在这块内存中，并将这块内存增加到相应线程的登记消息队列中。

需要注意的是，PostMessage 函数在登记了消息之后立即返回。因此，调用该函数的线程并不知道登记的消息是否能被指定的窗口函数处理。

另外，也可以调用 PostThreadMessage 函数将消息发送到线程的登记消息队列中：

```
BOOL PostThreadMessage(
    DWORD idThread,           //线程标识
    UINT Msg,
    WPARAM wParam,
    LPARAM lParam
);
```

PostThreadMessage 函数所期望的线程由第一个参数 idThread 所标记。当消息被放置到队列中时，MSG 结构的 hwnd 成员将设置成 NULL。

若要终止消息循环，可以调用 PostQuitMessage 函数：

```
VOID PostQuitMessage(int nExitCode);
```

PostQuitMessage 函数并不实际登记一个消息到任何一个 THREADINFO 结构的队列。

只是在内部，PostQuitMessage 函数设定 QS_QUIT 唤醒标志，并设置 THREADINFO 结构的 nExitCode 成员。因为这些操作永远不会失败，所以 PostQuitMessage 函数的原型被定义成返回 VOID。

其实，调用 PostQuitMessage 函数类似于调用 PostThreadMessage 函数：

```
PostThreadMessage(GetCurrentThreadId(), WM_QUIT, nExitCode, 0);
```

函数 GetCurrentThreadId 返回当前线程号。

2.4.4　队列状态标志

可以调用 GetQueueStatus 函数来查询队列的状态：

```
DWORD GetQueueStatus(UINT flags);
```

参数 flags 是一个或一组由 OR 连接起来的标志，可用来测试特定位。表 2-7 给出了各个标志的取值及涵义。

表 2-7　状态标志及涵义

标　志	涵　义
QS_ALLEVENTS	同 QS_INPUT|QS_POSTMESSAGE|QS_TIMER|QS_PAINT|QS_HOTKEY
QS_ALLINPUT	同 QS_ALLEVENTS|QS_SENDMESSAGE，队列中任何消息
QS_ALLPOSTMESSAGE	登记的消息。当队列完全没有登记的消息时，该标志被清除
QS_HOTKEY	队列中包含 WM_HOTKEY 消息
QS_INPUT	与 QS_MOUSE 和 QS_KEY 相同
QS_KEY	包含 WM_KEYUP,WM_KEYDOWN,WM_SYSKEYUP 或 M_SYSKEYDOWN
QS_MOUSE	与 QS_MOUSEMOVE 和 QS_MOUSEBUTTON 相同
QS_MOUSEBUTTON	包含 WM_LBUTTONDOWN 等消息
QS_MOUSEMOVE	包含 WM_MOUSEMOVE 消息
QS_PAINT	包含 WM_PAINT 消息
QS_POSTMESSAGE	登记的消息。当队列没有登记的消息时，这个标志要消除
QS_SENDMESSAGE	由另一个线程或应用程序发送的消息
QS_TIMER	队列中包含 WM_TIMER 消息
QS_QUIT	表示已调用 PostQuitMessage 函数

调用 GetQueueStatus 函数时，参数 flags 将要检查的消息类型告诉 GetQueueStatus 函数。当返回时，当前消息的类型在返回值的高字节中，而低字节指出已经添加到队列中，且在上一次对函数 GetQueueStatus、GetMessage 或 PeekMessage 等调用以来还没有处理的消息的类型。

2.4.5　从队列中提取消息

一般可通过 GetMessage 函数从消息队列中提取一个消息。GetMessage 函数原型如下：

```
BOOL GetMessage(LPMSG lpMsg,
```

```
    HWND hWnd,
    UINT wMsgFilterMin,
    UINT wMsgFilterMax);
```

表 2-8 列出了 GetMessage 函数的各个参数的涵义。

表 2-8　GetMessage 函数的参数涵义

参　　数	涵　　义
lpMsg	指向一个消息结构，从消息队列中取出的消息将保存在该结构中
hWnd	指定接收属于哪一个窗口的消息
wMsgFilterMin	要获取消息的最小值，通常设置为 0
wMsgFilterMax	要获取消息的最大值。若 wMsgFilterMin、wMsgFilter Max 均为 0，则接收所有消息

在提取消息时，系统必须检查队列状态。图 2.7 说明了消息提取过程。

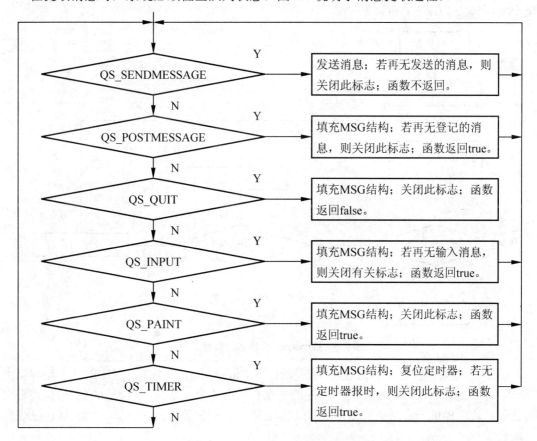

图 2.7　消息提取流程示意图

注意以下几点。

(1) 如果 QS_SENDMESSAGE 标志被设置，系统向相应的窗口过程发送消息。
GetMessage 函数在窗口过程处理完消息之后不返回，要等待其他要处理的消息。

(2) 如果消息在消息登记队列中，GetMessage 函数填充 MSG 结构，并返回。这时，消息循环通常调用 DispatchMessage 函数，让相应的窗口过程来处理消息。

(3) 如果 QS_QUIT 标志被设置，GetMessage 函数返回一个 WM_QUIT 消息，并复位 QS_QUIT 标志。

(4) 如果消息在虚拟输入队列，GetMessage 函数返回硬件输入消息。

(5) 如果 QS_PAINT 标志被设置，GetMessage 函数为相应窗口返回一个 WM-PAINT 消息。

(6) 如果 QS_TIMER 标志被设置，GetMessage 函数返回一个 WM_TIMER 消息。

(7) 虽然称为消息队列，但队列中的消息并非总是先进先出。例如，只要消息队列中存在 WM_QUIT，就会先取出 WM_QUIT，导致程序结束。而只有在没有其他消息时，WM_PAINT 和 WM_TIMER 才会被取出。若有多个 WM_PAINT 或 WM_TIMER，则可能会被合并成一个。

可见，Windows 应用程序的主要任务就是对各种消息的接收、分发和处理。图 2.8 描述了 Windows 程序消息处理的一般流程。

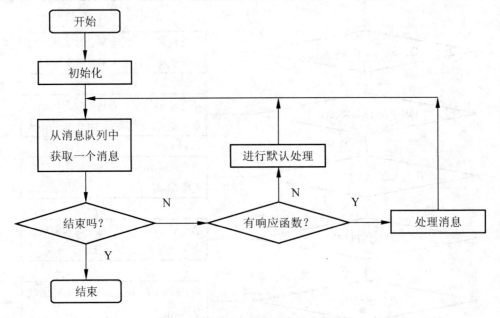

图 2.8　Windows 程序消息处理流程

由图 2.8 可知，基于消息驱动机制设计 Windows 应用程序时，程序的基本流程交由 Windows 去处理。Windows 掌握着一定的主动权，全心全意地为"接收到的消息找到对应的处理函数"提供全程服务，而用户只需集中精力做真正需要做的事情，如编写自己的窗口函数等。

2.5　Windows 程序结构

通过前面的学习，了解了 Windows 应用程序的基本特点。下面再讨论编写一个 Windows 程序需要做哪些工作。

2.5.1 程序组成

一个典型的 Windows 应用程序一般包含以下几部分内容。

(1) 头文件：包含了所有数据、模块和类的声明。

(2) 源文件：包含了应用程序的数据、类、功能逻辑模块等定义。

(3) 资源文件：包含了应用程序所使用的全部资源，如字符串资源、对话框、菜单、位图、光标、工具条、图标、版本信息等。

用户在资源文件中定义应用程序所需使用的资源，资源编译程序编译这些资源，并将它们存储于应用程序的可执行文件或动态连接库中。但是应用程序资源只是定义了资源的外观和组织，而不是其功能特性。例如，编辑一个对话框资源，可以改变对话框的安排和外观，但是却没有也不可能改变应用程序响应对话框控制的方式。外观的改变可以通过编辑资源来实现，而功能的改变却只能通过改变应用程序的源代码，然后重新编译来实现。

Windows 应用程序的生成过程与传统应用程序类似，也要经过编译、链接等阶段，只是这里增加了资源编译过程，如图 2.9 所示。

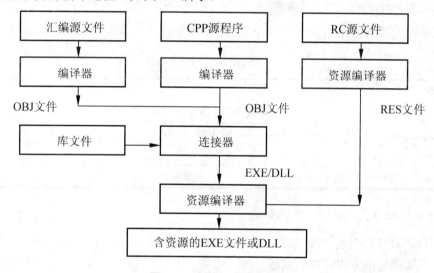

图 2.9 应用程序生成过程

从广义来看，目前的 Windows 应用程序主要有 16-b、32-b 和 64-b 这 3 种类型，目前的主流是 32-b 的 Windows 程序，故有时也称 Win32 程序。但更多时候 Win32 特指较底层的程序模式，包含上千个 API 函数，包括窗口管理函数、图形设备函数和系统服务函数，定义在 Windows.h 文件中。Win32 API 函数是应用程序与 Windows 系统交互的唯一途径。

从逻辑结构来看，基于 API 的 Win32 程序的主体为 WinMain 函数和 WinProc 函数，由它们构成程序的基本框架，包含各种数据类型、数据结构与函数等。

2.5.2 WinMain 函数

WinMain 函数是所有应用程序的入口，主要功能是注册窗口类、创建并初始化窗口、进入消息循环，以及当消息循环检索到 WM_QUIT 消息时，终止程序执行。

一个 WinMain 函数的基本框架描述如下：

```
int WINAPI WinMain(
            HINSTANCE hInstance,
            HINSTANCE hPrevInstance,
            LPSTR     lpCmdLine,
            int nCmdShow)
{
    WNDCLASS wndclass ;                      //声明结构体变量
    RegisterClass ( &wndclass);              //注册窗口
    CreateWindow (…);                        //窗口创建
    ShowWindow (…) ;                         //显示
    UpdateWindow (…);                        //更新
    While (GetMessage (&msg,NULL,0,0))       //进入消息循环
    {
    TranslateMessage (&msg);
    DispatchMessage (&msg);
    }
}
```

表 2-9 列出了 WinMain 函数中各个参数的基本涵义。

表 2-9　WinMain 函数的参数涵义

参　　数	涵　　义
hInstance	当前实例句柄，Windows 环境下用于区别同一应用程序的不同实例
hPrevInstance	应用程序先前实例的句柄。若为 NULL，表示没有这个应用程序的其他实例在运行
lpCmdLine	以 NULL 结尾的命令行字符串长指针
nCmdShow	窗口初始显示方式

1. 建立窗口类

WinMain 函数的首要一步是建立、登记应用程序的窗口类。窗口类是定义窗口属性的模板，这些属性包括窗口式样、鼠标形状、菜单、窗口函数等。只有先建立窗口类，才能创建 Windows 应用程序窗口。

所谓建立窗口类，即声明一个 WNDCLASS 结构变量。WNDCLASS 结构的定义代码如下：

```
typedef struct _WNDCLASS
{
    UINT    style;                  //窗口风格类型
    WNDPROC lpfnWndProc;            //指向窗口过程函数的指针
    int     cbClsExtra;             //窗口类附加数据
    int     cbWndExtra;             //窗口附加数据
    HANDLE  hInstance;              //拥有窗口类的实例句柄
    HICON   hIcon;                  //最小窗口图标
    HCURSOR hCursor;                //窗口内使用的光标
    HBRUSH  hbrBackground;          //用来着色窗口背景的刷子
    LPCTSTR lpszMenuName;           //指向菜单资源名的指针
```

```
    LPCTSTR lpszClassName;                    //指向窗口类名的指针
} WNDCLASS;
```

其中，成员 style 用于控制窗口特性，其取值见表 2-10。

表 2-10　WNDCLASS 成员 style 的取值

Style 取值	涵　义
CS_BYTEALIGNCLIENT	在字节边界排列窗口客户区(在 X 方向)，将影响窗口的宽度和水平位置
CS_BYTEALIGNWINDOW	在字节边界排列窗口(在 X 方向)，将影响窗口的宽度和水平位置
CS_CLASSDC	分配一个设备环境给所有窗口共享
CS_DBLCLKS	当鼠标在窗口区域双击时，发送相应消息给窗口过程
CS_GLOBALCLASS	允许应用程序创建一个窗口
CS_HREDRAW	当移动窗口或改变客户区宽度时刷新窗口
CS_VREDRAW	当移动窗口或改变客户区高度时刷新窗口
CS_NOCLOSE	屏蔽窗口菜单中的关闭功能
CS_OWNDC	为每一个窗口分配唯一的设备环境
CS_PARENTDC	在父窗口中重画子窗口
CS_SAVEBITS	把窗口的灰暗区域保存为位图格式

在程序中可组合使用这些常量，多个取值之间可用位或运算符号"|"连接。

成员 lpfnWndProc 包括一个指向窗口类消息处理函数的指针。该消息处理函数通常称为窗口过程函数，用于接收 Windows 发送给窗口的消息，并执行相应的任务。

例如，下面的代码对 wndclass 结构变量的成员进行赋值：

```
WNDCLASS wndclass ;
wndclass.style  = CS_HREDRAW|CS_VREDRAW;
wndclass.lpfnWndProc= (WNDPROC)WndProc;              //指定窗口过程函数
wndclass.cbClsExtra = NULL;                          //窗口类无扩展
wndclass.cbWndExtra = NULL;                          //窗口实例无扩展
wndclass.hInstance  = hInstance;                     //设置实例句柄
wndclass.hIcon  = LoadIcon(NULL,IDI_APPLICATION);    //设置窗口默认图标
wndclass.hCursor= LoadCursor(NULL,IDC_ARROW);        //用箭头作为鼠标图标
wndclass.hbrBackground=(HBRUSH)GetStockObject(WHITE_BRUSH);
wndclass.lpszMenuName= NULL;                         //窗口无菜单
wndclass.lpszClassName  = "MyFirstWindows";          //窗口所属类名
```

这里使用到了如下两个新函数。

(1) LoadIcon 函数，用于加载图标资源，其原型如下：

```
HICON LoadIcon
(
    HINSTANCE hInstance,                    //应用程序句柄
    LPCTSTR lpIconName                      //图标名称
);
```

其中，参数 lpIconName 指明程序图标，可以取一些预设值，见表 2-11。

表 2-11 LoadIcon 函数的参数 lpIconName 的可能取值

lpIconName 取值	涵　义
IDI_APPLICATION	默认应用程序图标
IDI_INFORMATION	星号图标
IDI_ASTERISK	同 IDI_INFORMATION
IDI_ERROR	手状图标
IDI_HAND	同 IDI_ERROR
IDI_WARNING	惊叹号图标
IDI_EXCLAMATION	同 IDI_WARNING
IDI_QUESTION	问号图标
IDI_WINLOGO	窗口登录图标

(2) GetStockObject 函数，用于加载对象资源。其函数原型如下：

```
HGDIOBJ GetStockObject(int fnObject);
```

参数 fnObject 指定对象的类型。常见类型见表 2-12。

表 2-12 GetStockObject 函数的参数 fnObject 的取值

fnObject 取值	涵　义
BLACK_BRUSH	黑色刷
DKGRAY_BRUSH	暗灰色刷
DC_BRUSH	纯色刷，默认是白色
GRAY_BRUSH	灰白色刷
NULL_BRUSH	无效刷
HOLLOW_BRUSH	同 NULL_BRUSH
LTGRAY_BRUSH	浅灰色刷
WHITE_BRUSH	白色刷

2. 注册窗口类

在创建窗口之前，必须要注册窗口类。当对 WNDCLASS 结构域一一赋值后，就可注册了。一般调用 RegisterClass 函数实现窗口类的注册，其原型如下：

```
ATOM RegisterClass( CONST WNDCLASS *lpWndClass);
```

如果注册失败，RegisterClass 函数返回非 0 值，程序将终止；若返回 0 值，表示注册成功，程序继续进行。

3. 创建窗口

WinMain 函数中有一个重要的函数 CreateWindow，其作用是具体完成窗口的创建工作。CreateWindow 函数的原型如下：

```
HWND CreateWindow(
    LPCTSTR lpClassName,          //注册的窗口类名
    LPCTSTR lpWindowName,         //窗口标题名
    DWORD dwStyle,                //窗口的风格
    int x,                        //显示窗口水平位置，默认设置值为 CW_USEDEFAULT
    int y,                        //显示窗口垂直位置，默认设置值为 CW_USEDEFAULT
    int nWidth,                   //窗口宽度，默认设置值为 CW_USEDEFAULT
    int nHeight,                  //窗口高度，默认设置值为 CW_USEDEFAULT
    HWND hWndParent,              //父窗口句柄
    HMENU hMenu,                  //菜单句柄
    HANDLE hInstance,             //应用程序句柄
    LPVOID lpParam                //指向一个传递给窗口的指针型参数
);
```

4. 显示和更新窗口

窗口创建后，要想把它显示出来，还必须调用 ShowWindow 函数，其原型如下：

```
BOOL ShowWindow(
    HWND hWnd,                    //窗口句柄
    int nCmdShow                  //窗口显示模式
);
```

其中，参数 hWnd 是窗口句柄，指定显示的是哪一个窗口；参数 nCmdShow 决定窗口的显示模式。常见显示模式有最小化(SW_MINIMIZE)、最大化(SW_SHOWMAXIMIZED)、隐藏(SW_HIDE)、普通化(SW_SHOWNORMAL)等。

WinMain 函数调用完 ShowWindow 函数后，还需要调用 UpdateWindow 函数，将产生一个 WM_PAINT 消息，该消息使窗口重画，即进行更新，最终把窗口显示出来。

5. 创建消息循环

Windows 为每个运行程序维护一个消息队列。当单击鼠标键或按键盘上的按键时，Windows 并不把这个输入事件直接发送给应用程序，而是翻译成一个消息，并把这个消息放置到应用程序所属的消息队列中去，形成消息循环，再由应用程序从队列中去获取消息。

应用程序从队列中获得消息的方式有两种：一是由应用程序调用 GetMessage 函数或 PeekMessage 函数从消息队列中读取一条消息，并将消息放在 MSG 结构中；二是由 Windows 调用用户提供的回调函数来获取消息。

这里假设采用的是第一种方式，下列代码段可形成消息循环：

```
While (GetMessage (&msg,NULL,0,0))
{
    TranslateMessage (&msg);
    DispatchMessage (&msg);
}
```

只有当应用程序从消息队列中检索到 WM_QUIT 消息时，GetMessage 函数才返回 false，消息循环停止，同时终止应用程序。否则这个循环会无限运行下去。

循环中的 TranslateMessage 函数用于将消息的虚拟键转换为字符信息，字符消息再被

发送到消息队列中，下一次调用 GetMessage 函数时将被取出。例如，当按键盘上的某个字符键时，系统将产生 WM_KEYDOWN 和 WM_KEYUP 消息。这两个消息的 wParam 和 lParam 参数包含的是虚拟键代码和扫描码等信息。而程序中往往需要字符的 ASCII 码，TranslateMessage 函数就用于将 WM_KEYDOWN 和 WM_ KEYUP 消息的组合转换为一条 WM_CHAR 消息，该消息的 wParam 参数包含了字符的 ASCII 码，并将转换后的新消息发送到消息队列中。

需要注意的是，TranslateMessage 函数并不会修改原有的消息，只是产生新的消息。

而 DispatchMessage 函数则用于将消息回传给操作系统，由操作系统调用窗口函数对消息进行响应，由窗口函数对消息进行处理。

2.5.3 WinProc 函数

由 2.5.2 节的介绍可以知道，Windows 启动应用程序时，首先调用 WinMain 函数，然后再通过信息循环中的 DispatchMessage 函数调用制定的窗口函数。

窗口函数是消息处理函数，用于处理特定消息对应的一些代码，定义了应用程序对可能接收到的不同消息的响应。窗口函数的名字可以随便取，如 WinSunProc，只要保证前后一致即可。MSDN 中给出的函数原型如下：

```
LRESULT CALLBACK WindowProc(
    HWND hWnd,                          // 窗口句柄
    UINT nMessage,                      // 所发出的消息
    WPARAM  wParam,                     // 参数1
    LPARAM  lParam                      // 参数2
);
```

显然，WindowProc 函数的参数与 GetMessage 函数返回的 MSG 结构的前 4 个成员完全相同。

很多参考书上把窗口函数命名为 WinProc，本书也沿用这一命名规则。

WinProc 函数通常包括一个多分支 switch 语句结构，每一条 case 语句对应一种消息。当应用程序接收到一个消息时，相应的 case 语句被激活并执行相应的响应程序模块。

```
LRESULT CALLBACK WinProc(
    HWND hWnd,                          // 窗口句柄
    UINT nMessage,                      // 所发出的消息
    WPARAM  wParam,                     // 参数1
    LPARAM  lParam)                     // 参数2
{
    …
    switch(nMessage)                    // nMessage 为标识的消息
    {
        case …
            …
            break;
        …
        case WM_DESTROY:
            PostQuitMessage(0);         // 终止循环
        default:                        // 默认窗口函数
```

```
        return DefWindowProc(hwnd,message,wParam,lParam);
    }
    return(0);
}
```

读者可能感到困惑，为什么在 WinMain 函数中看不到对 WinProc 函数的调用代码呢？请注意，WinProc 函数头部的前面有 CALLBACK 标记，表明这是一个回调函数。什么是回调函数？通俗地说，就是写好了等着别人来调用的函数。这些函数的原型都是由调用者自己定义好的，使用的时候，只要按照原型重新定义一个函数，然后将函数指针传递过去就行了。

回调函数严格按照 Windows 系统的规定进行说明和定义，函数的调用约定、返回值及参数都是固定的，用户必须按其规定进行才能正常工作。回调函数一经设计好，就成了 Windows 系统的扩展，就会在发生别的事件时，由操作系统自动调用该函数。

2.6　案例：使用 API 设计简易计算器

编写 Windows 程序的方法主要有两种：一是直接使用 API 函数法，二是 MFC 法。本章简单介绍 API 函数法。为便于读者理解和掌握每一个设计步骤，下面举一个具体的例子，实现一个简单计算器，可以完成加、减、乘、除等常规运算。

1. 创建应用程序框架

首先创建一个空的 Win32 项目框架 MySDK。基本操作步骤如下。

(1) 启动 Visual C++ 集成环境，选择 File/New 菜单项，弹出如图 2.10 所示的对话框。

(2) 选择 Projects 选项卡，选择 Win32 Application 选项，在 Project name 文本框中输入所要创建的项目文件名 MySDK，然后单击 OK 按钮，弹出如图 2.11 所示的对话框。选中 An empty project 单选按钮，说明是创建一个空的项目文件。

(3) 单击 Finish 按钮，弹出如图 2.12 所示的对话框，说明已经创建空的应用程序框架，显示相关项目信息。

(4) 单击 OK 按钮，弹出如图 2.13 所示的窗口。

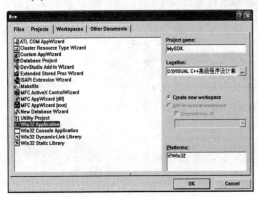

图 2.10　创建 Win32 应用程序

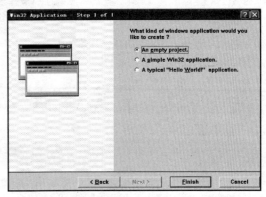

图 2.11　Win32 Application – Step 1 of 1 对话框

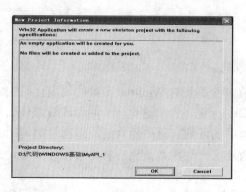

图 2.12　New Project Information 对话框

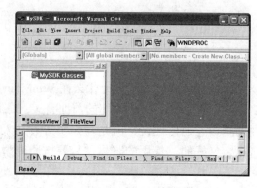

图 2.13　Win32 应用程序框架

2．新建资源文件 Resource.h

首先选择 Project/Add To Project 菜单项，如图 2.14 所示。

若要添加已存在的文件，可选择 Files 菜单项，然后在弹出的对话框中选择所要加入的源程序文件，如图 2.15 所示。

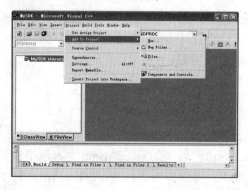

图 2.14　添加/新建文件

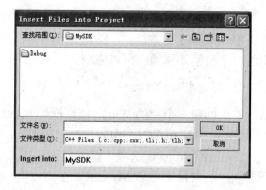

图 2.15　添加已有文件对话框

如果是新建文件，则选择 New 菜单项，弹出图 2.16 所示的对话框，可以创建源程序、头文件等文件。

图 2.16　新建文件对话框

在 Files 选项卡中选择 C/C++ Header File 选项，表示创建.h 头文件，再在右侧的 File 文本框中输入头文件名"Resource"。注意，需要选中 Add to project 复选框。单击 OK 按钮，返回设计界面，将自动进入 Resource.h 的编辑区域，在其中输入如下内容：

```
#define IDE_RESULT       101          //文本框
#define IDB_NUM0         110          //按钮
#define IDB_NUM1         111
#define IDB_NUM2         112
#define IDB_NUM3         113
#define IDB_NUM4         114
#define IDB_NUM5         115
#define IDB_NUM6         116
#define IDB_NUM7         117
#define IDB_NUM8         118
#define IDB_NUM9         119
#define IDB_NUMDEC       120
#define IDB_OPTADD       121          // 操作符+号
#define IDB_OPTSUB       122          // 操作符-号
#define IDB_OPTMUL       123          // 操作符*号
#define IDB_OPTDIV       124          // 操作符/号
#define IDB_OPTSQRT      125          // 操作符 sqrt 号
#define IDB_OPTPERCENT   126          // 操作符%号
#define IDB_OPTEQU       127          // 操作符=号
#define IDB_CANCLEENTRY  129          // 清零 C
```

3. 重建 stdafx.h 文件

按同样的步骤新建 stdafx.h 文件，其代码如下：

```
#if !defined(AFX_STDAFX_H_A9DB83DB_A9FD_11D0_BFD1_444553540000_INCLUDED_)
#define AFX_STDAFX_H__A9DB83DB_A9FD_11D0_BFD1_444553540000__INCLUDED_
#if _MSC_VER > 1000
#pragma once
#endif // _MSC_VER > 1000
#define WIN32_LEAN_AND_MEAN
#include <windows.h>
#endif
```

再新建对应的 stdafx.cpp 文件，代码如下：

```
#include "stdafx.h"
```

4. 创建主文件

新建主文件 MySDK.cpp，并输入如下代码。

(1) 包括必要的头文件，代码如下：

```
#include "stdafx.h"
#include<windows.h>
#include <math.h>
#include <stdio.h>
#include <stdlib.h>
#include<string.h>
#include"resource.h"
```

(2) 声明若干全局变量，代码如下：

```
HWND hWndhWnd,hEditResult,
    hButtonOptSum0,hButtonOptSum1,hButtonOptSum2,hButtonOptSum3,
    hButtonOptSum4,hButtonOptSum5,hButtonOptSum6,hButtonOptSum7,
    hButtonOptSum8,hButtonOptSum9,hButtonOptSumDec,
    hButtonOptAdd,hButtonOptSub,hButtonOptMul,hButtonOptDiv,
    hButtonOptSqrt,hButtonOptPercent,hButtonOptEqu,hButtonCancelEntry;
HINSTANCE hInst;
char lpszAddItem[20]="";
char lpszResult[20]="";
char lpszResult1[20]="";
char lpszResult2[20]="";
char lpszOpt[]="N";   //储存操作符号
char *stop;
double nAddItem=0,nResult=0;
double nResult1=0,nResult2=0;
int nMax;
int nOptF=0;   //判断是否按了操作符键
bool bDec=false;    //判断是否按了点操作符";"
```

(3) 主函数 WinMain，代码如下：

```
int WINAPI WinMain(HINSTANCE hInstance,HINSTANCE hPrevInstance,
    LPSTR lpCmdLine,int   nCmdShow)
{
    HWND hWnd;
    MSG Message;
    WNDCLASS WndClass;
    char lpszClassName[]="编辑框";
    char lpszTitle[]="计算器";
    WndClass.cbClsExtra=0;
    WndClass.cbWndExtra=0;
    WndClass.hbrBackground=(HBRUSH)(GetStockObject(LTGRAY_BRUSH));
    WndClass.hCursor=LoadCursor(NULL,IDC_ARROW);
    WndClass.hIcon=LoadIcon(NULL,IDI_APPLICATION);
    WndClass.hInstance=hInstance;
    WndClass.lpfnWndProc=WndProc;       //消息处理
    WndClass.lpszClassName=lpszClassName;
    WndClass.lpszMenuName=NULL;
    WndClass.style=0;
    if(!RegisterClass(&WndClass))
    {   MessageBeep(0);
        return FALSE; }
    hInst=hInstance;
    hWnd=CreateWindow(lpszClassName,lpszTitle,
        WS_OVERLAPPED | WS_SYSMENU | WS_MINIMIZEBOX,
        CW_USEDEFAULT,CW_USEDEFAULT,210,230,NULL,NULL,hInstance,NULL);
    ShowWindow(hWnd,nCmdShow);
    UpdateWindow(hWnd);
    while(GetMessage(&Message,NULL,0,0))
```

```
    { TranslateMessage(&Message);
        DispatchMessage(&Message); }
    return Message.wParam;
}
```

(4) 窗口函数 WinProc，代码如下：

```
LRESULT CALLBACK WinProc(HWND hwnd,UINT message,WPARAM wParam,LPARAM lParam)
{
    switch(message)
    {
        case WM_CREATE:
            hEditResult=CreateWindow("EDIT",                    //建立文本框
                NULL,
                WS_CHILD|WS_VISIBLE|ES_RIGHT|WS_BORDER|ES_READONLY,
                10,10,185,24,hwnd,(HMENU)IDE_RESULT,hInst,NULL);
            hButtonOptSum7=CreateWindow("BUTTON",               //建立按钮 7
                "7",WS_CHILD | WS_VISIBLE,
                10,40,30,30,hwnd,(HMENU) IDB_NUM7,hInst,NULL);
            hButtonOptSum8=CreateWindow("BUTTON",               //建立按钮 8
                "8",WS_CHILD | WS_VISIBLE,
                45,40,30,30,hwnd,(HMENU) IDB_NUM8,hInst,NULL);
            hButtonOptSum9=CreateWindow("BUTTON",               //建立按钮 9
                "9",WS_CHILD | WS_VISIBLE,
                80,40,30,30,hwnd,(HMENU) IDB_NUM9,hInst,NULL);
            hButtonOptSum4=CreateWindow("BUTTON",               //建立按钮 4
                "4",WS_CHILD | WS_VISIBLE,
                10,75,30,30,hwnd,(HMENU) IDB_NUM4,hInst,NULL);
            hButtonOptSum5=CreateWindow("BUTTON",               //建立按钮 5
                "5",WS_CHILD | WS_VISIBLE,
                45,75,30,30,hwnd,(HMENU) IDB_NUM5,hInst,NULL);
            hButtonOptSum6=CreateWindow("BUTTON",               //建立按钮 6
                "6",WS_CHILD | WS_VISIBLE,
                80,75,30,30,hwnd,(HMENU) IDB_NUM6,hInst,NULL);
            hButtonOptSum1=CreateWindow("BUTTON",               //建立按钮 1
                "1",WS_CHILD | WS_VISIBLE,
                10,110,30,30,hwnd,(HMENU) IDB_NUM1,hInst,NULL);
            hButtonOptSum2=CreateWindow("BUTTON",               //建立按钮 2
                "2",WS_CHILD | WS_VISIBLE,
                45,110,30,30,hwnd,(HMENU) IDB_NUM2,hInst,NULL);
            hButtonOptSum3=CreateWindow("BUTTON",               //建立按钮 3
                "3",WS_CHILD | WS_VISIBLE,
                80,110,30,30,hwnd,(HMENU) IDB_NUM3,hInst,NULL);
            hButtonOptSum0=CreateWindow("BUTTON",               //建立按钮 0
                "0",WS_CHILD | WS_VISIBLE,
                10,145,65,30,hwnd,(HMENU) IDB_NUM0,hInst,NULL);
            hButtonOptSumDec=CreateWindow("BUTTON",             //建立按钮 .
                ".",WS_CHILD | WS_VISIBLE,
                80,145,30,30,hwnd,(HMENU) IDB_NUMDEC,hInst,NULL);
            hButtonOptSqrt=CreateWindow("BUTTON",               //建立按钮 Sqr
                "Sqr",WS_CHILD | WS_VISIBLE,
```

```
                        130,40,30,30,hwnd,(HMENU) IDB_OPTSQRT,hInst,NULL);
            hButtonCancelEntry=CreateWindow("BUTTON",   //建立按钮 C
                "C",WS_CHILD | WS_VISIBLE,
                165,40,30,30,hwnd,(HMENU) IDB_CANCLEENTRY,hInst,NULL);
            hButtonOptAdd=CreateWindow("BUTTON",            //建立按钮+
                "+",WS_CHILD | WS_VISIBLE,
                130,75,30,30,hwnd,(HMENU)IDB_OPTADD,hInst,NULL);
            hButtonOptSub=CreateWindow("BUTTON",         //建立按钮-
                "-",WS_CHILD | WS_VISIBLE,
                165,75,30,30,hwnd,(HMENU)IDB_OPTSUB,hInst,NULL);
            hButtonOptMul=CreateWindow("BUTTON",            //建立按钮*
                "*",WS_CHILD | WS_VISIBLE,
                130,110,30,30,hwnd,(HMENU)IDB_OPTMUL,hInst,NULL);
            hButtonOptDiv=CreateWindow("BUTTON",            //建立按钮/
                "/",WS_CHILD | WS_VISIBLE,
                165,110,30,30,hwnd,(HMENU)IDB_OPTDIV,hInst,NULL);
            hButtonOptEqu=CreateWindow("BUTTON",          //建立按钮=
                "=",WS_CHILD | WS_VISIBLE,
                130,145,30,30,hwnd,(HMENU)IDB_OPTEQU,hInst,NULL);
            hButtonOptPercent=CreateWindow("BUTTON",  //建立按钮%
                "%",WS_CHILD | WS_VISIBLE,
                165,145,30,30,hwnd,(HMENU)IDB_OPTPERCENT,hInst,NULL);
        SetWindowText(hEditResult,"0");
        break;
    case WM_SETFOCUS:
        SetFocus(hEditResult);
        break;
    case WM_COMMAND:
        switch(LOWORD(wParam))                          // 0 键~9 键与 "." 按钮
        {
            case IDB_NUM0:
                if (nOptF==0)break;
                NumResult("0");break;
            case IDB_NUM1:
                NumResult("1");break;
            case IDB_NUM2:
                NumResult("2");break;
            case IDB_NUM3:
                NumResult("3");break;
            case IDB_NUM4:
                NumResult("4");break;
            case IDB_NUM5:
                NumResult("5");break;
            case IDB_NUM6:
                NumResult("6");break;
            case IDB_NUM7:
                NumResult("7");break;
            case IDB_NUM8:
                NumResult("8");break;
            case IDB_NUM9:
                NumResult("9");break;
```

```
        case IDB_NUMDEC:
            if (bDec==true) break;              //如果已按了点号就返回
            NumResult(".");
            nOptF=1;                            //按了操作符键
            bDec=true;                          //按了点操作符";"
            break;
        case IDB_OPTADD:                        // 加,减,乘,除与百分数按钮
            EquResult();
            strcpy(lpszOpt,"+");                //设置按了操作符号+
            break;
        case IDB_OPTSUB:
            EquResult();
            strcpy(lpszOpt,"-");
            break;
        case IDB_OPTMUL:
            EquResult();
            strcpy(lpszOpt,"*");                //设置按了操作符号*
            break;
        case IDB_OPTDIV:
            EquResult();
            strcpy(lpszOpt,"/");
            break;
        case IDB_OPTPERCENT:
            EquResult();
            strcpy(lpszOpt,"%");
            break;
        case IDB_OPTEQU:                        //等于按钮
            EquResult();
            strcpy(lpszOpt,"N");
            break;
        case IDB_OPTSQRT:                       //开平方按钮
            EquResult();
            strcpy(lpszOpt,"S");
            break;
        case IDB_CANCLEENTRY:
            SetWindowText(hEditResult,"0");
            nResult=0;
            nAddItem=0;
            nResult1=0;
            nResult2=0;
            strcpy(lpszResult1,"0");
            strcpy(lpszResult2,"0");
            nOptF=0;
            bDec=false;
            strcpy(lpszOpt,"N");                //储存操作符号
            break;
    }
    break;
case WM_DESTROY:
    PostQuitMessage(0); break;
default:
```

```
            return DefWindowProc(hwnd,message,wParam,lParam);
    }
    return 0;
}
```

(5) "="操作符处理函数，代码如下：

```
void EquResult()
{
    if (strcmp(lpszOpt,"N")==0) nResult1=strtod(lpszResult1,&stop);
    else{
        switch(*lpszOpt)                          //比较上一次按的操作符后所得的结果
        {
        case '+':
            nResult1=strtod(lpszResult1,&stop);
            nResult2=strtod(lpszResult2,&stop);
            nResult1=nResult1+nResult2; break;
        case '-':
            nResult1=strtod(lpszResult1,&stop);
            nResult2=strtod(lpszResult2,&stop);
            nResult1=nResult1-nResult2; break;
        case '*':
            nResult1=strtod(lpszResult1,&stop);
            nResult2=strtod(lpszResult2,&stop);
            nResult1=nResult1*nResult2; break;
        case '/':
            nResult1=strtod(lpszResult1,&stop);
            nResult2=strtod(lpszResult2,&stop);
            if (nResult2==0)
            {   MessageBox(hWndhWnd,"除数不能为零!","功能",MB_OK);
                break; }
            nResult1=nResult1/nResult2; break;
        case '%':
            nResult1=strtod(lpszResult1,&stop);
            nResult1=nResult1/100; break;
        case 'S':
            nResult1=strtod(lpszResult1,&stop);
            if (nResult1<0)
            {   MessageBox(hWndhWnd,"负数没有平方根!","没意义",MB_OK);
                break; }
            nResult=sqrt( nResult1 );
            nResult1=nResult; break;
        }
    }
    nResult1=nResult1*1.0;
    _gcvt(nResult1,15,lpszResult1);                    //双精度转化为字符串
    SetWindowText(hEditResult,lpszResult1);
    nOptF=0;
    bDec=false;
}
```

(6) 数字键(0~9 和小数点)操作函数，代码如下：

```
void NumResult(char *NumData)
{
    if (nOptF==0) SetWindowText(hEditResult,"");
    nMax=GetWindowTextLength(hEditResult)+1;
    GetWindowText(hEditResult,lpszAddItem,nMax);
    strcat(lpszAddItem,NumData);                    //字符串加该数字键的字符
    if (strcmp(lpszOpt,"N")==0)
    {   strcpy(lpszResult1,lpszAddItem);
        SetWindowText(hEditResult,lpszResult1); }
    else
    {   strcpy(lpszResult2,lpszAddItem);
        SetWindowText(hEditResult,lpszResult2); }
    nOptF=1;  //按了数字键
}
```

这里需要使用两个函数，一个是字符串转换为双精度函数：

```
double strtod( const char *nptr, char **endptr );
```

其中，参数 nptr 表示要转换的字符串；参数 endptr 表示若遇到不是数字的字符时，停止扫描。

另一个是双精度转换为字符串函数：

```
char *_gcvt( double value, int digits, char *buffer );
```

其中，参数 value 表示要转换为字符串的数值，参数 digits 表示有意义的位数，参数 buffer 表示用来存储字符串的缓冲区。

为防止 Visual C++ 编译系统出现问题，建议选择 Build/Rebuild All 菜单项编译整个项目。编译运行后，弹出如图 2.17 所示的主界面。使用方法与一般计算器类似，此处不再赘述。

图 2.17　简易计算器的主界面

本 章 总 结

相对于传统的面向过程的"主动"式程序设计模式，基于 Windows 的应用程序采用的是面向对象的"被动"的、事件驱动设计模式。这是一种全新的程序设计理念，强调的不

是由预先设定的事件顺序来控制程序运行，而是由事件发生的时间次序来控制。该模式更多地考虑了用户可能的各种输入，允许用户按自己的意愿在恰当的时间来启发事件，并针对性的设计相应的处理程序。

基于事件驱动的程序设计的核心是消息传输机制。Windows 应用程序之间或与操作系统之间通过各种消息来进行信息交换，由 Windows 操作系统的 USER 模块负责接收和管理所有消息，并把它们发给相应窗口，形成消息队列。

一个 Windows 应用程序的主体为 WinMain 函数和 WinProc 函数，由它们构成程序的基本框架，包含各种数据类型、数据结构与函数等。其中 WinMain 函数是所有应用程序的入口，类似 C 语言中的 main 函数，主要有注册窗口类；进入消息循环；当消息循环检索到 WM_QUIT 消息时，终止程序执行等功能。而 WinProc 函数是消息处理函数，用于处理特定消息的一些代码，定义了应用程序对可能接收到的不同消息的响应。WinProc 函数通常包括一个多分支 switch 语句结构，每一条 case 语句对应一种消息。当应用程序接收到一个消息时，相应的 case 语句被激活并执行相应的响应程序模块。

基于消息驱动机制设计 Windows 应用程序有两种方法：一是直接使用 API 函数法，二是 MFC 法。本章仅简单介绍了 API 函数法，MFC 方法将在第 3 章介绍。

习　题

1. "过程驱动"式与"事件驱动"式的程序设计原理有什么不同？
2. 键盘消息、鼠标消息可分为哪几类？试举例说明。
3. 什么是消息队列？简述从队列中提取消息的算法流程。
4. Windows 应用程序有哪几部分？试举例说明。
5. PostMessage 函数与 SendMessage 函数有何区别？
6. 试分析 WinMain 函数、WinProc 函数的工作原理。
7. 查阅资料，仔细阅读下面的程序段，分析代码功能，推测可能的运行结果。

```
HWND g_hWnd = NULL;
HINSTANCE g_hInst = NULL;

LRESULT CALLBACK WndProc(HWND hWnd,UINT nMessage,
          WPARAM wParam,LPARAM lParam)
{
    switch(nMessage)
    {
        case WM_LBUTTONDOWN:
            MessageBox(hWnd, "收到WM_LBUTTONDOWN消息!", "通知", MB_OK);
            break;
        case WM_RBUTTONDOWN:
            MessageBox(hWnd, "收到WM_RBUTTONDOWN消息!", "通知", MB_OK);
            break;
        case WM_CREATE:
            MessageBox(hWnd, "收到WM_CREATE消息!", "通知", MB_OK);
            break;
```

```
        case WM_DESTROY:
            MessageBox(hWnd, "收到 WM_DESTROY 消息!", "通知", MB_OK);
            PostQuitMessage(0);
            break;
        default:
            return DefWindowProc(hWnd, nMessage, wParam, lParam);
    }
    return FALSE;
}
int WINAPI WinMain(HINSTANCE hInstance, HINSTANCE hPrevInstance,
            LPSTR lpCmdLIne, int nCmdShow)
{
    WNDCLASS oWnd;
    MSG     msgTmp;
    HWNDhWnd;
    g_hInst = hInstance;
    oWnd.style  = CS_HREDRAW|CS_VREDRAW;
    oWnd.lpfnWndProc= (WNDPROC)WndProc;
    oWnd.cbClsExtra = NULL;
    oWnd.cbWndExtra = NULL;
    oWnd.hInstance  = hInstance;
    oWnd.hIcon  = LoadIcon(NULL,IDI_APPLICATION);
    oWnd.hCursor= LoadCursor(NULL,IDC_ARROW);
    oWnd.hbrBackground=(HBRUSH)GetStockObject(WHITE_BRUSH);
    oWnd.lpszMenuName= NULL;
    oWnd.lpszClassName  = "第一个 Windows 程序";
    if(!RegisterClass(&oWnd))
    {
        MessageBeep(0);
        return FALSE;
    }
    g_hWnd = CreateWindow("第一个 Windows 程序",
        "第一个 Windows 程序",WS_OVERLAPPEDWINDOW,
        CW_USEDEFAULT, CW_USEDEFAULT, CW_USEDEFAULT, CW_USEDEFAULT,
        NULL, NULL, hInstance, NULL);
    if (g_hWnd == NULL) return FALSE;
    ShowWindow(g_hWnd, nCmdShow);
    UpdateWindow(g_hWnd);
    while (GetMessage(&msgTmp, NULL, 0, 0))
    {
        TranslateMessage(&msgTmp);
        DispatchMessage(&msgTmp);
    }
return msgTmp.wParam;
}
```

8. 设计题

(1) 创建一个 API 应用程序，利用 MessageBox 函数显示"您经掌握了简单的 API 程序设计吗？"提示，要求该信息提示框具有"？"图标及"是"、"否"两个按钮。当运行该程序时，若单击"是"按钮，则关闭程序；否则不关闭。

(2) 设计一个窗口，在该窗口中：

① 单击键盘上的箭头键时，窗口中显示"您按了箭头键!"。

② 单击 Shift 键时，窗口中显示"您按了 Shift 键!"。

③ 单击 Ctrl 键时，窗口中显示"您按了 Ctrl 键!"。

④ 单击 Ctrl+A 组合键时，窗口中显示"您按了 Ctrl+A 组合键!"。

(3) 修改 2.6 节中的计算器代码，增加一个"求和"按钮，可求输入的若干个数值的和。

第 3 章

MFC 基础

教学目标

　　本章主要介绍 MFC 的基本概念，包括 MFC 特性、类层次、消息映射、MFC 宏、MFC 向导等。通过学习，要求掌握 MFC 类层次与应用程序框架结构，熟悉使用宏和消息映射的基本原理，了解 MFC 应用程序的内部机制，学会使用 MFC 向导编写简单的应用程序。

知识结构

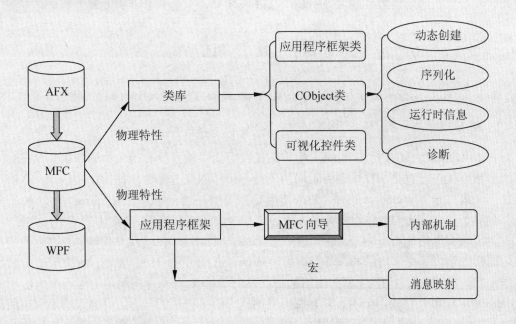

引言

在第 2 章中已经介绍过,设计 Windows 程序主要有两种方法:一是直接调用 API 函数,二是运用 MFC 法。直接调用 API 开发 Windows 程序,无论对于何等级别的程序员来说都是一件十分困难的事情,而且随着设计任务的不断扩大,甚至可能无果而终。

MFC 作为 Microsoft 提供的一个面向对象的 Windows 编程接口,将 API 与 C++面向对象机制做到了最为完美的结合。MFC 利用面向对象的思想,彻底封装了 Win32 软件开发工具包(Software Development Kit,SDK)中的结构和功能。对开发人员来说,MFC 提供了创建 Windows 应用程序的最一般、最标准化的框架结构,这个框架完成了很多 Windows 编程中的例行性工作,如管理窗口、基本输入/输出、打印/预览、菜单/工具条的定制等,从而节省了大量的开发时间,大大简化了程序设计的复杂性;对最终用户来说,使用 MFC 开发的 Windows 应用程序具有标准的组成元素、熟悉的操作界面,简单、易学、易用;而从 Visual C++开发平台的角度来看,MFC 可看做为挂靠在 Visual C++之上的一个专门用于编写 Windows 应用程序的辅助开发包。

需要注意的是,也正是由于 MFC 的简便、易用性,很多初学者"谈 VC++必称 MFC",误以为从事 VC++开发必须使用 MFC,其实这种想法有失偏颇。确切地讲,MFC 确实能在某种情况下、一定程度上提高程序开发效率,但并不能完全包揽 Windows 程序设计的全部工作,有些特殊的功能需求还必须借助于 API 来实现,尤其是某些涉及硬件的底层开发。

3.1 概　述

最初的 MFC 思想来源于应用程序框架(Application Framework),即所谓的 AFX 技术。

3.1.1　AFX 技术

在 Microsoft 公司推出 Windows 操作系统以后的很长一段时间内,编写基于 Windows 环境的应用程序一直是一件烦琐而艰深的事情,曾经困扰过无数软件设计人员。在当时的条件下,编写一个 Windows 程序,只能使用 C 或汇编语言,并借用 Microsoft 的 SDK 开发包。但对于一个普通的软件设计人员来说,要想全面了解或精通 SDK 几乎是不可能的。

为了切实简化 Windows 应用程序的开发步骤与复杂度,促进开发成果的标准化和规范化,同时也是为了提高产品的市场竞争力,Microsoft 公司于 1989 年专门成立了一个技术开发小组,即 AFX 小组。AFX 小组的首要目的是将 C++和面向对象的编程概念应用于 Windows 编程中,设计一个用于创建图形界面程序的可移植的类库。具体设想是利用面向对象程序设计理论与技术,高度抽象 API,建立一个易于使用的,并且在多个操作系统之间可以相互移植的的编程接口,进而开发一套使用 C++对象的工具向导,试图编写出一个可以使 Windows 编程更加简便的应用程序框架。

可惜的是,AFX 小组从一开始就远远背离了"为 Windows 服务"的初衷。他们在许多方面改造了 Windows,使用了完全不同的视窗和图形子系统。他们采用自顶向下的设计方法,对 Windows API 进行高度抽象,逐步将对象抽象出来,产生了大量全新的 AFX API。

第一个 AFX 版本在一年之后艰难诞生。他们自己试着花了几个月时间,用这个类库来编写一个 Windows 应用程序,其第一个原型产品有自己的窗口系统、自己的绘图系统、自己的对象数据库,乃至于有自己的内存管理系统。结果却发现存在一个致命的缺憾,即这些 AFX API 完全背离了 Windows API,两者互不兼容。用 AFX API 编写的程序不仅不实用,而且大大降低了应用程序的运行效率。更糟糕的是,大量的 SDK 代码之间不能相应转换,无法实现移植,导致 Windows 程序员也不得不重新学习一套新的编程方法。这种疏漏的后果当然是极其严重的,其直接后果是导致 AFX 被绝大多数 Windows 程序员所遗弃。

因此 Microsoft 公司不得不终止 AFX 计划,重新组建一个新的技术小组,其设计目标也从多平台移植转向对 Windows API 的封装,这就是 MFC。MFC 总结了 AFX 失败的教训,确定了规范化设计原则,核心目标是使 Windows 编程变得更加简单。为此,MFC 小组采用了自底向上的方法,从已有的 Windows API 着手,将类建立在 Windows API 对象的基础上。MFC 不仅用一些类有效封装了 Windows 的标准 API 函数和 Windows 的对象,使 Windows API 更易于使用,而且隐藏了部分函数,例如 WinMain 函数、WinProc 函数等,使程序代码的运行过程更加安全与流畅。MFC 不再使用抽象的类来隐藏 Windows API 细节,这样一来,开发人员就可以同时使用 MFC 类和 Windows API,可以很快使用现有的 SDK 概念和面向对象方法来创建 Windows 程序,可以拥有与 SDK 代码相同的运行效率。

MFC 小组最终获得了成功,MFC 类库成为了现实。为了进一步完善 MFC 类库,MFC 小组还研制了集成开发环境来支持 MFC。Visual C++是微软公司开发的 MFC 对象与代码一起工作的功能强大的集成开发工具,Visual C++中的 AppWizard 和 ClassWizard 工具彻底改变了 Windows 的编程环境,并最终成为一个事实上的工业标准。

不过需要提醒读者的是,虽然今天的 AFX 小组已经不存在了,但是在 Visual C++和 MFC 中,AFX 的影子却随处可见,现在仍然可以看到 AFX 时期的痕迹,许多源程序文件有 afx 前缀,例如 afxwin.h、afxext.h、afxdisp.h、afxdb.h 等,很多全局函数、结构和宏的标识符也都被加上了 Afx 的前缀。表 3-1 列出了常用的 AFX 中的全局函数。

表 3-1　AFX 中的全局函数

函 数 名 称	说　　明
AfxWinInit	被 WinMain 函数调用的一个函数,用做 MFC GUI 程序初始化的一部分
AfxBeginThread	开始一个新的线程
AfxEndThread	结束一个旧的线程
AfxFormatString1	类似 printf,一般用于将字符串格式化
AfxFormatString2	类似 printf,一般用于将字符串格式化
AfxMessageBox	类似 Window API 函数 MessageBox
AfxOutDebugString	将字符串输往出错装置
AfxGetApp	获得一个 CWinApp 派生对象的指针
AfxGetMainWnd	获得程序主窗口的指针
AfxGetInstance	获得程序的 instance handle
AfxRegisterClass	以自定的 WNDCLASS 注册窗口类

注意:Afx 全局函数是一种不属于任何类的全局函数。

3.1.2 MFC 类库

MFC 小组实际上做了两件工作：一是构建了 MFC 类库，二是提供了对 MFC 集成开发环境的支持。从 MFC 1.0 到今天，MFC 已发展成为一个稳定的、涵盖极广的 C++类库体系，为成千上万的 Win32 程序员所使用。表 3-2 列出了 MFC 的版本更替情况及其与 Visual C++版本的对应关系。

表 3-2　MFC 与 Visual C++版本的对应关系

MFC 版本	Visual C++版本
MFC 1.0	Microsoft C/C++ 7.0
MFC 2.0	Visual C++ 1.0
MFC 2.5	Visual C++ 1.5
MFC 3.0	Visual C++ 2.0
MFC 3.1	Visual C++ 2.1
MFC 3.2	Visual C++ 2.2
MFC 4.0	Visual C++ 4.0
MFC 4.1	Visual C++ 4.1
MFC 4.2	Visual C++ 4.2
MFC 4.21(mfc42.dll)	Visual C++ 5.0
MFC 6.0 (mfc42.dll)	Visual C++ 6.0
MFC 7.0 (mfc70.dll)	Visual C++ .NET 2002
MFC 7.1 (mfc71.dll)	Visual C++ .NET 2003
MFC 8.0 (mfc80.dll)	Visual C++ .NET 2005
MFC 9.0 (mfc90.dll)	Visual C++ .NET 2008
MFC 9.0.30411 (mfc90.dll)	Visual C++ .NET 2008 with Feature Pack

MFC 类库是可扩展的，它和 Windows 技术的最新发展到目前为止基本上是同步的。而且 MFC 类库使用了标准的 Windows 命名约定和编码格式，结合了 Windows SDK 编程概念和面向对象的程序设计技术，从而具有极大的灵活性和易用性，所以有经验的 Windows SDK 程序员能很容易过渡到 MFC。

3.2　MFC 特性

由于 MFC 基于面向对象技术封装了大部分 API 函数，因而具有独特的性质。

1. 面向对象特性

首先 MFC 封装了 SDK 的大部分接口，将诸如窗口类定义、注册及窗口创建等操作过程通过一定的处理机制自动完成。其次，MFC 很好地贯彻了类的继承特性。例如，MFC 抽象出所有类的共同特性，设计出最原始的根类 CObject，再从 CObject 类派生出不同功能的子类，如 CCmdTarget、CWinApp、CWnd 等。再次，MFC 同样支持虚函数等多态性。不同的是，MFC 作为一个编程框架，如果仅仅通过虚函数来支持动态约束，必然导致虚函数表过于臃肿，消耗内存，影响效率。例如，CWnd 类封装了 Windows 窗口对象，每一条 Windows 消息都对应一个成员函数，这些成员函数为派生类所继承。如果这些函数都设计成虚函数，由于数量太多，实现起来非常复杂且不太现实。于是 MFC 创建了消息映射机制，以一种高效、方便的手段解决消息处理函数的动态约束问题。

2．物理特性

从物理角度看，MFC 是一个类库，对应于 Windows 下的一系列 mfc*.dll 文件，MFC 编程的本质就是选择该类库中合适的类来完成指定功能。

MFC 类库呈树状结构，根类为 CObject 类，其他类大多是由 CObject 类派生而来。以 MFC 6.0 为例，其中包含了 100 多个类，不同的类实现了不同的功能，类之间既有区别又有联系，如图 3.1 所示。

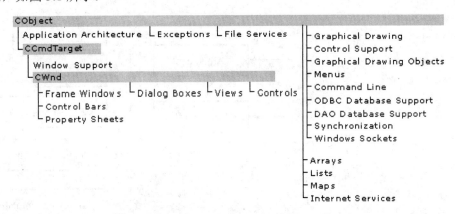

图 3.1　MFC 6.0 的类层次

在 MFC 中，程序员很少需要直接调用 Windows API 函数，而是通过定义 MFC 类的对象并通过调用对象成员函数来实现相应的功能。

3．逻辑特性

从逻辑角度看，MFC 是一个应用程序框架，是一种新的程序开发模式。在这种模式下，对程序的控制主要由 MFC 框架完成。

MFC 6.0 提供了两类应用程序框架：一是基于文档/视图结构的应用程序框架，根据文档/视图的对应关系，又可分为单文档界面(Single Document Interface，SDI)和多文档界面(Multiple Document Interface，MDI)两种；二是基于对话框的应用程序框架。具体内容留待第 4、5 章再详细介绍。

Microsoft Visual C++提供了相应的向导工具来完成应用程序框架的创建工作。例如，可使用 AppWizard 来生成初步的框架文件，再使用资源编辑器帮助用户直观地设计用户接口，最后使用 ClassWizard 协助添加代码到框架文件。

3.3 MFC 类结构

由图 3.1 可知，MFC 以层次结构定义 MFC 类簇，其根类是 CObject 类。本节主要介绍几个与 MFC 应用程序框架有关的类，如图 3.2 所示，其他类则到用到时再介绍。

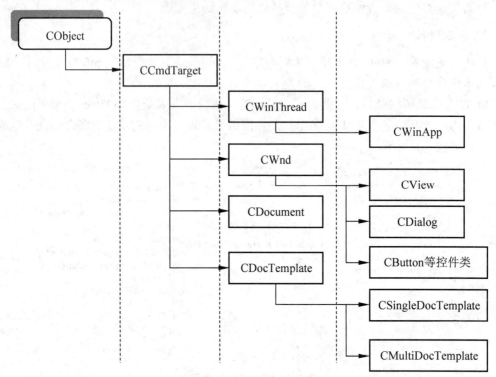

图 3.2 MFC 应用程序框架有关类

3.3.1 CObject 根类

根类 CObject 是一个抽象类，由 CObject 类可以派生出庞大的 MFC 类体系。

1. CObject 类定义

以下是 CObject 类的定义代码：

```
#ifdef _AFXDLL
    class CObject
#else
    class AFX_NOVTABLE CObject
#endif
{
public:
    virtual CRuntimeClass* GetRuntimeClass() const; //与动态创建相关的函数
    virtual ~CObject();                             //析构函数
    //与构造函数相关的内存分配函数，可以用于 DEBUG 下输出诊断信息
```

```
    void* PASCAL operator new(size_t nSize);
    void* PASCAL operator new(size_t, void* p);
    void PASCAL operator delete(void* p);
    #if _MSC_VER >= 1200
       void PASCAL operator delete(void* p, void* pPlace);
    #endif
    #if defined(_DEBUG) && !defined(_AFX_NO_DEBUG_CRT)
       void* PASCAL operator new(size_t nSize, LPCSTR lpszFileName,
          int nLine);
       #if _MSC_VER >= 1200
          void PASCAL operator delete(void *p, LPCSTR lpszFileName,
             int nLine);
       #endif
    #endif
protected:
    CObject();                                   //默认构造函数
private:
    CObject(const CObject& objectSrc);           //拷贝构造函数
    void operator=(const CObject& objectSrc);    //赋值构造函数
public:
    BOOL IsSerializable() const;                 //序列化相关的函数
    BOOL IsKindOf(const CRuntimeClass* pClass) const;
    virtual void Serialize(CArchive& ar);        //序列化相关的函数
    #if defined(_DEBUG) || defined(_AFXDLL)
       virtual void AssertValid() const;         //诊断函数
       virtual void Dump(CDumpContext& dc) const;
    #endif
public:
    static const AFX_DATA CRuntimeClass classCObject;//静态成员变量
    #ifdef _AFXDLL
       static CRuntimeClass* PASCAL _GetBaseClass();//静态函数
    #endif
};
```

上述代码定义了若干个虚函数，见表 3-3，在 CObject 的派生类中需要重载它们。

表 3-3　CObject 成员列表

函　数	涵　义	备　注
CObject	默认的构造函数	构造函数 (动态创建与删除)
CObject	拷贝构造函数	
operator new	特别的 new 操作	
operator delete	特别的 delete 操作	
operator =	赋值操作	
AssertValid	证实该对象的完整性	诊断
Dump	进行该对象的诊断转储	

续表

函　　数	涵　　义	备　　注
IsSerializable	测试该对象是否被序列化	序列化
Serialize	从档案文件中装载或向档案文件中存储某对象	
GetRuntimeClass	返回对应该对象类的 CRuntimeClass 结构	多面性
IsKindOf	测试该对象是否与指定类相关联	(运行时信息)

　　需要说明的是，CObject 类并不是对整个类体系进行抽象的结果，它只是为所有派生类定义了几种公共特性，包括对象的动态创建/删除、序列化、诊断和运行时信息等。

　　2. CRuntimeClass 结构

　　读者注意，每个由 CObject 派生的类都与一个 CRuntimeClass 结构相关联，这是 MFC 的一大特色。CRuntimeClass 是 MFC 中至关重要的一个结构，和 CObject 类一起封装了一些对象服务，使得所有从 CObject 继承的类都继承了这些服务。

　　CRuntimeClass 结构的定义代码如下：

```
struct CRuntimeClass
{
    LPCSTR m_lpszClassName;
    int m_nObjectSize;
    UINT m_wSchema;
    CObject* (PASCAL* m_pfnCreateObject)();
    #ifdef _AFXDLL
        CRuntimeClass* (PASCAL* m_pfnGetBaseClass)();
    #else
        CRuntimeClass* m_pBaseClass;
    #endif
    CObject* CreateObject();
    BOOL IsDerivedFrom(const CRuntimeClass* pBaseClass) const;
    void Store(CArchive& ar) const;
    static CRuntimeClass* PASCAL Load(CArchive& ar, UINT* pwSchemaNum);
    CRuntimeClass* m_pNextClass;
};
```

　　CRuntimeClass 结构的成员见表 3-4。

表 3-4　CRuntimeClass 结构的成员及其涵义

成　　员	涵　　义	备　　注
m_lpszClassName	包含 CRuntimeClass 对象的类名称	
m_nObjectSize	包含 CRuntimeClass 对象的类大小	
m_wSchema	分类编号(对不可分的类，该值为-1)	
CObject* (PASCAL*m_pfnCreateObject)( )	指向默认构造函数的函数指针	
CRuntimeClass* (PASCAL* m_pfn_GetBaseClass)( )	返回基类 CRuntimeClass 结构	
m_pBaseClass	指向基类的 CRuntimeClass 指针	构成
CRuntimeClass* m_pNextClass	向上构建链表	链表

续表

成　员	涵　义	备　注
CObject* CreateObject( )	动态创建	
IsDerivedFrom(const CRuntimeClass* pBaseClass) const	确定 pBaseClass 指向类是否是基类	
Store(CArchive& ar) const	存储功能	序列化
CRuntimeClass* PASCAL Load(CArchive& ar, UINT* pwSchemaNum)	读出功能	

在对 CObject 特性的支持上，CRuntimeClass 结构起到了关键作用。用户可以使用该结构获取一个对象及其基类的运行时信息。当需要额外的函数参数检查时，或当用户必须根据一个对象的类编写特殊目的代码时，在运行时确定该对象的类就非常有用。

3. 公共特性

CObject 类是大部分 MFC 类的基类，一方面，其类声明中多为纯虚函数，定义的是一般对象的"统一界面"；另一方面，CObject 类中又有很多特殊处理，其目的是实现动态创建、序列化、错误诊断等特殊功能。

1) 错误诊断

CObject 类定义了一个虚函数 AssertValid 用于错误诊断。函数源码如下：

```
virtual void CObject::AssertValid() const
{
    ASSERT(this!= NULL);
}
```

CObject 的派生类需要对 AssertValid 函数进行重载，通过当前对象的状态，诊断它的有效性。例如下面的代码：

```
void CAge::AssertValid() const
{
    CObject::AssertValid();
    ASSERT( m_years > 0 );
    ASSERT( m_years < 105 );
}
```

诊断条件根据需要而定，如上例中，通过 ASSERT 宏进行诊断。ASSERT 宏定义如下：

```
ASSERT( booleanExpression );
```

参数 booleanExpression 指定了一个表达式(包含指针变量)，ASSERT 宏首先计算该参数，如果为 0，则输出一个调试信息并退出程序；如果为非 0 值，则什么也不做。当调试出错时，程序会在失败的 ASSERT 所在代码行中断，以便于实时调试。

注意：该函数仅在 MFC 的调试版本中有效。在 MFC 的发行版本中，ASSERT 并不计算表达式的值，因而也不会中断程序。如果要求表达式在任何版本中都必须被计算，可以用 VERIFY 宏来代替 ASSERT 宏。

2) 运行时类信息

前面介绍过，CRuntimeClass 类对象中包含了一些类的运行时信息，如类的名称、尺寸、基类名称等。CObject 类及其派生类都提供了对运行时类信息的访问机制，可以很容易获得一个指定的运行时刻类信息。

CObject 类提供了两个成员函数来支持运行时类信息：IsKindOf 函数和 GetRuntimeClass 函数。函数 IsKindOf 用于确定一个对象是否属于某指定类或指定类的派生类。其原型如下：

```
BOOL IsKindOf( const CRuntimeClass* pClass ) const;
```

参数 pClass 指向与 CObject 派生类相关联的 CRuntimeClass 指针。函数通过检测 pClass 来查看某对象是否与指定类或派生类相关联的。如果关联，则返回非 0 值，否则返回 0。

如果查看 IsKindOf 函数的源码，可以发现，IsKindOf 函数又需要调用 IsDerivedFrom 函数，实质是由 IsDerivedFrom 函数来判定一个类是否派生于另一个类，其具体过程是向上逐层得到基类的 CRuntimeClass 类型的静态成员变量，直到某个基类的 CRuntimeClass 类型的静态成员变量和参数与指定的 CRuntimeClass 变量一致，或者追寻到最上层为止。

如果已经明确知道基类和派生类的名称，则可以通过重载虚函数轻易实现运行时信息的获取。但如果不知道基类名称，则很难用这种方法获取运行时信息。这时可利用类的静态成员与类的实例无关性，即将类的有关信息存储在类的静态成员中，需要时调用类的静态成员就可以了。

为了简化起见，MFC 使用 DECLARE_DYNAMIC 宏和 IMPLEMENT_DYNAMIC 宏，在类中插入一个静态的 CRuntimeClass 结构型成员，同时定义虚函数 GetRuntimeClass 用于返回这个静态 CRuntimeClass 结构型成员的指针。GetRuntimeClass 函数原型如下：

```
virtual CRuntimeClass* GetRuntimeClass( ) const;
```

再由 IMPLEMENT_DYNAMIC 宏将类信息存储在 CRuntimeClass 结构的成员中，例如类名称存储在 m_lpszClassName 中，类尺寸存储在 m_nObjectSize 中等。

被插入的 CRuntimeClass 类型静态成员被命名为 class+class_name，例如 CObject 中的静态成员为 classCObject；若类名为 CDynaClass，则对应静态成员为 classCDynaClass。

注意：在知道类名的前提下，还可以使用 RUNTIME_CLASS 宏取得这个 CRuntimeClass 指针。RUNTIME_CLASS 宏定义如下：

```
RUNTIME_CLASS( class_name )
```

参数 class_name 代表类的实际名字(不用引号括起来)。

利用这个宏可以通过 C++类的名字获得一个运行时类结构。例如：

```
ASSERT(RUNTIME_CLASS(CDynaClass)->m_lpszClassName=="CDynaClass");
```

注意：由于 CRuntimeClass 类的成员变量是静态成员变量，所以如果两个类的 CRuntimeClass 成员变量相同，必定是同一个类。

3) 对动态创建的支持

从 CObject 派生的类具有动态创建的功能。所谓动态创建，实质是创建动态对象，指运行时创建指定类的实例，如创建窗口对象、按钮对象、文档/视图对象等。

动态创建的过程和原理如图 3.3 所示。

动态创建的关键是从一个类名得到创建其动态对象的代码，这可以借助于 C++的静态成员数据技术可达到这个目的。若在一个静态成员数据里存放有关类型信息、动态创建函

数等，需要时，只要及时得到这个成员数据就可以了。不论一个类创建多少实例，静态成员数据只有一份。所有的类的实例共享一个静态成员数据。要判断一个对象是否是一个类的实例，只须确认它是否使用了该类的这个静态数据。

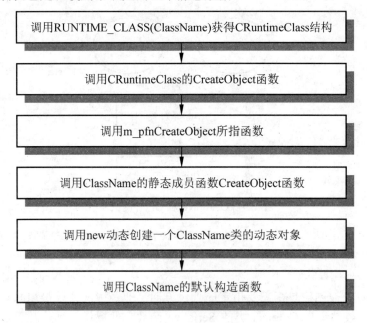

调用RUNTIME_CLASS(ClassName)获得CRuntimeClass结构

调用CRuntimeClass的CreateObject函数

调用m_pfnCreateObject所指函数

调用ClassName的静态成员函数CreateObject函数

调用new动态创建一个ClassName类的动态对象

调用ClassName的默认构造函数

图 3.3 动态创建机制

例如下面的代码：

```
CRuntimeClass* pRuntimeClass = RUNTIME_CLASS(CNname)
CObject* pObject = pRuntimeClass->CreateObject();
Assert( pObject->IsKindOf(RUNTIME_CLASS(CName));
```

首先通过 RUNTIME_CLASS 宏得到类的运行时信息。然后调用 CRuntimeClass 的成员函数 CreateObject 完成动态创建任务，再通过 IsKindOf 函数对其进行测试。

4) 序列化功能

从 CObject 派生的类通常具有序列化的功能。所谓序列化，就是能够将对象的当前状态永久保存在磁盘文件上(或以其他方式保存)，或从永久存储中装载并重新构造一个对象，从而恢复对象的状态。

为此，MFC 专门提供了一个 CArchive 类来支持这种序列化功能。由 CArchive 类重载"<<"和">>"运算符，分别用于存储对象和恢复对象，其存储/读取文件的功能是通过合成 CFile 类对象实现的。因此，在创建 CArchive 对象时，必须有一个 CFile 对象，它代表了存储媒介。下面是 CArchive 的构造函数：

```
CArchive(CFile* pFile, UINT nMode, int nBufSize = 4096, void* lpBuf = NULL);
```

参数 pFile 是文件指针，首先打开该文件，然后调用 CArchive 构造函数；在完成存储或加载后，先关闭 CArchive 对象，再关闭文件。参数 nMode 是序列化模式，即存储(CArchive::store)或加载(CArchive::load)，一个 CArchive 对象只能用于一种模式；参数

nBufSize 是临时缓冲的尺寸。

可见，CArchive 类在文件和内存之间相当于一个中转站，负责按一定的顺序和格式把内存对象写到文件中，或者读出来，可以被看做是一个二进制的流，如图 3.4 所示。

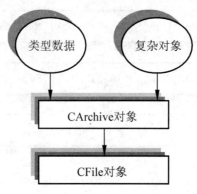

图 3.4 CArchive 和 CFile 的关系

CObject 类定义两个在序列化操作中起重要作用的成员函数：Serialize 函数和 IsSeializable 函数。程序可以调用一个由 CObject 派生的对象的 IsSeializable 函数来确定该对象是否支持序列化操作。

CArchive 对象被创建时，需要指定序列化方向，即是用来读还是用来写。建立序列化的步骤之一是重载继承自 CObject 类的 Serialize 函数，并提供序列化数据成员的派生的专用代码，代码如下：

```
void Serialize(CArchive& ar)
{
    if (ar.IsStoring())
    {
        //写操作
    }
    else
    {
        //读操作
    }
}
```

参数 ar 指定被序列化的 CArchive 对象。

4. 宏定义

为了简化代码实现，MFC 在 Afx.h 文件中定义了很多宏，这些宏在 MFC 中扮演了不可获缺的重要角色。宏的作用与虚函数类似，但有着比虚函数更为强大的功能和更高的效率。

例如，要实现上述 CObject 类的几大特殊功能，MFC 定义了 3 组宏，用于定义 CRuntimeClass 型变量、初始化 CRuntimeClass 成员、实现指定功能等，见表 3-5。

表 3-5　3 组宏定义的功能

宏　名	涵　义
DECLARE_DYNAMIC、IMPLEMENT_DYNAMIC	给派生类加入运行时类信息能力
DECLARE_DYNCREATE、IMPLEMENT_DYNCREATE	给派生类加入动态创建能力
DECLARE_SERIAL、IMPLEMENT_SERIAL	给派生类加入串行化能力

上面 3 组宏都是 CObject 类具有的，它们是层层递进关系。下面简单介绍它们的用法及相互关系。

1) DECLARE_DYNAMIC 和 IMPLEMENT_DYNAMIC 宏

在 CObject 派生类的头文件中加入 DECLARE_DYNAMI 宏，语法如下：

```
DECLARE_DYNAMIC( class_name )
```

注意：参数 class_name 表示派生类的实际名字，不需要用引号括起来。

上述语句相当于在类的声明中添加了如下声明：

```
protected:
    static CRuntimeClass* PASCAL _GetBaseClass();
public:
    static const AFX_DATA CRuntimeClass class##class_name;
    //静态成员 CRuntimeClass,给此派生类添加了运行时类信息
    //这样就可以使用 CRuntimeClass 成员判断类信息了
    //此成员名字格式为"class"+"类名",RUNTIME_CLASS 宏就是返回此结构的指针
    virtual CRuntimeClass* GetRuntimeClass() const;
```

当从 CObject 派生类时，加入这个宏就为派生类添加了访问类的运行时信息的能力。

如果在派生类的头文件中包含了 DECLARE_DYNAMIC，那么必须在该类的实现文件 (.cpp)中包含 IMPLEMENT_DYNAMIC 宏。

再在派生类的实现文件中包含 IMPLEMENT_DYNAMIC 宏：

```
IMPLEMENT_DYNAMIC(class_name, base_class_name)
```

相当于添加如下代码：

```
IMPLEMENT_RUNTIMECLASS(class_name, base_class_name, 0xFFFF, NULL)
```

其中，宏 IMPLEMENT_RUNTIMECLASS 相当于如下代码：

```
//返回基类运行时信息结构的指针
CRuntimeClass* PASCAL class_name::_GetBaseClass()
{ return RUNTIME_CLASS(base_class_name); }
//初始化本类的运行时信息,依次为类名、大小、版本、NULL、基类
AFX_COMDAT const AFX_DATADEF CRuntimeClass class_name::class##class_name=
{#class_name, sizeof(class class_name), wSchema, pfnNew,
    &class_name::_GetBaseClass, NULL };
    //返回运行时类信息,重载了 CObject 类的 GetRuntimeClass
    //使得 CObject 中声明的接口对具体的派生类有效
CRuntimeClass* class_name::GetRuntimeClass() const
{ return RUNTIME_CLASS(class_name); }
```

对应的另一种宏为_DECLARE_DYNAMIC(class_name)，代码如下：

```
#define _DECLARE_DYNAMIC(class_name)
protected:
    static CRuntimeClass* PASCAL _GetBaseClass();
public:
    static AFX_DATA CRuntimeClass class##class_name;
    virtual CRuntimeClass* GetRuntimeClass() const;
```

至此，就可以在运行时利用 RUNTIME_CLASS 宏和 CObject::IsKindOf 函数来确定对象所属的类。

2) DECLARE_DYNCREATE 和 IMPLEMENT_DYNCREATE 宏

在 CObject 派生类的头文件中加入 DECLARE_DYNCREATE 宏，语法如下：

```
DECLARE_DYNCREATE( class_name )
```

相当于在类的声明中添加如下代码：

```
DECLARE_DYNAMIC(class_name)              //注意：此宏包含上一个宏
static CObject* PASCAL CreateObject();
```

使用 DECLARE_DYNCREATE 宏可以使每个 CObject 的派生类的对象具有运行时动态创建的能力。

再在派生类的实现文件中包含 IMPLEMENT_DYNCREATE 宏：

```
IMPLEMENT_DYNCREATE( class_name, base_class_name )
```

相当于添加如下代码：

```
CObject* PASCAL class_name::CreateObject()
    { return new class_name; }
IMPLEMENT_RUNTIMECLASS(class_name, base_class_name, 0xFFFF,
    class_name::CreateObject)
```

对应的另一种宏为_DECLARE_DYNCREATE(class_name)，代码如下：

```
#define _DECLARE_DYNCREATE(class_name)
_DECLARE_DYNAMIC(class_name)
static CObject* PASCAL CreateObject();
```

3) DECLARE_SERIAL 和 IMPLEMENT_SERIAL 宏

在 CObject 派生类的头文件中加入 DECLARE_SERIAL 宏，语法如下：

```
DECLARE_SERIAL(class_name)
```

相当于在类的声明中添加如下代码：

```
_DECLARE_DYNCREATE(class_name)          //包含上一个宏，支持动态生成
AFX_API friend CArchive& AFXAPI operator>>(CArchive& ar, class_name* &pOb);
```

DECLARE_SERIAL 为可以串行化的 CObject 的派生类生成必要的 C++代码，包含了 DECLARE_DYNAMIC 和 DECLARE_DYNCREATE 宏的所有功能。

再在派生类的实现文件中包含 IMPLEMENT_SERIAL 宏：

```
IMPLEMENT_SERIAL( class_name, base_class_name, wSchema )
```

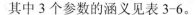

其中 3 个参数的涵义见表 3-6。

表 3-6　IMPLEMENT_SERIAL 宏的参数

参 数 名	涵　　义
class_name	类的实际名字(不用引号括起来)
base_class_name	基类的名字(不用引号括起来)
wSchema	一个 UNIT 类型的版本号，用在存档中

相当于在实现文件中添加了如下代码：

```
CObject* PASCAL class_name::CreateObject()
{
    return new class_name;
}
_IMPLEMENT_RUNTIMECLASS(class_name, base_class_name, wSchema,
    class_name::CreateObject)
AFX_CLASSINIT _init_##class_name(RUNTIME_CLASS(class_name));
CArchive& AFXAPI operator>>(CArchive& ar, class_name* &pOb)
{
    pOb = (class_name*) ar.ReadObject(RUNTIME_CLASS(class_name));
    return ar;
}
```

3.3.2　应用程序体系结构类

前面已经说过，从逻辑角度看，MFC 就是一个应用程序框架。基于 MFC 编写应用程序的主要任务就是填充框架，使用各种应用程序体系结构类实现不同程序的专用功能。

应用程序体系结构类主要有 CCmdTarget 类、CWinThread 类、CWinApp 类和 CDocument/CView 类等。

1. CCmdTarget 类

CCmdTarget 类直接派生于 CObject 类，它封装了 MFC 的消息映射机制，是 MFC 库中所有具有消息映射属性的类的基类。消息映射把消息引导给用户编写的响应函数，规定了当一个对象接收到消息时，应调用哪一个函数对其进行处理。

从 CCmdTarget 继承来的类包括 CView、CWinApp、CDocument、CWnd 和 CFrameWnd 等。如果想生成一个处理类似按键消息的类，可以选择其中的一个来派生一个新类。

不过一般情况下，并不需要直接从 CCmdTarget 类派生出一个应用类。

2. CWinThread 类

每个 Windows 应用程序至少包含一个消息队列，Windows 以线程封装消息循环，称为用户界面线程。用户界面线程可以创建并撤销窗口，故也称主线程。主线程具有收发消息的功能，并处理从系统收到的消息。除用户界面线程外，还有一种工作者线程，它是辅助用户界面线程工作的，它没有消息循环，不能处理系统事件和窗口消息，也不能关联主窗口，故也称辅线程。辅线程没有收发消息的功能。主线程和辅线程虽然享有共同的虚拟空间，但各自占用独立的 CPU 时间片，参与系统资源的竞争。所以可以使用辅线程完成经常性的、耗费机时的数据处理工作，例如网络通信，减轻用户界面线程的负担，确保及时响应用户的窗口操作。

MFC 中的 CWinThread 类就是所有线程的基类，CWinThread 对象代表在一个应用程序内运行的线程，包括用户界面线程和工作者线程。CWinThread 类封装了操作系统的线程化功能，提供 MFC 程序用来创建和操作线程，因此每个 MFC 程序至少使用一个 CWinThread 派生类。读者熟知的 CWinApp 类就是从 CWinThread 类中派生的，运行的主线程通常由 CWinApp 的派生类提供。另外，CWinThread 对象允许一个应用程序拥有多个线程。

3. CWinApp 类

CWinApp 类是应用程序类的基类。基于 MFC 的应用程序类大都从 CWinApp 类派生而来，并通过创建这个派生类的对象来创建一个应用程序对象。每个应用程序有且仅有一个应用程序对象，在运行程序中，应用程序对象与其他对象相互协调。CWinApp 对象一般是全局的，为用户提供初始化应用程序和运行应用程序所需的成员函数。

表 3-7 列出了 CWinApp 类常用的数据成员和成员函数。

表 3-7　CWinApp 类的公有成员

名　称	涵　义
m_pszAppName	保存应用程序的名称
m_pActiveWnd	指向容器应用程序主窗口的指针
LoadCursor	向应用程序中加载光标资源
LoadIcon	向应用程序中加载图标资源
AddDocTemplate	向应用程序的文档模板列表中加入一个文档模板
GetFirstDocTemplatePosition	获取文档模板列表中第一个文档模板的位置
OpenDocumentFile	打开一个文档对象
CloseAllDocument	关闭所有打开的文档对象
SaveAllModifiled	提示保存修改过的文档对象
Run	启动默认的消息循环
InitInstance	执行程序的初始化操作
ExitInstance	结束应用程序的操作

例如，如果已经拥有一个指向 CWinApp 对象的指针，则可以通过其 m_pszExename 成员来获得应用程序的名字：

```
file_name = theApp -> m_pszExename;
```

除了 CWinApp 的成员函数以外，MFC 还提供了部分全局函数，用于访问 CWinApp 对象以及其他全局信息，见表 3-8。

表 3-8　MFC 提供的全局函数

函 数 名	涵 　 义
AfxGetApp	获得指向 CWinApp 对象的指针
AfxGetInstanceHandle	获得当前应用程序实例的句柄
AfxGetResourceHandle	获得应用程序资源的句柄
AfxGetAppName	获得一个字符串指针，其中包含了应用程序的名字

需要注意的是，当从 CWinApp 继承应用程序类时，应重载 InitInstance 成员函数以创建应用程序的主窗口对象。

4．CDocument/ CView 类

用户通常用 File/Open 菜单项打开一个文档，用 File/Save 菜单项来保存文档，基于这些文档的共性，MFC 提供了一个 CDocment 类来对此进行了封装。CDocument 类为用户定义的文档类提供了基本的功能，支持标准操作，如创建、装载、保存等。

应用程序支持多种文档类型，每种类型都有一个相关联的文档模板，如 CDocTemplate(文档模板基类)、CSingleDocTemplate(单文档模板)、CMultiDocTemplate(多文档模板)等。文档模板指定该类文档所使用的资源，如菜单、图标和加速符号表。

文档作为窗口标准命令例程的一部分，接收标准用户界面组件(如 File/Save 菜单项)的命令。如果文档未能处理指定的命令，则将其交给管理它的文档模板。

如果说 CDocment 类用于管理数据，则 CView 类是显示数据的。CView 是显示文档数据的应用程序专有的视图基类，为用户定义的视图类提供了基本的功能。

CView 类为用户自定义视图提供了最基本功能的支持，可以响应几种类型的输入，例如键盘输入、鼠标输入或拖放输入，还有菜单、工具条和滚动条产生的命令输入等。一个视图被连接到一个文档上，充当沟通用户和文档的中间桥梁：视图在屏幕或打印机上显示文档的图像，并将用户的输入解释为对文档的操作。

用户通过和 CDocment 类相关联的 CView 对象与文档进行交互。一个视图显示文档中的信息，并把用户在框架窗口的操作转换成对文档操作的相应命令。文档模板指定了视图的类型和显示每种文档的对应窗口。当一个文档中数据被修改时，视图类响应这种变化，每一个与此文档相关联的视图都必须反映出来所做的更改。

CDocument 类提供了一个 UpdateAllView 成员函数来修改所有和文档有关的视图，通过调用 UpdateAllViews 函数，通知所有其他的视图调用 OnUpdate 函数。OnUpdate 函数的默认实现使视图的整个用户区域无效。可以重载这个函数，只使视图中与文档的变化部分相对应的区域无效。

如果要使用 CView 类，应当从它派生一个类，并实现它的 OnDraw 函数以在屏幕上显示。用户还可以利用 OnDraw 函数来进行打印和打印预览。框架将处理打印循环以实现对文档的打印和打印预览。

在 MFC 类库中一部分是从 CView 类派生出来的，见表 3-9。

表 3-9 CView 的派生类

派 生 类 名	涵　　义
CScrollew	带有滚动条的视图
CCtrlView	带有树状、列表框等控件的视图
CDaoRecordView	在一个对话框中显示数据库记录的视图
CEditView	一个通过多行文本编辑器的视图
CListView	带有列表框控件的视图
CRecordView	在一个对话框中显示数据库的视图
CRichEditView	一个具有格式文件编辑功能的编辑控件的视图
CTreeView	一个具有树状控件的视图
CPreviewView	支持打印预览

3.3.3 可视化控件类

1. CWnd 类

CWnd 类派生于 CCmdTarget 类，提供了所有窗口类的基本功能。

使用 CWnd 类创建一个子窗口要经过两个步骤。首先，调用构造函数 CWnd 以创建一个 CWnd 对象，然后调用 Create 成员函数创建子窗口，并将它连接到 CWnd 对象。

CWnd 类同时还支持为应用程序创建 Windows 的子窗口。首先从 CWnd 继承一个类，然后在派生类中加入成员变量，以保存与应用程序有关的数据。在派生类中实现消息处理成员函数和消息映射，以指定当消息被发送到窗口时应该如何动作。

当关闭子窗口时，应销毁 CWnd 对象，或者调用 DestroyWindow 成员函数以清除窗口并销毁它的数据结构。

MFC 中，从 CWnd 类派生出了许多其他类提供特定的窗口类型，以完成更具体的窗口创建工作，这些派生类有 CFrameWnd、CMIDFrameWnd、CMDIChildWnd、CDialog 等。从 CWnd 派生的控件类，如 CButton，可以被直接使用，也可以进一步派生出其他类来。

CWnd 类的消息映射机制隐藏了 WinProc 函数，接收到的 Windows 消息通过消息映射被自动发送到适当的 CWnd 类的 OnMessage 函数，再在派生类中重载 OnMessage 函数以响应消息。

2. CDialog 类

CDialog 类直接从 CWnd 类派生出来，可以看做是一种特殊的窗口，是在屏幕上显示的对话框的基类。一个 CDialog 对象是对话框模板与一个 CDialog 派生类的组合。可使用对话框编辑器创建对话框并存入资源之中，然后使用 ClassWizard 创建一个 CDialog 派生类。

对话框有两类：模态对话框和非模态对话框。模态对话框在应用程序继续进行之前必须关闭，而非模态对话框允许用户同时执行另外的操作而不必取消或删除该对话框。

MFC 提供了 CCommonDialog 类，这是所有 Windows 通用对话框类的基类，见表 3-10。

表 3-10 常用公用对话框类

公用对话框类	涵 义
CFileDialog	提供打开或保存的标准对话框
CFontDialog	提供选择一种字体的标准对话框
CColorDialog	提供选择一种颜色的标准对话框
CPrintDialog	提供打印一个文件的标准对话框
CFindReplaceDialog	提供一次查找并替换操作的标准对话框
COleDialog	为 OLE 对话框提供了通用的基本功能
CPageSetupDialog	封装了 Windows 通用 OLE Page SetUp 对话框提供的服务

3. 控件类

控件类是创建可视化界面的基本元素，使用这些类可声明静态文本、按钮、编辑框、组合框、列表框等对象，见表 3-11。

表 3-11 常用控件类

控 件 类	涵 义
CStatic	静态文本控件，常用于显示信息
CButton	按钮控件，包括命令按钮、单选按钮或检查框等
CEdit	编辑框控件，用于接收用户输入
CListBox	列表框控件，用于显示一组数据，用户可以移动游标选择一个或若干个值
CComboBox	组合框控件，由一个编辑框控件加一个列表框组成

其他的可视化控件类还有很多，如 CMenu(菜单)类、CControlBar(控件条)类、CToolBar(工具条)类、CStatusBar(状态条控件)基类等。这里不再一一赘述，将在使用时再逐个介绍。

3.4 基于 MFC 创建 Win32 程序

前面扼要介绍了 MFC 的基本概念，为了让读者能更好地理解掌握，下面首先通过一个实践案例说明如何使用 MFC 创建一个 Win32 Application 应用程序。

【例 3.1】 使用 MFC 创建应用程序。

(1) 使用与第 2 章相同的步骤，创建一个 MFC 程序框架 An Empty project，项目名称为 MyMFC_1，如图 3.5 所示。

(2) 新建并添加 hello.h 头文件，代码如下：

```
class CMyMFC_1 : public CWinApp
{
public:
    virtual BOOL InitInstance ();
};
```

```
class CMainWindow : public CFrameWnd
{
public:
    CMainWindow ();
protected:
    afx_msg void OnPaint ();                    //WM_PAINT 的消息响应函数
    DECLARE_MESSAGE_MAP ()                       //声明消息映射
};
```

(3) 新建并添加头文件的实现文件 Hello.cpp，代码如下：

```
#include <afxwin.h>
#include "Hello.h"
CMyMFC_1 TheApp;                                //由应用程序类实例化一个对象
BOOL CMyMFC_1::InitInstance ()
{
    m_pMainWnd = new CMainWindow;               //m_pMainWnd 是 CMyApp 的公有数据成员
    m_pMainWnd->ShowWindow (m_nCmdShow);
    m_pMainWnd->UpdateWindow ();
    return TRUE;
}
BEGIN_MESSAGE_MAP (CMainWindow, CFrameWnd)//开始消息映射
    ON_WM_PAINT ()
END_MESSAGE_MAP ()                              //结束消息映射
CMainWindow::CMainWindow ()                     //框架窗口的构造函数
{
    Create(NULL, "The First MFC Application"); //创建窗口
}
void CMainWindow::OnPaint ()
{
    CPaintDC dc (this);
    CRect rect;
    GetClientRect (&rect);
    dc.DrawText ("您好,欢迎使用 MFC 开发程序!", -1, &rect,
        DT_SINGLELINE | DT_CENTER | DT_VCENTER);
}
```

(4) 设置动态链接到 MFC 类库。

在 Visual C++集成开发环境下选择 Project/Settings 菜单项，弹出 Project Setting 对话框，如图 3.6 所示。在该对话框左方的 General 选项卡中的 Microsoft Foundation Class 下拉列表框中选择使用 MFC 类库的方法为 Use MFC in a Shared DLL，表示以动态链接库方式使用 MFC。

该种方式依赖于 Windows 操作系统目录下存放的 mfc*.dll 库文件。如果选择 Not Using MFC 选项，代表程序中不使用 MFC，Use MFC in a Static Library 选项代表以静态方式链接到 MFC，该方式的优点是程序的运行不依赖 mfc*.dll 文件，但它的代价是可执行文件的长度大，而且对内存的利用不够充分。

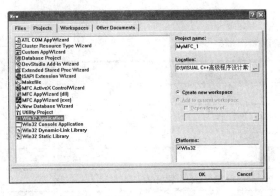

图 3.5　创建 Win32 应用程序

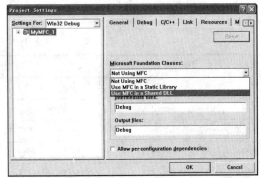

图 3.6　设置 MFC 动态链接库

编译并运行该程序，在屏幕上出现了一个显示信息的具有 Windows 界面的窗口，如图 3.7 所示，它具有可以移动、最大化、最小化等常见的窗口功能。

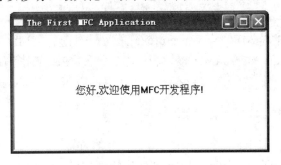

图 3.7　例 3.1 的运行效果图

3.5　使用 MFC 向导创建 Windows 程序

相对于非可视化编程，在可视化开发环境下，创建一个 Windows 应用程序的主要工作包括编写源代码、添加资源和设置编译方式等。即使一个简单的程序，其过程也是相当复杂的。但是同一类型应用程序的框架风格是相同的，如相同的菜单栏、工具栏、状态栏和用户区等。所以同一类型应用程序建立框架窗口的基本代码是一样的，尽管有些参数不尽相同。为了简化开发步骤，避免程序员重复编写这些代码，Visual C++提供了创建 Windows 应用程序框架的工具向导。

3.5.1　Visual C++应用程序向导

Visual C++提供的应用程序向导 AppWizard 实质上是一个源代码生成器，可以快速创建各种风格的应用程序框架，自动生成程序通用的源代码。即使不是很熟悉 Visual C++编程的初级用户，也可以利用 AppWizard 快速开发一个简单的应用程序。

创建一个应用程序，首先要创建一个项目。项目用于管理组成应用程序的所有元素，并由它生成应用程序。Visual C++集成开发环境包含了创建各种类型应用程序的向导，选择 File 菜单中的 New 菜单项即可看到向导类型，如图 3.8 所示。

表 3-12 列出了常用向导类型。

表 3-12　常用向导类型

向 导 类 型	涵 义
Datebase Project	创建数据库项目
MFC ActiveX ControlWizard	创建基于 MFC 的 ActiveX 控件
MFC AppWizard[dll]	创建基于 MFC 的动态链接库
MFC AppWizard[exe]	创建基于 MFC 的应用程序
New Database Wizard	在 SQL 服务器上创建一个 SQL Server 数据库
Win32 Application	创建 Win32 应用程序，可以不使用 MFC，采用 SDK 方法编程
Win32 Console Application	创建 DOS 下的 Win32 控制台应用程序
Win32 Dynamic-Link Library	创建 Win32 动态链接库，采用 SDK 方法
Win32 Static Library	创建 Win32 静态链接库，采用 SDK 方法

其中使用得最多的是 MFC AppWizard[exe]，这是创建基于 MFC 的 Windows 应用程序的向导。利用 MFC AppWizard[exe]能够自动生成一个 MFC 应用程序的框架，不需要添加任何代码，即可生成一个简单的 Windows 界面风格的应用程序。

3.5.2　创建 MFC 应用程序的一般步骤

下面使用 MFC 向导创建一个简单的 MFC 应用程序。

【例 3.2】　使用 MFC AppWizard[exe]创建应用程序。

基本操作步骤如下。

(1) 选择 File/New 菜单项，弹出 New 对话框。在图 3.9 中选择 MFC AppWizard[exe]选项，在 Project name 文本框中输入新建的项目名 MyMFC_2。

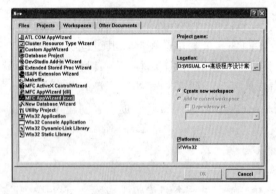
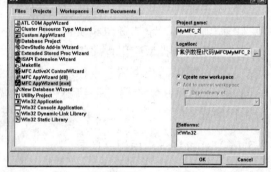

图 3.8　向导类型　　　　　　　　图 3.9　New 对话框

(2) 单击 OK 按钮，弹出 MFC AppWizard-Step 1 对话框，如图 3.10 所示。为便于叙述，这里选择最简单的 Single Document 类型。

(3) 单击 Next 按钮，弹出 MFC AppWizard-Step 2 of 6 对话框，如图 3.11 所示。这里有 4 个选项，为简单起见，本例选择默认选项 None。

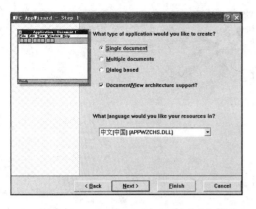

图 3.10　MFC AppWizard-Step 1 对话框

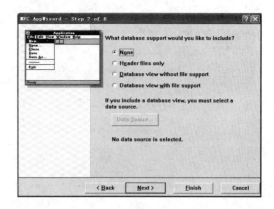

图 3.11　MFC AppWizard-Step 2 of 6 对话框

（4）单击 Next 按钮，弹出 MFC AppWizard-Step 3 of 6 对话框，如图 3.12 所示。因为这里生成的应用程序不使用 OLE，所以选择默认选项 None。

（5）单击 Next 按钮，弹出 MFC AppWizard-Step 4 of 6 对话框，如图 3.13 所示。此处可以设置应用程序外观，这里不做详细解释，选择默认设置即可。

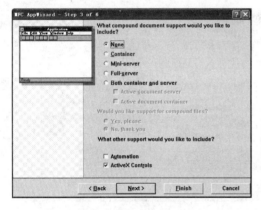

图 3.12　MFC AppWizard-Step 3 of 6 对话框

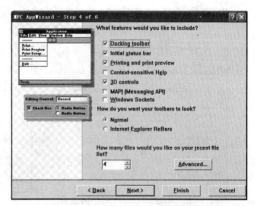

图 3.13　MFC AppWizard-Step 4 of 6 对话框

（6）单击 Next 按钮，弹出 MFC AppWizard-Step 5 of 6 对话框，如图 3.14 所示。在该对话框中可以设置应用程序的风格。

MFC Standard：标准的 MFC 应用程序。

Windows Explorer：具有 Windows 资源管理器风格的应用程序。

还可以设置是否在应用程序向导生成的代码中加注注释。

Yes，please：在向导生成的代码中加注注释。

No，thank you：在向导生成的代码中不加注注释。

同时，可以设置使用 MFC 库文件的方式。

As a shared DLL：以共享动态链接库的方式使用 MFC 库文件。

As a statically linked library：以静态链接库的方式使用 MFC 库文件。

（7）单击 Next 按钮，弹出 MFC AppWizard-Step 6 of 6 对话框，如图 3.15 所示。

在 MFC AppWizard-Step 6 of 6 对话框中，可以设置向导生成的文件名和类名。这里采用默认值。

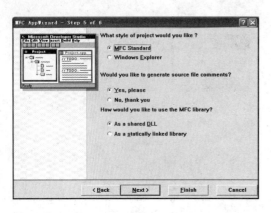 

图 3.14　MFC AppWizard-Step 5 of 6 对话框　　　图 3.15　MFC AppWizard-Step 6 of 6 对话框

(8) 单击 Finish 按钮，弹出新建工程信息对话框，该对话框列出了关于新建立的应用程序项目文件的相关信息，如图 3.16 所示。

(9) 单击 OK 按钮，应用程序向导所有的工作就全部完成了，这时向导已经为用户生成了一个完整的应用程序框架，如图 3.17 所示。

 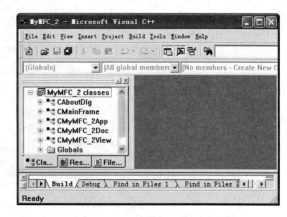

图 3.16　新建项目信息对话框　　　　　图 3.17　MFC 自动生成的应用程序框架

编译并运行上述程序，将显示如图 3.18 所示的结果。

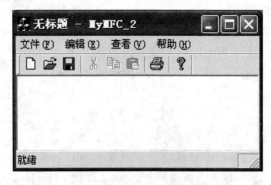

图 3.18　例 3.2 运行结果

3.6　MFC 应用程序结构

下面以例 3.2 为范本，详细分析生成的应用程序结构，看看 MFC AppWizard 究竟做了哪些工作，创建了哪些文件。

3.6.1　程序结构

打开 MyMFC_2 工程，如图 3.17 所示，这是一个最基本的应用程序框架，MFC 向导自动创建了 4 个类。

(1) CMyMFC_2App：应用程序类，负责程序的初始化、运行及结束处理。

(2) CMainFrame：主框架窗口类，负责主窗口的创建、显示及及消息处理。

(3) CMyMFC_2Doc：文档类，负责文档的装载和维护。

(4) CMyMFC_2View：视图类，为文档提供视图，负责提供人-机界面。

MFC AppWizard 在创建项目时，在指定的目录下创建了许多文件，这些文件包含了框架程序的所有的类、全局变量等的声明和定义，如图 3.19 所示。

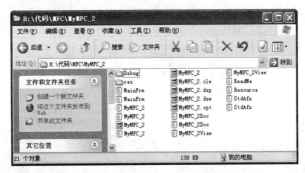

图 3.19　MFC 在指定目录下创建若干文件

AppWizard 生成的应用程序框架是通过项目工作区来管理的，所以无论选择什么类型的应用程序，AppWizard 都要为应用程序生成相应的工作区、项目和类信息文件。本例的工作区、项目和类信息文件见表 3-13。

表 3-13　应用程序的工作区、项目和类信息文件

文件名	说明
MyMFC_2.dsw	工作区文件，保存了当前工作区所包含的项目的信息
MyMFC_2.dsp	项目文件，包含当前项目的设置、项目中包含的文件等信息
MyMFC_2.clw	类信息文件，含有能被 AppWizard 用来编辑现有类或增加新类的信息。AppWizard 还用这个文件来保存创建和编辑消息映射与对话框数据所需的信息，以及创建虚拟成员函数所需的信息

AppWizard 将自动创建一些应用程序源文件和头文件，这些文件分别是应用程序类、对话窗口类等的声明文件和类实现文件，见表 3-14。

表 3-14 应用程序的头文件和源文件

文 件 名	说 明
MyMFC_2.h	应用程序的头文件，含有所有全局符号和多个#include
MyMFC_2.cpp	应用程序的源文件
MainFrm.h MainFrm.cpp	从 CFrameWnd 类派生 CMainFrame 类
MyMFC_2Doc.h MyMFC_2Doc.cpp	从 CDocument 类派生文档类，含有用于初始化文档、序列化文档和用于调试诊断的一些成员函数的框架
MyMFC_2View.h MyMFC_2View.cpp	派生并实现视图类，用于显示和打印文档数据，含有绘制视图和用于调试诊断的一些成员函数框架

3.6.2 项目管理

项目和项目工作空间是通过项目工作区来管理的。项目工作区是 Developer Studio 最重要的组成部分，使用项目工作区来组织项目、元素以及项目信息在屏幕上出现的方式。

项目工作区窗口一般位于屏幕左侧，一般由 3 个视图组成，每个视图都有一个相应的文件夹，包含了该项目的各种元素，展开文件夹可以显示所选视图的详细信息。项目工作区窗口底部有一组标签，用于从不同的角度查看项目中包含的工程。

每个视图都是按层次方式组织的，可以展开文件夹和其中的项查看其内容，或折叠起来查看其组织结构。在项目视图中，如果一项不可以再展开，那么它是可编辑的。双击这一项便可以打开相应的文档编辑器进行编辑。

1. 类视图 ClassView

类视图用于显示项目中定义的 C++类。在 ClassView 中，文件夹代表项目文件名。展开 ClassView 顶层的文件夹后，显示项目中包含的所有类，如图 3.20 所示。

利用 ClassView 不仅可以浏览应用程序所包含的类以及类中的成员，还可以通过选择要查找的定义或要声明的符号，双击所选的符号名，快速地跳到一个类或成员的定义。

如果要打开关于某一个类声明的头文件，只需双击类名即可。

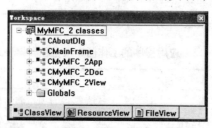

图 3.20 项目的类视图

2. 资源视图 ResourceView

单击项目工作区底部的标签可以从类视图切换到资源视图。资源视图显示项目中所包含的资源文件，可以查看生成资源的名称和类型，如图 3.21 所示。

使用资源编辑器，可以创建新的资源、修改已有的资源、复制资源以及删除无用的资源等。

3. 文件视图 FileView

切换工作区视图到 FileView，可以看到 AppWizard 自动为程序生成的资源名称和类型，包括图标、菜单、加速键、工具栏、版本信息等，如图 3.22 所示。

使用 FileView 可以实现查看文件、管理文件等功能。

需要注意的是，一个工作区可以同时包含多个工程，其中活动工程以**"黑体"**显示。活动工程是使用 Build 或 Rebuild All 时要编译的那一个工程，可以通过 Project/Set Active Project 菜单项选择不同的活动工程。

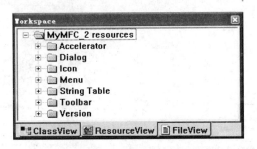

图 3.21　项目的资源视图　　　　　　　图 3.22　项目的文件视图

3.7　MFC 程序内部机制

由于 MFC 应用程序涵盖了基于 SDK 的 Windows 程序的几乎所有功能，所以使用 MFC AppWizard 创建的 MFC 程序将自动具备 Windows 程序的基本功能。本节以例 3.2 为基础，大概介绍一下 MFC 程序框架的内部机制。

从程序组成和运行的角度来看，MFC 程序的本质仍然和基于 SDK 的 Windows 程序一样，大致包括以下几个步骤。

1. 声明全局对象

利用应用程序对象 theApp 启动应用程序。theApp 一般在应用程序类的实现文件中声明，且为全局对象，例如下面的代码：

```
CMyMFC_2App theApp;
```

2. 初始化

调用 theApp 的基类 CWinApp 类的构造函数，然后再调用 theApp 对象的构造函数，完成应用程序的一些初始化工作，并将 theApp 的指针保存起来，代码如下：

```
CWinApp::CWinApp(LPCTSTR lpszAppName)    //调用基类的构造函数
CMyMFC_2App::CMyMFC_2App();              //调用本类的构造函数
```

3. 主函数

进入 WinMain 函数。WinMain 函数源码如下：

```
extern "C" int WINAPI
```

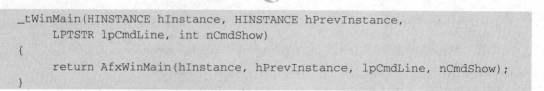

```
_tWinMain(HINSTANCE hInstance, HINSTANCE hPrevInstance,
    LPTSTR lpCmdLine, int nCmdShow)
{
    return AfxWinMain(hInstance, hPrevInstance, lpCmdLine, nCmdShow);
}
```

在 WinMain 函数中又调用了 AfxWinMain 函数。下面是 AfxWinMain 函数的代码：

```
int AFXAPI AfxWinMain(HINSTANCE hInstance, HINSTANCE hPrevInstance,
LPTSTR lpCmdLine, int nCmdShow)
{
    ASSERT(hPrevInstance == NULL);
    int nReturnCode = -1;
    CWinThread* pThread = AfxGetThread();
    CWinApp* pApp = AfxGetApp();
    // AFX 初始化
    if (!AfxWinInit(hInstance, hPrevInstance, lpCmdLine, nCmdShow))
        goto InitFailure;
    // App 初始化
    if (pApp != NULL && !pApp->InitApplication())
        goto InitFailure;
    // Perform 初始化
    if (!pThread->InitInstance())          //调用 InitInstance 函数
    {
        if (pThread->m_pMainWnd != NULL)
        {
            TRACE0("Warning: Destroying non-NULL m_pMainWnd\n");
            pThread->m_pMainWnd->DestroyWindow();
        }
        nReturnCode = pThread->ExitInstance();
        goto InitFailure;
    }
    nReturnCode = pThread->Run();          //进入消息循环
InitFailure:
#ifdef _DEBUG
    //检查 AfxLockTempMap
    if (AfxGetModuleThreadState()->m_nTempMapLock != 0)
    {
        TRACE1("Warning: Temp map lock count non-zero (%ld).\n",
            AfxGetModuleThreadState()->m_nTempMapLock);
    }
    AfxLockTempMaps();
    AfxUnlockTempMaps(-1);
#endif
    AfxWinTerm();
    return nReturnCode;
}
```

在 AfxWinMain 函数中，通过 InitInstance 函数完成了对窗口的创建步骤：设计窗口类、注册窗口类，创建窗口，显示窗口，更新窗口，消息循环，以及窗口函数等。

根据多态性原理，AfxWinMain 函数实际上是调用 CMyMFC_2App 的 InitInstance 函数

来完成应用程序的一些初始化工作，包括窗口类的注册、创建、显示和更新等。

InitInstance 函数代码如下：

```
BOOL CMyMFC_2App::InitInstance()
{
    AfxEnableControlContainer();
  #ifdef _AFXDLL
    Enable3dControls();
  #else
    Enable3dControlsStatic();
  #endif
    SetRegistryKey(_T("Local AppWizard-Generated Applications"));
    LoadStdProfileSettings();
    CSingleDocTemplate* pDocTemplate;
    pDocTemplate = new CSingleDocTemplate(
        IDR_MAINFRAME,
        RUNTIME_CLASS(CMyMFC_2Doc),
        RUNTIME_CLASS(CMainFrame),
        RUNTIME_CLASS(CMyMFC_2View));
    AddDocTemplate(pDocTemplate);
    CCommandLineInfo cmdInfo;
    ParseCommandLine(cmdInfo);
    if (!ProcessShellCommand(cmdInfo)) //创建框架窗口
        return FALSE;
    m_pMainWnd->ShowWindow(SW_SHOW);
    m_pMainWnd->UpdateWindow();
    return TRUE;
}
```

在 CMyMFC_2App::InitInstance 函数中，通过下面代码：

```
    if (!ProcessShellCommand(cmdInfo))
        return FALSE;
```

调用 CMainFrame::LoadFrame 函数进行注册和创建窗口。LoadFrame 函数具体定义如下：

```
BOOL CFrameWnd::LoadFrame(UINT nIDResource,
    DWORD dwDefaultStyle,CWnd* pParentWnd,CCreateContext* pContext)
{
    ASSERT_VALID_IDR(nIDResource);
    ASSERT(m_nIDHelp == 0 || m_nIDHelp == nIDResource);
    m_nIDHelp = nIDResource;
    CString strFullString;
    if (strFullString.LoadString(nIDResource))
        AfxExtractSubString(m_strTitle, strFullString, 0);
    VERIFY(AfxDeferRegisterClass(AFX_WNDFRAMEORVIEW_REG));    //注册窗口
    LPCTSTR lpszClass = GetIconWndClass(dwDefaultStyle, nIDResource);
    LPCTSTR lpszTitle = m_strTitle;
    if (!Create(lpszClass, lpszTitle, dwDefaultStyle, rectDefault,
      pParentWnd, MAKEINTRESOURCE(nIDResource), 0L, pContext)) //创建窗口
    {
        return FALSE;
    }
    ASSERT(m_hWnd != NULL);
```

```
    m_hMenuDefault = ::GetMenu(m_hWnd);
    LoadAccelTable(MAKEINTRESOURCE(nIDResource));
    if (pContext == NULL)
        SendMessageToDescendants(WM_INITIALUPDATE, 0, 0, TRUE, TRUE);
    return TRUE;
}
```

在上面的代码中，首先通过 AfxEndDeferRegisterClass 函数实现窗口注册，再调用 Create 函数实现窗口创建。Create 函数的源码如下：

```
BOOL CFrameWnd::Create(LPCTSTR lpszClassName,
    LPCTSTR lpszWindowName,
    DWORD dwStyle,
    const RECT& rect,
    CWnd* pParentWnd,
    LPCTSTR lpszMenuName,
    DWORD dwExStyle,
    CCreateContext* pContext)
{

    HMENU hMenu = NULL;
    if (lpszMenuName != NULL)
    {
        HINSTANCE hInst = AfxFindResourceHandle(lpszMenuName, RT_MENU);
        if ((hMenu = ::LoadMenu(hInst, lpszMenuName)) == NULL)
        {
            TRACE0("Warning: failed to load menu for CFrameWnd.\n");
            PostNcDestroy();
            return FALSE;
        }
    }
    m_strTitle = lpszWindowName;
    if (!CreateEx(dwExStyle, lpszClassName, lpszWindowName, dwStyle,
        rect.left, rect.top, rect.right - rect.left, rect.bottom - rect.top,
        pParentWnd->GetSafeHwnd(), hMenu, (LPVOID)pContext))
    {
        TRACE0("Warning: failed to create CFrameWnd.\n");
        if (hMenu != NULL)
            DestroyMenu(hMenu);
        return FALSE;
    }
    return TRUE;
}
```

其中又调用了 CreateEx 函数实际完成了框架窗口的创建工作。CreateEx 函数源码如下：

```
BOOL CWnd::CreateEx(DWORD dwExStyle, LPCTSTR lpszClassName,
    LPCTSTR lpszWindowName, DWORD dwStyle,
    int x, int y, int nWidth, int nHeight,
    HWND hWndParent, HMENU nIDorHMenu, LPVOID lpParam)
{

    CREATESTRUCT cs;
    cs.dwExStyle = dwExStyle;
```

```
        cs.lpszClass = lpszClassName;
        cs.lpszName = lpszWindowName;
        cs.style = dwStyle;
        cs.x = x;
        cs.y = y;
        cs.cx = nWidth;
        cs.cy = nHeight;
        cs.hwndParent = hWndParent;
        cs.hMenu = nIDorHMenu;
        cs.hInstance = AfxGetInstanceHandle();
        cs.lpCreateParams = lpParam;
        if (!PreCreateWindow(cs))
        {
            PostNcDestroy();
            return FALSE;
        }
        AfxHookWindowCreate(this);              //核心过程
        HWND hWnd = ::CreateWindowEx(cs.dwExStyle, cs.lpszClass,
                cs.lpszName, cs.style, cs.x, cs.y, cs.cx, cs.cy,
                cs.hwndParent, cs.hMenu, cs.hInstance, cs.lpCreateParams);
#ifdef _DEBUG
        if (hWnd == NULL)
        {
            TRACE1("Warning: Window creation failed:
                    GetLastError returns 0x%8.8X\n",
                GetLastError());
        }
#endif
        if (!AfxUnhookWindowCreate())
            PostNcDestroy();
        if (hWnd == NULL)
            return FALSE;
        ASSERT(hWnd == m_hWnd);
        return TRUE;
    }
```

从上面看不出调用 DefWindowProc 函数的代码。其实它隐藏在 AfxHookWindowCreate
函数之中，该函数的源码如下：

```
void AFXAPI AfxHookWindowCreate(CWnd* pWnd)
{
    _AFX_THREAD_STATE* pThreadState = _afxThreadState.GetData();
    if (pThreadState->m_pWndInit == pWnd)
        return;
    if (pThreadState->m_hHookOldCbtFilter == NULL)
    {
        pThreadState->m_hHookOldCbtFilter = ::SetWindowsHookEx(WH_CBT,
            _AfxCbtFilterHook, NULL, ::GetCurrentThreadId());
        if (pThreadState->m_hHookOldCbtFilter == NULL)
            AfxThrowMemoryException();
    }
```

```
        ASSERT(pThreadState->m_hHookOldCbtFilter != NULL);
        ASSERT(pWnd != NULL);
        ASSERT(pWnd->m_hWnd == NULL);
        ASSERT(pThreadState->m_pWndInit == NULL);
        pThreadState->m_pWndInit = pWnd;
}
```

观察 AfxHookWindowCreate 函数的代码可见，CreateEx 函数在调用 CreateWindowEx 函数创建真正的窗口对象之前，调用了 SetWindowsHookEx 函数设置了钩子，这样有满足设置的消息时，系统就发送给设置的函数。这样每次创建窗口的时候，该函数就将窗口函数修改成 AfxWndProc 函数，这是消息循环的起点。

4. 消息循环

第 2 章已经介绍过，Windows 应用程序是基于事件驱动的，依靠消息的流动机制来实现流程转动，即消息循环。在利用 Win32 API 开发应用程序时，在回调函数中使用一个switch结构对消息进行分支控制。随着消息种类和数量的增加，switch 结构出现多层嵌套，加大了程序理解的难度。为了解决这个问题，MFC 在封装 API 的同时，引入了消息映射的概念。

MFC 将面向对象的 C++编程思想与消息驱动机制结合在一起，Windows 各种消息沿着 MFC 应用程序框架规定的路线，找到消息映射函数。如果找不到，再交给窗口对象的 DefWindowProc 成员函数去进行默认的处理。

在 AfxWinMain 函数中，通过下面的语句进入消息循环：

```
nReturnCode = pThread->Run();
```

Run 函数源码如下：

```
int CWinThread::Run()
{
    ASSERT_VALID(this);
    BOOL bIdle = TRUE;
    LONG lIdleCount = 0;
    for (;;)
    {
        while (bIdle &&
            !::PeekMessage(&m_msgCur, NULL, NULL, NULL, PM_NOREMOVE))
        {
            if (!OnIdle(lIdleCount++)) bIdle = FALSE;
        }
        do
        {
            if (!PumpMessage()) return ExitInstance();       //消息处理
            if (IsIdleMessage(&m_msgCur))
            {   bIdle = TRUE;
                lIdleCount = 0; }
        } while (::PeekMessage(&m_msgCur, NULL, NULL, NULL, PM_NOREMOVE));
    }
    ASSERT(FALSE);
}
```

可见，其中的 PumpMessage 函数是消息处理的核心代码，当收到 WM_QUIT 消息时，终止消息循环，程序结束。PumpMessage 函数源码如下：

```
BOOL CWinThread::PumpMessage()
{
    ASSERT_VALID(this);
    if (!::GetMessage(&m_msgCur, NULL, NULL, NULL))    //获取消息
    {
#ifdef _DEBUG
        if (afxTraceFlags & traceAppMsg)
            TRACE0("CWinThread::PumpMessage - Received WM_QUIT.\n");
        m_nDisablePumpCount++;
#endif
        return FALSE;
    }
#ifdef _DEBUG
    if (m_nDisablePumpCount != 0)
    {
        TRACE0("Error:CWinThread::PumpMessage called when not permitted.\n");
        ASSERT(FALSE);
    }
#endif
#ifdef _DEBUG
    if (afxTraceFlags & traceAppMsg)
        _AfxTraceMsg(_T("PumpMessage"), &m_msgCur);
#endif
    //发送消息到窗口，交由窗口过程函数处理
    if (m_msgCur.message != WM_KICKIDLE && !PreTranslateMessage(&m_msgCur))
    {
        ::TranslateMessage(&m_msgCur);
        ::DispatchMessage(&m_msgCur);
    }
    return TRUE;
}
```

可见，由 Run 函数和 PumpMessage 函数实现了 Win32 程序中的 WinProc 函数的功能。

3.8　MFC 消息映射

通过第 2 章的学习可以知道，在传统的基于 SDK 的程序中消息循环是非常简单的，并且将窗口和窗口函数绑定在一起。而在 MFC 中就出现了问题，比如 CDocument 类，不是窗口，所以它没有对应的窗口类，但是如果也想让它响应消息，应该怎么办？幸运的是，MFC 提供了基于消息的事件响应编程模式。表面看 MFC 也设置了默认的窗口过程函数，但实际上是采用一种特殊机制来处理各种消息，这种机制称为消息映射。消息映射是 MFC 中很重要的一个部分。本节就来简单介绍有关消息映射的基础知识。

3.8.1　映射与消息映射

使用 MFC 编程涉及 5 类映射关系，这 5 类映射控制了 MFC 内部的信息流程，见表 3-15。

表 3-15　MFC 的 5 类映射

映　　射	涵　　义
调度映射	由 MFC 提供的调度请求的机制称为调度映射，它分配对象函数和属性的内部、外部名字，同时还分配属性本身和函数参数的数据类型
事件映射	MFC 提供的一种为事件引发而优化的编程模式。在这种模式中，使用了事件映射来指定对于一个特定的控件，哪个函数引发哪个事件
事件接收映射	当一个嵌入的 OLE 控件引发一个事件时，该控件的容器通过一个 MFC 提供的称为事件接收映射的机制接收事件
连接映射	OLE 控件可以向别的应用程序提供接口，这些接口允许容器对控件进行访问。如果一个 OLE 控件希望访问其他 OLE 对象的外部接口，则必须建立一个连接点，这个连接点允许一个控件访问外部的调度映射，比如事件映射。MFC 提供了支持这种连接点的编程模式，利用连接映射来为 OLE 控件指派接口
消息映射	Windows 环境下，每当发生一个事件，如按键或单击，就会向应用程序发送一个消息，然后由它来处理事件。MFC 提供了为基于消息的编程而优化的编程模式。在这种模式下，消息映射被用于指明哪个函数将为特定的类处理不同的消息

在 MFC 编程模式下，基于 Windows 的程序设计的核心工作就是处理各类消息。

3.8.2　消息宏

现在的问题是，当一个消息出现时，应用程序框架究竟是如何将消息与对象建立对应关系的呢？

为了支持消息映射，MFC 提供了 3 种宏。

1. 消息映射的声明和分界宏

消息映射的声明和分界宏见表 3-16，包含在 CCmdTarget 类中，就是这 3 个宏组织了一张庞大的消息映射网络。所有继承于 CCmdTarget 类的派生类均具有这种特性。

表 3-16　消息映射的声明和分界宏

宏　形　式	涵　　义
DECLARE_MESSAGE_MAP	初始化消息映射表，声明将在一个类中使用消息映射，把消息映射到函数(必须用在类声明中)
BEGIN_MESSAGE_MAP	开始用户消息映射的定义(必须用在类实现中)
END_MESSAGE_MAP	结束用户消息映射的定义(必须用在类实现中)

1) DECLARE_MESSAGE_MAP 宏

DECLARE_MESSAGE_MAP 宏在 AfxWin.h 文件中定义，源码如下：

```
#ifdef _AFXDLL
  #define DECLARE_MESSAGE_MAP()
  private:
    static const AFX_MSGMAP_ENTRY _messageEntries[];
  protected:
    static AFX_DATA const AFX_MSGMAP messageMap;
    static const AFX_MSGMAP* PASCAL _GetBaseMessageMap();
```

```
      virtual const AFX_MSGMAP* GetMessageMap() const;
#else
  #define DECLARE_MESSAGE_MAP()
  private:
      static const AFX_MSGMAP_ENTRY _messageEntries[];
  protected:
      static AFX_DATA const AFX_MSGMAP messageMap;
      virtual const AFX_MSGMAP* GetMessageMap() const;
#endif
```

可以看出，DECLARE_MESSAGE_MAP 宏主要定义了一个长度不定的静态数组变量 _messageEntries[]、一个静态变量 messageMap 和一个虚拟函数 GetMessageMap。

静态数组_messageEntries[]定义了一张消息映射表，表中每一项指定了指定类或对象的消息和处理此消息的函数之间的对应关系，代表一条映射，可以用 AFX_MSGMAP_ENTRY 结构描述。

AFX_MSGMAP_ENTRY 结构定义如下：

```
struct AFX_MSGMAP_ENTRY
{
    UINT nMessage;        //windows 消息 ID
    UINT nCode;           //控件消息的通知码
    UINT nID;             //控件 ID
    UINT nLastID;         //消息映射范围
    UINT nSig;            //消息的处理函数标识
    AFX_PMSG pfn;         //消息的响应函数
};
```

从上述结构可以看出，每条映射有两部分内容：前 4 个成员是关于消息 ID 的，后两个成员是关于消息对应的执行函数的。

其中，nSig 成员用来标识不同原型的消息处理函数，MFC 根据 nSig 的不同把消息派发给对应的函数进行处理。而 pfn 成员则是一个指向 CCmdTarger 成员函数的指针，函数指针的类型定义如下：

```
typedef void (AFX_MSG_CALL CCmdTarget::*AFX_PMSG)(void);
```

当初始化消息映射表时，各种类型的消息函数都被转换成相同的类型，而在实际执行时，根据 nSig 把 pfn 还原成相应类型的消息处理函数，并执行它。

另一个 AFX_MSGMAP 类型的成员变量 messageMap，是一个包含消息映射信息的变量，把消息映射的信息和相关函数打包在一起。AFX_MSGMAP 结构定义如下：

```
struct AFX_MSGMAP
{
  #ifdef _AFXDLL
    //pfnGetBaseMap 指向_GetBaseMessageMap 函数
    const AFX_MSGMAP* (PASCAL* pfnGetBaseMap)();
  #else
    //pBaseMap 保存基类消息映射入口_messageEntries 的地址
    const AFX_MSGMAP* pBaseMap;
  #endif
```

```
        //lpEntries 保存消息映射入口_messageEntries 的地址
        const AFX_MSGMAP_ENTRY* lpEntries;
};
```

可见，AFX_MSGMAP 实际上定义了一单向链表，链表中的每一项是一个指向消息映射表的指针。其主要作用是获取基类和本身的消息映射入口地址。

可见，MFC 首先把所有的消息一条条填入到 AFX_MSGMAP_ENTRY 结构中去，形成一个数组，该数组存放了所有的消息和与它们相关的参数。再通过 AFX_MSGMAP 获得该数组的首地址及基类的消息映射入口地址。当本身对该消息不响应的时候，就调用其基类的消息响应。因此，基类的消息处理函数就是派生类的默认消息处理函数。

2) BEGIN_MESSAGE_MAP 和 END_MESSAGE_MAP 宏

这两个宏的定义也在 AfxWin.h 文件中，代码如下：

```
#ifdef _AFXDLL
  #define BEGIN_MESSAGE_MAP(theClass, baseClass)
    const AFX_MSGMAP* PASCAL theClass::_GetBaseMessageMap()
      { return &baseClass::messageMap; }
    const AFX_MSGMAP* theClass::GetMessageMap() const
      { return &theClass::messageMap; }
    AFX_COMDAT AFX_DATADEF const AFX_MSGMAP theClass::messageMap =
    { &theClass::_GetBaseMessageMap, &theClass::_messageEntries[0] };
    AFX_COMDAT const AFX_MSGMAP_ENTRY theClass::_messageEntries[] =
    {
#else
  #define BEGIN_MESSAGE_MAP(theClass, baseClass)
    const AFX_MSGMAP* theClass::GetMessageMap() const
      { return &theClass::messageMap; }
    AFX_COMDAT AFX_DATADEF const AFX_MSGMAP theClass::messageMap =
    { &baseClass::messageMap, &theClass::_messageEntries[0] };
    AFX_COMDAT const AFX_MSGMAP_ENTRY theClass::_messageEntries[] =
    {
#endif
  #define END_MESSAGE_MAP()
    {0, 0, 0, 0, AfxSig_end, (AFX_PMSG)0 }
    };
```

可以看出 DECLARE_MESSAGE_MAP 宏在其类中申请了一个全局结构和获得该结构的函数，而在 BEGIN_MESSAGE_MAP 和 END_MESSAGE_MAP 之间填写刚才的全局结构，将消息和对应的处理函数联系起来，并通过 AFX_MSGMAP 中的 pBaseMap 指针，将各类按继承顺序连接起来，从而提供消息流动的道路。

2. 消息映射宏

除去上面的 3 个宏外，常用的宏还有 ON_COMMAND 和 ON_UPDATE_COMMAND 等。其中 ON_COMMAND 宏表示命令消息，指明将由哪个函数处理指定的命令消息；而 ON_UPDATE_COMMAND 宏则代表命令更新消息，见表 3-17。

表 3-17　消息映射宏

宏　形　式	涵　　义
ON_COMMAND	指明将由哪个函数处理指定的命令消息
ON_CONTROL	指明将由哪个函数处理指定的控件通知消息
ON_MESSAGE	指明将由哪个函数处理用户自定义的消息
ON_OLECMD	指明将由哪个函数处理 DocObject 或其容器发出的菜单命令
ON_REGISTERED_MESSAGE	指明将由哪个函数处理注册的用户自定义消息
ON_REGISTERED_THREAD_MESSAGE	指明当拥有一个 CWinThread 类时，将由哪个函数处理注册的用户自定义消息
ON_THREAD_MESSAGE	指明当拥有一个 CWinThread 类时，将由哪个函数处理用户自定义消息
ON_UPDATE_COMMAND_UI	指明将由哪个函数处理指定用户界面更新命令消息

ON_COMMAND 宏定义如下：

```
#define ON_COMMAND(id, memberFxn)
    {WM_COMMAND,CN_COMMAND,(WORD)id,(WORD)id,AfxSig_vv,
    (AFX_PMSG)&memberFxn }
```

根据上面的定义，ON_COMMAND(ID_FILE_NEW, OnFileNew)将被预编译器展开为如下代码：

```
{WM_COMMAND, CN_COMMAND, (WORD) ID_FILE_NEW, (WORD) ID_FILE_NEW, AfxSig_vv,
(AFX_PMSG)&OnFileNew},
```

虽然消息映射宏很重要，但通常并不需要用户直接使用它们。当使用 ClassWizard 把消息处理函数与消息关联在一起的时候，它将会在源文件中自动创建消息映射入口。

不论何时若希望编辑或加入消息映射条目，都可以使用 ClassWizard。

3.　消息映射范围宏

消息映射范围宏见表 3-18。

表 3-18　消息映射范围宏

宏　形　式	涵　　义
ON_COMMAND_RANGE	指明将由哪个函数处理该宏的前两个参数所指定的范围内的命令 ID
ON_UPDATE_COMMAND_UI_RANGE	指明将由哪个更新处理器处理该宏的前两个参数所指定的范围内的命令 ID
ON_CONTROL_RANGE	指明将由哪个函数处理该宏的第 2 个参数和第 3 个参数所指定的范围内的控制 ID 发出的通知。第 1 个参数是一个控件通知消息，例如 BN_CLICKED

有关消息映射的更多信息，读者可参见 MSDN 等在线开发技术资料。

3.8.3　消息传动路由

上面已经介绍过，大部分消息流动是在用户与应用程序之间进行的，一个消息一般针对一种类型的对象。MFC 中 CWinApp 类的 Run 函数负责把消息从应用程序的消息队列中取出，发送到应用程序的窗口函数 WinProc 中。该函数根据消息的类别，再传送到相应的对象中。

每一个能接收消息的对象都有一个消息映射表，用来连接消息与对应的消息响应函数。这种传动原理也符合前面讲过的 Windows API 工作模式。

任何派生于 CCmdTarget 的类对象都能接收命令消息。这些类对象组成一个有序链表，链表中的每一个对象都可以同时接收到命令消息，命令消息按照一定的路径传送。

链表中的各个对象处理命令消息的优先级和顺序并不相同，见表 3-19。

表 3-19　常见消息传送路由

应用类型	基类	描述
非文档/视窗结构	CFrameWnd	框架窗口首先得到消息
	CWinApp	应用程序第 2 个得到消息
SDI 结构	CView	激活的视窗首先得到消息
	CDocument	激活的视窗的文档第 2 个得到消息
	CSingleDocTemplate	激活的视窗的文档模板第 3 个得到消息
	CFrameWnd	框架窗口第 4 个得到消息
	CWndApp	应用程序最后得到消息
MDI 结构	CView	激活的视窗首先得到消息
	CDocument	激活的视窗的文档第 2 个得到消息
	CMultiDocTemplate	激活的视窗的文档模板第 3 个得到消息
	CMDIChildFrame	子框架窗口第 4 个得到消息
	CMDIFrameWnd	父框架窗口第 5 个得到消息
	CWndApp	应用程序最后得到消息

3.8.4　消息映射实例分析

下面来分析例 3.2 中的消息传送过程。

运行 MyMFC_2 工程，显示图 3.18 所示的窗口，单击工具栏中的?按钮，则弹出"关于 MyMFC_2"对话框，如图 3.23 所示。

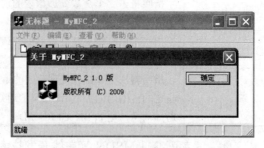

图 3.23　"关于 MyMFC_2"对话框

那么这个过程是如何实现的呢？首先在工作区窗口中将视图切换到 ClassView，双击 CMyMFC_2App 选项，打开 MyMFC_2.h 文件，观察 CMyMFC_2App 类的定义代码：

```
class CMyMFC_2App : public CWinApp
{    …
    //{{AFX_MSG(CMyMFC_2App)
    afx_msg void OnAppAbout();                   //关于对话框
        //NOTE - the ClassWizard will add and remove member functions here.
        //DO NOT EDIT what you see in these blocks of generated code !
    //}}}AFX_MSG
    DECLARE_MESSAGE_MAP()                         //消息映射宏的声明
};
```

宏 DECLARE_MESSAGE_MAP 声明了消息映射，并初始化消息映射表。

再打开 CMyMFC_2App 类的实现文件 MyMFC_2.cpp，观察下面的代码：

```
BEGIN_MESSAGE_MAP(CMyMFC_2App, CWinApp)       //开始
    //{{AFX_MSG_MAP(CMyMFC_2App)
    ON_COMMAND(ID_APP_ABOUT, OnAppAbout)      //映射关系
        // NOTE - the ClassWizard will add and remove mapping macros here.
        // DO NOT EDIT what you see in these blocks of generated code!
    //}}}AFX_MSG_MAP
END_MESSAGE_MAP()                              //结束
```

当 Windows 接收到 ID_APP_ABOUT 消息时，通过查找消息映射表找到相应的处理函数 OnAppAbout 来响应消息。例如：

```
void CMyMFC_2App::OnAppAbout()    //ID_APP_ABOUT 消息的映射函数
{
    CAboutDlg aboutDlg;            //声明一个"关于"对话框对象 aboutDlg
    aboutDlg.DoModal();           //调用对话框的成员函数 DoModal 显示对话框
}
```

本 章 总 结

MFC 思想来源于 AFX 技术，它将面向对象程序设计思想与事件驱动机制完美结合在一起，构建了庞大的 MFC 类库体系，并提供了对 Visual C++集成开发环境的有力支持。

从物理角度看，MFC 是一个类库，对应于 Windows 操作系统目录下的一系列 mfc*.dll 文件，使用 MFC 编程的本质就是选择类库中合适的类来完成指定功能。从逻辑角度看，MFC 是一个应用程序框架，是一种新的 Windows 应用程序开发模式，在这种模式下，对程序的控制主要由 MFC 框架完成。从程序运行角度来看，由于 MFC 全面封装了 API 函数库，基于 MFC 开发的 Windows 程序的本质仍然和基于 SDK 的 Windows 程序一样，包含了最基本的 5 个环节。为了克服 SDK 中消息循环的不足，MFC 引入了消息映射的概念，通过完善的消息映射表控制 Windows 的各种消息沿着 MFC 应用程序框架规定的路线传动，通过消息映射表查找对应的消息处理函数。如果找不到，再交给默认窗口函数进行处理。

为了简化基于 MFC 的应用程序开发步骤，避免重复编写代码，Visual C++提供了创建

Windows 应用程序的框架向导 MFC AppWizard。由于 MFC 应用程序涵盖了基于 SDK 的 Windows 程序的几乎所有功能,所以使用 MFC AppWizard 创建的 MFC 程序将自动具备 Windows 程序的基本功能。

习　题

1. 查阅有关文献资料,阐述 AFX、MFC 及 WPF 的内在联系与异同。

2. 简述 MFC 的面向对象特性、物理特性和逻辑特性。

3. 比较 MFC、应用程序架构和软件复用的区别与联系。

4. 与应用程序体系有关的类有哪些?举例说明。

5. 登录 Microsoft MSDN 网站,查阅最新 MFC 资讯,画出 MFC 类体系结构图。

6. 叙述 CObject 类的运行时信息、动态创建及序列化性能,并举例分析其原理。

7. 查阅资料,举例说明 MFC 应用程序的消息映射原理及过程。

8. 举例说明如何使用 MFC 创建 Win 32 程序。

9. 根据 3.7 节的介绍,画出基于 MFC 的 Windows 程序的内部运行流程。

10. Visual C++ 6.0 中的项目工作区窗口包含哪些视图?各有何特点?举例说明。

11. MFC 类库中有哪些可视对象类?

12. 修改例 3.1,要求显示内容为"您好,我很想学好 MFC!"。

13. 阅读下面的代码段,分析其中的消息映射过程。

```
class CMsgMapApp : public CWinApp
{
public:
    CMsgMapApp();
    // Overrides
    // ClassWizard generated virtual function overrides
    //{{AFX_VIRTUAL(CMsgMapApp)
public:
    virtual BOOL InitInstance();
    //}}AFX_VIRTUAL
    // Implementation
    //{{AFX_MSG(CMsgMapApp)
    afx_msg void OnAppAbout();
    //}}AFX_MSG
    mapping macros here.
    //   DO NOT EDIT what you see in these blocks of generated code!
    DECLARE_MESSAGE_MAP()
};
```

```
BEGIN_MESSAGE_MAP(CMsgMapApp, CWinApp)
    //{{AFX_MSG_MAP(CMsgMapApp)
    ON_COMMAND(ID_APP_ABOUT, OnAppAbout)
    // NOTE - the ClassWizard will add and remove
    //}}AFX_MSG_MAP
    // Standard file based document commands
```

```
        ON_COMMAND(ID_FILE_NEW, CWinApp::OnFileNew)
        ON_COMMAND(ID_FILE_OPEN, CWinApp::OnFileOpen)
        // Standard print setup command
        ON_COMMAND(ID_FILE_PRINT_SETUP, CWinApp::OnFilePrintSetup)
END_MESSAGE_MAP()
```

```
void CMsgMapApp::OnAppAbout()
{
        CAboutDlg aboutDlg;
        aboutDlg.DoModal();
}
```

第 4 章

基于对话框的程序设计

本章主要介绍了基于对话框的应用程序设计的基本技术与基本方法，包括对话框模板设计和对话框类设计，静态文本、编辑框、按钮、组合框和列表视图等常用控件的使用方法，基于控件的变量声明等。通过学习，要求掌握基本控件的应用及对话框界面设计，熟悉模态对话框类的设计，了解非模态对话框的概念，学会基于对话框设计一般的应用程序。

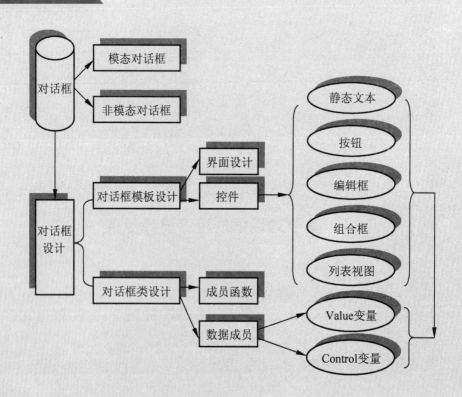

引言

Visual C++常被说成是可视化程序设计工具，那么什么是可视化技术呢？所谓可视化技术，其主要特点是把原来抽象的数字、表格、功能性操作等用直观的图形、图像形式表现出来。而可视化编程就是指在软件开发过程中，用直观的、具有一定含义的按钮等图形化对象取代原来抽象的编辑、运行、浏览等操作。可视化开发过程具体表现为单击按钮、拖放图形化对象以及设定对象属性、行为的过程。

开发可视化应用程序较常用的方法是使用 Visual C++中集成的 MFC AppWizard。利用这个向导可以开发基于文档/视图结构的应用程序框架和基于对话框的应用程序框架。

所谓对话框，其实质就是一种用户窗口界面，主要用于接收输入信息或是输出显示信息。对话框与窗口既有区别又有联系，在一般情况下并不需要加以细分，因此本书有时将它们互换称呼。为便于有效介绍这种程序设计方法，本章不打算系统讲解有关对话框程序设计的所有知识，而是着重设计一个简易学生信息管理系统，包括用户登录、添加信息、修改信息、显示学生信息 4 个模块，如图 4.1 所示。

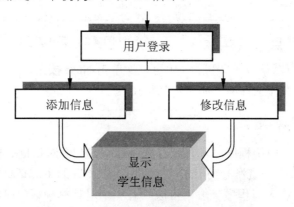

图 4.1　简易学生信息管理系统模块框图

本章的目的是通过讲解这样一个完整的案例，串联几个主要的知识点，侧重介绍基于对话框的应用程序的基本概念、设计步骤与应用前景。

4.1　基于对话框的程序设计步骤

运用 Visual C++开发 Windows 应用程序有很多方法，最简单、最方便的方法是使用应用程序开发向导(AppWizard)。AppWizard 用于创建基于 MFC 的 Windows 应用程序框架，包括创建构造一个基于 Windows 的应用程序必需的所有文件，如源文件、头文件、资源文件和模块定义文件等。利用 MFC AppWizard 向导建立应用程序时，根据要建立的应用程序的需要，在每一步设置不同的选项，这样就可以得到开发应用程序的基本文件，然后再利用 ClassWizard 来实现应用程序的具体功能。

4.1.1 创建对话框工程

下面首先演示如何应用 AppWizard 创建一个基于对话框的应用程序。

(1) 选择 File/New 菜单项,单击 Projects 标签,进入 Projects 选项卡,选择 MFC AppWizard 【exe】选项,输入项目名称 Ex4_1,如图 4.2 所示。

(2) 单击 OK 按钮,进入 MFC AppWizard 的第 1 步,要求确定应用程序框架类型,如图 4.3 所示。选中 Dialog based 单选按钮,表示采用基于对话框的应用程序类型。

图 4.2　创建 Ex4_1 工程　　　　　　图 4.3　采用基于对话框的应用程序类型

(3) 后续各步保留默认设置即可,因此可依次单击 Next 按钮,或直接单击 Finish 按钮,完成创建过程,返回设计主界面,如图 4.4 所示。

4.1.2 添加对话框模板

创建基于对话框的应用程序时,系统首先自动生成一个对话框模板作为启动对话框,如在 4.1.1 节中已生成一个资源号为 IDD_EX4_1_DIALOG 的主对话框模板(如图 4.4 所示)。

一个基于对话框的应用程序一般不可能只有一个对话框模板(有时也简称为对话框),有时需要添加更多的对话框模板以实现较多的人-机交互功能。若要完成简易学生信息管理系统预计的功能,需要 4 个窗口,即还需要添加 3 个对话框模板资源。

添加对话框的基本步骤如下。

(1) 在 Workspace 中切换至资源视图 ResourceView,选择 Insert/Resource 菜单项,打开 Insert Resource 对话框,如图 4.5 所示。

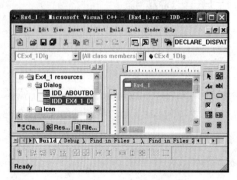　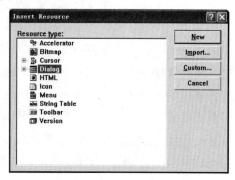

图 4.4　应用程序设计界面　　　　　　图 4.5　Insert Resource 对话框

(2) 从 Resource type 列表框中选择 Dialog 资源类型，单击 New 按钮，添加一个新的对话框模板。

(3) 返回设计状态(如图 4.4 所示)，将在 ResourceView 中看到一个名为 IDD_DIALOG1 的新对话框模板资源。

(4) 以同样的步骤再添加两个对话框模板资源：IDD_DIALOG2 和 IDD_DIALOG3，如图 4.6 所示。

4.1.3　设置对话框模板属性

若要设置对话框模板属性，可将鼠标放在对话框模板的空白处再按回车键，或单击鼠标右键，在弹出的快捷菜单中选择 Properties 菜单项，则打开一个属性设置对话框，用于设置对话框模板的各种属性。

首先设置主对话框模板 IDD_EX4_1_DIALOG 的属性。图 4.7 所示的是该对话框模板的属性设置对话框，属性对话框是多选项卡的，第一个选项卡是 General。按图 4.7 设置对话框模板的资源标识符 ID 和 Caption 属性。

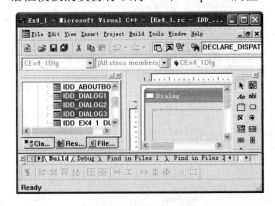

图 4.6　在工程中添加了 3 个对话框资源

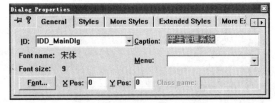

图 4.7　设置主对话框属性

资源标识符 ID 由映射到数值上的字符串组成，用于在源代码或资源编辑器中引用资源或对象。创建新的资源或对象时，系统自动为其提供默认标识符(如 IDD_DIALOG1)和符号值。标识符和符号值自动保存在系统生成的资源文件 Resource.h 中。

同理设置新添加的对话框模板 IDD_DIALOG1、IDD_DIALOG2、IDD_DIALOG3 的属性，见表 4-1。

表 4-1　对话框模板属性设置

原始 ID	设置后的 ID	设置后的 Caption
IDD_DIALOG1	IDD_Login	用户登录
IDD_DIALOG2	IDD_Add	添加学生数据
IDD_DIALOG3	IDD_Edit	修改学生数据

此时就可以编译并运用程序了，显示程序主界面，如图 4.8 所示。

图 4.8　程序运行主界面

4.1.4　改变对话框模板图标

读者不难发现，图 4.8 所示的对话框模板左上角的图标是 Visual C++应用程序的典型图标，难以体现设计人员的个性特色。为此经常需要将其加以改变。方法很多，下面是一种最简单的方法。

(1) 重新打开 Insert Resource 对话框，选择 Icon 选项，如图 4.9 所示。

(2) 单击 Import 按钮，列出当前目录下的所有图标文件，如图 4.10 所示。

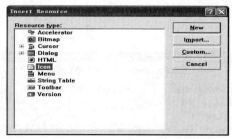

图 4.9　添加图标资源　　　　图 4.10　选择图标文件

(3) 选择其中一个图标文件，单击 Import 按钮，将选中的图标插入到资源中，默认 ID 为 IDC_ICON1，如图 4.11 所示。

(4) 删除原 IDR_MAINFRAME 图标，再将 IDC_ICON1 改为 IDR_MAINFRAME。

方法是选中 IDC_ICON1 文件，单击鼠标右键，在弹出的快捷菜单中选择 Properties 菜单项，按图 4.12 修改 ID 属性。这时，重新编译并运行程序，发现应用程序的图标已经被更改了，如图 4.13 所示。

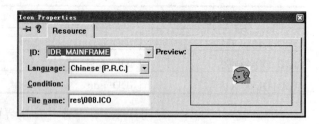

图 4.11　插入新的图标资源　　　　图 4.12　修改图标 ID 号

图 4.13　修改后的应用程序图标

创建了对话框模板资源后,还需要对对话框进行必要的设计,否则不能实现任何对话框功能。

4.1.5　对话框设计内容

MFC 将对话框功能封装在 CDialog 类中,而 CDialog 类是 CWnd 类的派生类。对话框分为模态对话框和非模态对话框两种。模态对话框垄断了用户的输入,当一个模态对话框打开时,用户只能与该对话框进行交互,而其他用户界面对象收不到输入信息。非模态对话框则相反,打开一个非模态对话框后,用户仍可与其他对象进行交互。本章主要讲述模态对话框的基本概念。

从 MFC 编程的角度来看,一个对话框由两部分组成。

(1) 对话框模板。用于设定对话框的控件及其分布,Windows 将根据对话框模板来创建并显示对话框。

(2) 对话框类。对话框类用来实现对话框的功能,由于对话框的功能各不相同,因此一般需要从 CDialog 类派生一个新类,以完成特定的功能。

相应地,对话框设计也分为两个方面:对话框模板设计、对话框类设计。下面将以一个完整的案例为主线,逐步讲解如何设计或完善各个对话框及相应的对话框类。

4.2　登录对话框设计

4.2.1　对话框模板设计

在资源视图 ResourceView 中双击 IDD_Login 对话框模板,进入该对话框资源编辑界面。

该对话框模板除了自带的"确定"、"取消"两个按钮外,没有其他的界面对象,因而尚无法实现指定功能。为了满足特定的设计需要,还需要在对话框模板上放置若干控件,用以接收用户输入或显示有关信息。控件实质上是一种子窗口,应用程序用它来与其他窗口一起完成简单的输入/输出操作。

首先需要调整"确定"、"取消"按钮的位置。用鼠标选择该控件,在其周围出现一个虚框,呈现 8 个控制点。将鼠标指向控件中部区域,当鼠标变为四向箭头时,按住鼠标左键拖动鼠标就可以移动控件的位置。

要使用控件对象，需要打开控件面板。控件面板一般显示在窗口左侧，面板上放有常用控件，如图 4.14 所示。

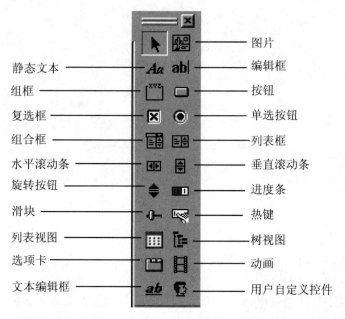

图 4.14　控件面板

提示：若看不到控件面板，在工具条的空白处单击鼠标右键，在弹出的菜单中选择 Controls 菜单项即可。

若要在窗体上添加控件，只要在控件面板上用鼠标选择一个控件，然后在对话框中单击，就将相应的控件就放置到了对话框模板中。或者在控件面板中选中一个控件图标，将鼠标移到窗体的指定位置，此时鼠标呈十字形，按住鼠标左键拖动鼠标，可绘制任意大小的控件对象。

下面依次在 IDD_Login 窗体上放置两个"静态文本"、两个"编辑框"和一个"组框"控件对象，如图 4.15 所示。

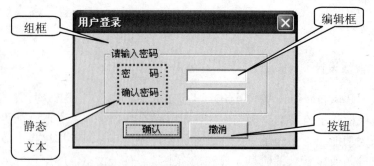

图 4.15　在 IDD_Login 窗体上放置的控件

放置了控件后，需要设置它们的属性。设置方法与设置对话框模板属性类似，选择某个控件，按回车键即打开对应的属性设置对话框。可按表 4-2 设置各个控件的属性。

表 4-2　登录对话框各个控件属性

对　　象	ID	Caption
按钮	IDOK	确认
按钮	IDCANCEL	撤销
静态文本	IDC_STATIC	密　　码:
静态文本	IDC_STATIC	确认密码:
编辑框("密码"后的)	IDC_EDIT_MM	
编辑框("确认密码:"后的)	IDC_EDIT_QRMM	
组框	IDC_STATIC	请输入密码

这里使用了 4 种控件对象,为了便于以后的应用,下面做一些简要介绍。

1. 静态文本

静态文本是一种静态控件,由 MFC 中的 CStatic 类来管理,是一种单向交互的控件,只能支持应用程序的输出,而不能用来响应用户的输入,即只可以接收消息而不会发送消息。除了静态文本,静态控件还有图片控件、组框等。静态控件主要起说明和装饰作用。

2. 编辑框

编辑框由 MFC 中的 CEdit 类定义,多级继承于 CWnd 基类,既可用于显示又可接收用户输入。编辑框有两种形式:单行编辑框和多行编辑框,如图 4.16 所示。

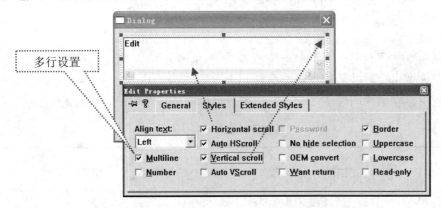

图 4.16　多行编辑框属性设置

编辑框有很多属性和方法,可以实现文本编辑的大部分功能,见表 4-3。在本书中仅使用一些常见的方法。

表 4-3　编辑框常用方法

方　　法	涵　　义
GetPasswordChar()	获得编辑框密码字符
SetPasswordChar()	设置或删除显示于编辑框中的密码字符
LimitText()	限定编辑框输入的文本长度
SetReadOnly()	设置只读状态

可以用 CWnd 类的两个成员函数来处理编辑框：

```
void GetWindowText( CString& rString ) const;     //获得编辑框的内容
void SetWindowText( LPCTSTR lpszString );          //设置编辑框的内容
```

用户"登录"对话框中的两个编辑框均用于输入密码。由于密码一般具有隐蔽性，即需要将输入内容转换为不可识别的符号。为此，可以使用表 4-3 中的 SetPasswordChar()方法将输入文本置换为指定字符，如 SetPasswordChar('*')可将文本替换为"*"。

也可以通过设置编辑框的 Password 属性来实现此功能，如图 4.17 所示。

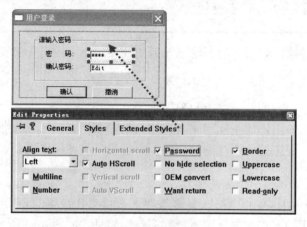

图 4.17　设置编辑框密码属性

3．按钮

按钮控件包括命令按钮、复选框、单选按钮等(如图 4.14 所示)。其中命令按钮的作用是对用户的鼠标动作做出反应并触发相应的事件。

按钮控件是使用频率最大的控件之一，常用的按钮控件消息有两种，见表 4-4。

表 4-4　按钮控件消息

按钮控件消息	涵　　义
BN_CLICKED	用户在按钮上单击了鼠标
BN_DOUBLECLICKED	用户在按钮上双击了鼠标

按钮控件通常包含一个标题用来说明按钮的作用，例如图 4.15 中的"确认"按钮和"撤销"按钮，其中"确认"按钮表示接收用户输入，一般当信息输入结束后单击此按钮表示确认。

实际使用时，人们似乎更习惯于在完成信息输入后直接按回车键表示确认输入，这就要求两者在功能上相通，而按钮的 Default button 属性为此提供了方便，如图 4.18 所示。

在对话框模板上放置很多控件后，可能会显得很零乱。因此需要将控件根据某种标准进行归类，这就用到了组框控件。该控件没什么特别的属性，这里不做赘述。

当在窗体上放置了必要的控件后，可以使用 Visual C++系统的 Layout/Text 菜单项，测试界面布局是否合理美观，这种功能类似于 Word 里面的预览功能。测试结果如图 4.19 所示。

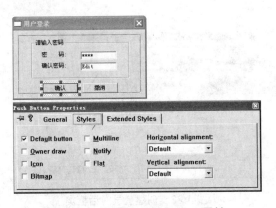

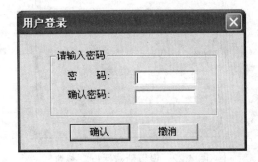

图 4.18　设置 Default button 属性　　　　图 4.19　登录界面测试结果

4.2.2　设计登录对话框类

完成对话框模板的设计后，需要使用 ClassWizard 向导设计相应的对话框类。

1.　创建对话框类

(1) 切换到资源视图，打开 IDD_Login 对话框模板，按 Ctrl+W 组合键，或将鼠标指向对话框模板的空白处，单击鼠标右键，弹出快捷菜单，选择 ClassWizard 菜单项，如图 4.20 所示，即可启动 ClassWizard。

(2) 启动 ClassWizard 后，ClassWizard 会发现 IDD_Login 是一个新的对话框模板，则打开 Adding a Class 对话框，询问用户是否要为 IDD_Login 创建一个新对话框类，如图 4.21 所示。

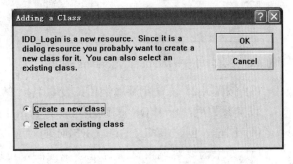

图 4.20　启动类向导　　　　　　　　　　图 4.21　新建对话框类

(3) 选中 Create a new class 单选按钮，如果单击 OK 按钮，将打开 New Class 对话框；若单击 Cancel 按钮，也可在以后再设计对话框类。

这里单击 OK 按钮，确认后，显示如图 4.22 所示。

(4) 如图 4.22 所示，在 Name 文本框中输入 CLoginDlg，在 Base class 下拉列表中选择 CDialog 选项，在 Dialog ID 下拉列表中选择 IDD_Login 选项。单击 OK 按钮后，对话框类 CLoginDlg 被创建，如图 4.23 所示。

至此，通过 ClassWizard 就将类 CLoginDlg 与 IDD_Login 对话框模板联系起来了。

图 4.22　设置新对话框类参数

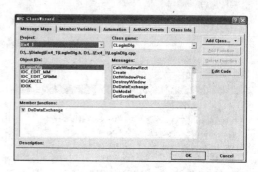

图 4.23　创建登录对话框类

2. 设置文本框变量

首先为两个编辑框 IDC_EDIT_MM、IDC_EDIT_QRMM 声明对应的变量。
步骤如下。

(1) 启动 ClassWizard。单击 Member Variables 标签，进入 Member Variables 选项卡，在 Control IDs 列表框中选择 IDC_EDIT_MM 选项，如图 4.24 所示。

(2) 单击 Add Variable 按钮，打开 Add Member Variable 对话框，如图 4.25 所示。

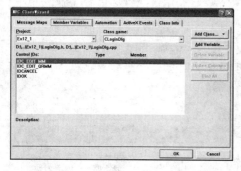

图 4.24　类向导——Member Variables 选项卡

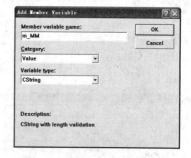

图 4.25　设置编辑框 Value 型变量

(3) 按图 4.25 设置变量属性值：变量名、变量类型(Value 型/Control 型)、数据类型。设定参数后，单击 OK 按钮，完成变量 m_MM 的创建。

(4) 同理，创建 IDC_EDIT_QRMM 的对应 Value 型变量 m_QRMM。

(5) 如果需要对编辑框实行进一步控制，可以再声明编辑框的 Control 型变量，即在 Category 下拉列表中选择 Control 选项。这里按表 4-5 设置两个编辑框 Control 型变量。

表 4-5　编辑框 Control 型变量

编辑框 ID 变量类型	IDC_EDIT_MM	IDC_EDIT_QRMM
Value 型	m_MM	m_QRMM
Control 型	m_MM_Ctl	m_QRMM_Ctl

此时可在对话框类 CLoginDlg 类的头文件中看到刚定义的 4 个变量：

```
class CLoginDlg : public CDialog
```

```
{
    ...
    CEdit    m_QRMM_Ctl;            //以下是刚定义的 4 个变量
    CEdit    m_MM_Ctl;
    CString  m_MM;
    CString  m_QRMM;
    ...
};
```

3. 编写"确认"按钮响应函数

(1) 启动 ClassWizard 后，单击 Message Maps 标签，进入 Message Maps 选项卡，在 Class name 下拉列表中选择 CLoginDlg 选项，在 Object IDs 列表框中选择 IDOK 选项，在 Messages 列表框中选择 BN_CLICKED 选项，表示"鼠标单击"，另一个 BN_DOUBLECLICKED 选项表示"鼠标双击"，如图 4.26 所示。

(2) 单击 Add Function 按钮，显示函数名确认对话框，如图 4.27 所示。

此处可以更改设置函数名，直接单击 OK 按钮，表示接受默认名。

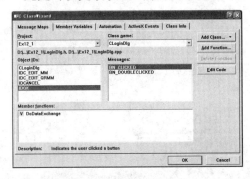

图 4.26　设置按钮事件函数

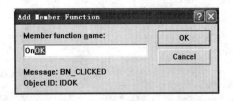

图 4.27　确认按钮事件函数名

(3) 单击 Edit Code 按钮，进入代码编辑状态；或者直接单击 OK 按钮，返回后，在类视图中双击 OnOK 函数也可进入代码编辑状态。

(4) 在 OnOK 函数中添加如下代码(如图 4.28 所示)：

```
void CLoginDlg::OnOK()
{
    UpdateData(TRUE);
    if(m_MM!=m_QRMM)                 //如果两个编辑框的输入不相同
    {
        MessageBox("二次输入密码不一致,请重新输入!");
        return ;
    }
    else if(m_MM!="123")             //假设密码为 123
    {
        MessageBox("对不起,您输入的密码错误,请重新输入!");
        return ;
    }
    CDialog::OnOK();                 //执行对话框 OnOK 函数，返回 IDOK 值
}
```

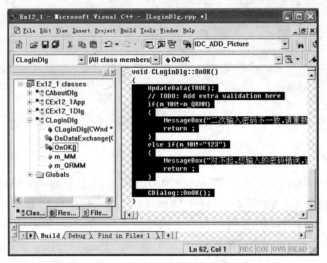

图 4.28　添加按钮事件函数代码

(5) 如果使用编辑框的 Control 型变量，可对上述 OnOK 函数代码做些修改：

```
void CLoginDlg::OnOK()
{
    UpdateData(TRUE);                    //刷新，控件内容赋予对应变量
    if(m_MM!=m_QRMM)
    {
        MessageBox("二次输入密码不一致,请重新输入!");
        m_MM_Ctl.SetWindowText("");      //清空编辑框内容
        m_QRMM_Ctl.SetWindowText("");
        return ;
    }
    else if(m_MM!="123")                 //假设的密码
    {
        MessageBox("对不起,您输入的密码错误,请重新输入!");
        m_MM_Ctl.SetWindowText("");
        m_QRMM_Ctl.SetWindowText("");
        return ;
    }
    CDialog::OnOK();
}
```

这里调用了编辑框控件的 SetWindowText 成员函数用于设置编辑框内容为空。

为简化程序调试，这里假设密码为 123。

4. 编写编辑框 CHANGE 事件响应函数

观察图 4.19，此时编辑框中并没有输入内容，按 Windows 惯例，"确认"按钮应该禁用(呈灰色)，只有当两个编辑框中均有内容时，按钮才可以使用。为此，需要编写编辑框的 CHANGE 事件响应函数，使"确认"按钮可以响应编辑框内容的变化。

首先声明 IDOK 的 Control 型变量 m_OK，以编辑框 IDC_EDIT_MM 为例说明 CHANGE 事件响应函数的设置过程。

(1) 启动 ClassWizard，单击 Message Maps 标签，进入 Message Maps 选项卡，在 Object IDs 列表框中选择 IDC_EDIT_MM 选项，在 Messages 列表框下选择 EN_CHANGE 选项，如图 4.29 所示。

(2) 单击 Add Function 按钮，打开 Add Member Function 对话框，如图 4.30 所示。

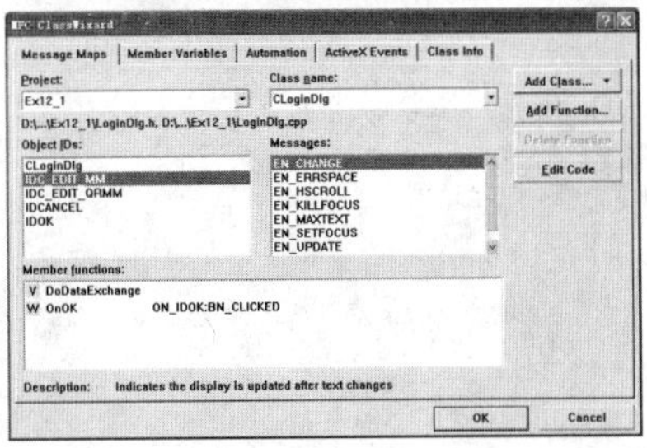

图 4.29 选择编辑框的 EN_CHANGE 消息 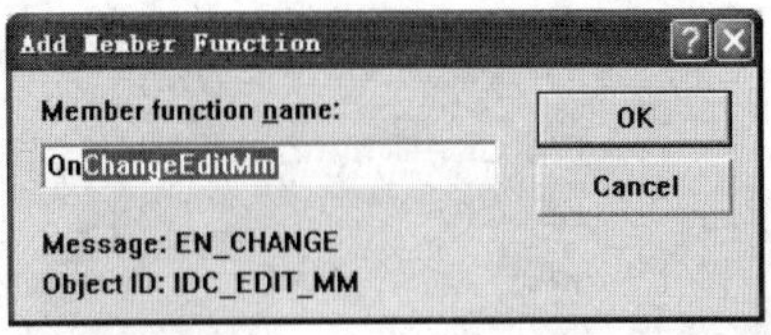   图 4.30 设置 CHANGE 事件响应函数名

直接单击 OK 按钮，接受默认函数名。

返回设计状态后，编写 OnChangeEditMm 函数实现代码：

```
void CLoginDlg::OnChangeEditMm()
{
    CString MM,QRMM;                        //声明两个字符串型变量：MM、QRMM
    m_MM_Ctl.GetWindowText(MM);             //获取 m_MM_Ctl 编辑框内容给 MM 变量
    m_QRMM_Ctl.GetWindowText(QRMM);
    if(MM!=""&&QRMM!="")                    //如果两个编辑框内容均不为空
        m_OK.EnableWindow(TRUE);           // "确认"按钮可用
    else                                   //否则
        m_OK.EnableWindow(FALSE);          // "确认"按钮不可用
}
```

(3) 按步骤(2)创建 IDC_EDIT_QRMM 编辑框的 CHANGE 事件响应函数，其代码与 OnChangeEditMm 函数的相同。运行程序，效果图如图 4.31 所示。

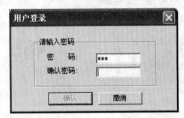

图 4.31 "用户登录"对话框运行效果

在 CLoginDlg 类的头文件 LoginDlg.h 中可以看到如下信息：

```
class CLoginDlg : public CDialog
{
  …
protected:

    // Generated message map functions
    //{{AFX_MSG(CLoginDlg)
    virtual void OnOK();                    //下面 4 个是添加的消息映射
```

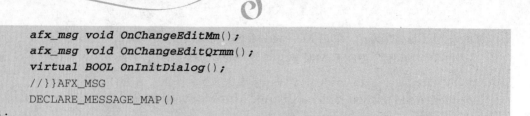

```
    afx_msg void OnChangeEditMm();
    afx_msg void OnChangeEditQrmm();
    virtual BOOL OnInitDialog();
    //}}AFX_MSG
    DECLARE_MESSAGE_MAP()
};
```

再打开 CLoginDlg 类的实现文件 LoginDlg.cpp，可看到如下代码：

```
BEGIN_MESSAGE_MAP(CLoginDlg, CDialog)
    //{{AFX_MSG_MAP(CLoginDlg)
    ON_EN_CHANGE(IDC_EDIT_MM, OnChangeEditMm)
    ON_EN_CHANGE(IDC_EDIT_QRMM, OnChangeEditQrmm)
    //}}AFX_MSG_MAP
END_MESSAGE_MAP()
```

其中 DECLARE_MESSAGE_MAP、BEGIN_MESSAGE_MAP 和 END_MESSAGE_MAP
宏用于消息映射，已在第 3 章中介绍过，这里不再赘述。

5. 对话框类的初始化

变量或控件在对话框启动时一般需要初始化，同时可以设置一些默认值，步骤如下。

(1) 切换到类视图，选择 CLoginDlg 类，单击鼠标右键，弹出快捷菜单，如图 4.32 所示。

(2) 选择 Add Windows Message Handler 选项，再选择 WM_INITDIALOG 选项，如图 4.33
所示。

(3) 单击 Add and Edit 按钮，添加事件响应函数 OnInitDialog。

(4) 编写 OnInitDialog 函数代码：

```
BOOL CLoginDlg::OnInitDialog()
{
    CDialog::OnInitDialog();
    m_MM="";
    m_QRMM="";
    m_MM_Ctl.SetWindowText("");          //初始时将编辑框清空
    m_QRMM_Ctl.SetWindowText("");
    m_OK.EnableWindow(FALSE);            //初始时将"确认"按钮禁用
    return TRUE;
}
```

图 4.32　启动消息/事件菜单

图 4.33　选择初始化消息

4.2.3　在启动主对话框前运行"用户登录"对话框

本例程序在运行时首先显示的是主对话框 IDD_MainDlg。如果需要在此之前显示"用户登录"对话框，则需要进行如下设置。

(1) 在工作区切换到类视图，单击 CEx4_1App 类左侧的"+"符号，显示该类的成员。

(2) 双击成员函数 InitInstance，进入代码编辑区域，找到 InitInstance 函数的如下代码：

```
…
CEx4_1Dlg dlg;
m_pMainWnd = &dlg;
int nResponse = dlg.DoModal();
…
```

在这段代码的前面添加如下代码(粗斜体部分)：

```
…
CLoginDlg myLogin;                    //声明"用户登录"对话框对象 myLogin
if(myLogin.DoModal()==IDCANCEL)       //显示"用户登录"对话框
    return TRUE;                      //如果未通过验证(返回 IDCANCEL)，则退出
…
```

这段代码的目的是在启动主对话框之前首先对用户进行身份验证，如果通过验证，则启动主对话框；否则终止程序运行。

在上述代码中调用了对话框的 DoModal 函数。该函数负责模态对话框的创建和撤销。在创建对话框时，DoModal 函数的任务包括载入对话框模板资源、调用 OnInitDialog 函数初始化对话框和将对话框显示在屏幕上。

完成对话框的创建后，DoModal 函数将启动一个消息循环机制，以响应用户的输入。由于该消息循环截获了几乎所有的输入消息，使主消息循环收不到对对话框的输入，致使用户只能与模态对话框进行交互，而其他用户界面对象收不到输入信息，这就是模态对话框的功能原理。

若用户在对话框内单击了 ID 为 IDOK 的按钮("确认"或"OK")，或按了回车键，则 CDialog::OnOK 函数将被调用。

OnOK 函数首先调用 UpdateData(TRUE)将数据从控件传给对话框成员变量，然后调用 CDialog::EndDialog 函数关闭对话框。关闭对话框后，DoModal 函数会返回值 IDOK。

若用户单击了 ID 为 IDCANCEL 的按钮("撤销"或"Cancel")，或按了 Esc 键，则会导致 CDialog::OnCancel 函数的调用。该函数只调用 CDialog::EndDialog 函数关闭对话框。关闭对话框后，DoModal 函数会返回值 IDCANCEL。

程序根据 DoModal 函数的返回值是 IDOK 还是 IDCANCEL 就可以判断出用户是确定还是取消了对对话框的操作。

为了保证程序运行，必须在 Ex4_1.cpp 的起始处添加文件包含语句：

```
#include "LoginDlg.h"
```

此时可以编译并运行程序，将打开"用户登录"对话框，要求用户输入密码，如果正确(假设为 123)，则打开主对话框。

4.3　设计添加信息对话框

添加信息对话框 IDD_Add 用于接收用户输入，根据输入信息的不同，需要在对话框上放置对应的控件对象，并设计对话框类。

4.3.1　设计 IDD_Add 对话框模板

(1) 设计对话框模板的方法同 4.2.2 节，在窗体上放置若干个控件，如图 4.34 所示。

图 4.34　设计添加信息对话框模板界面

(2) 设置控件的主要属性，见表 4-6。

表 4-6　IDD_Add 对话框控件的主要属性

对　　象	ID	Caption
按钮	IDOK	确认
按钮	IDCANCEL	撤销
编辑框	IDC_EDIT_XH	
编辑框	IDC_EDIT_XM	
编辑框	IDC_EDIT_NL	
编辑框	IDC_EDIT_BJ	
编辑框	IDC_EDIT_ZY	
编辑框	IDC_EDIT_YWCJ	
编辑框	IDC_EDIT_YYCJ	
编辑框	IDC_EDIT_SXCJ	
组合框	IDC_COMBO_TYCJ	
组合框	IDC_COMBO_XB	

(3) 组合框控件。这里又涉及了一类新控件：组合框 IDC_COMBO_XB 和 IDC_COMBO_TYCJ。下面做一些简单介绍。

组合框由 CComboBox 类定义，实际上是把一个编辑框和一个单选列表框(后面再介绍)结合在了一起，用户既可以在编辑框中输入，又可以从列表框中选择一个列表项来完成输入。

组合框分为简易式(Simple)、下拉式(Dropdown)和下拉列表式(Drop List)这 3 种类型。简易式组合框包含一个编辑框和一个总是显示的列表框；下拉式组合框同简易式组合框类似，两者的区别在于仅当单击下三角按钮后列表框才会弹出；下拉列表式组合框也有一个下拉的列表框，但它的编辑框是只读的，不能输入字符。

对应地，CComboBox 类的成员函数也分为两类：针对编辑框的成员函数和针对列表框的成员函数。这些成员函数与 CEdit 类和 CListBox 类的成员函数有类似之处，也存在一些不同。表 4-7 列出了常用的成员函数。

表 4-7　用于插入和删除列表项的成员函数

成 员 函 数	涵　义
AddString	向列表中加入字符串，一般被添加到列表的末尾
InsertString	在列表中的指定位置插入字符串
DeleteString	删除指定的列表项
ResetContent	清除所有列表项
GetCount	返回列表项的总数
FindString	在列表框中搜索指定字符串
GetText	获取指定列表项的字符串

组合框通常用于提供选择功能，一般先将可能的几种情况预先输入组合框内，运行时由用户根据需要选择。以组合框 IDC_COMBO_XB 为例，打开其属性对话框，选择 Data 选项卡，在其中输入“男”、“女”，如图 4.35 所示。

注意：在输入框中需要换行时，使用 Ctrl+Enter 组合键。

为了在运行时不改变列表项顺序，应该取消“排序”功能，如图 4.36 所示。

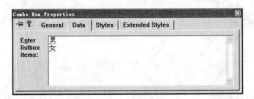

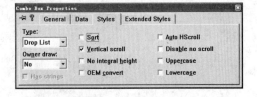

图 4.35　设置组合框 Data 属性　　　图 4.36　取消 Sort 属性(复选框无勾号)

通过测试，发现组合框的下拉列表太小而不足以显示列表项。为此，首先选中组合框控件，将鼠标指向下拉箭头，当鼠标指针变成上下双向箭头状时(如图 4.37(a)所示)单击，在组合框下边框出现一个实心控制点(如图 4.37(b)所示)，将鼠标指向该控制点，适当调整组合框的大小(如图 4.37(c)所示)即可。

再进行测试，发现已经可选择数据了，如图 4.38 所示。

此时组合框具有输入/编辑功能，如输入“中国”，而事实上性别一般只能是“男”或“女”，这显然不合常规。事实上此时应该不允许用户自由输入数据，而只能选择某个数据。为此，按图 4.39 设置组合框为下拉列表式。

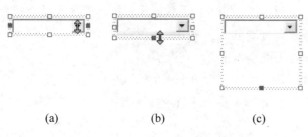

(a)   (b)   (c)

图 4.37 调整组合框下拉列表大小

图 4.38 显示下拉列表

同样设置"体育成绩"组合框 IDC_COMBO_TYCJ 的属性，其中 Data 值为"优秀"、"良好"、"中等"、"及格"、"不及格"。

(4) 另外，在本对话框中，有很多输入数据只能是数字形式，如"年龄"和"成绩"，而不能是任意输入的字符。如何实现这种设置呢？以"年龄"IDC_EDIT_NL 编辑框为例，可设置编辑框的 Number 属性，如图 4.40 所示。

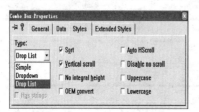

图 4.39 设置组合框为下拉列表式

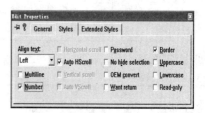

图 4.40 设置编辑框的 Number 属性

4.3.2 设计 IDD_Add 对话框类

(1) 使用与前面类似的方法，创建添加信息对话框类 CAddDlg。

(2) 重载 CAddDlg 类的 OnInitDialog 成员函数，并添加如下代码，对控件对象进行初始化：

```
BOOL CAddDlg::OnInitDialog()
{
    CDialog::OnInitDialog();
    //初始化编辑框
    CEdit *edit1=(CEdit *)GetDlgItem(IDC_EDIT_XH);   //声明指向编辑框的指针
    edit1->SetWindowText("");
    edit1=(CEdit *)GetDlgItem(IDC_EDIT_XM);
    edit1->SetWindowText("");
    edit1=(CEdit *)GetDlgItem(IDC_EDIT_NL);
    edit1->SetWindowText("");
    edit1=(CEdit *)GetDlgItem(IDC_EDIT_ZY);
    edit1->SetWindowText("");
    edit1=(CEdit *)GetDlgItem(IDC_EDIT_BJ);
    edit1->SetWindowText("");
    edit1=(CEdit *)GetDlgItem(IDC_EDIT_YWCJ);
    edit1->SetWindowText("");
    edit1=(CEdit *)GetDlgItem(IDC_EDIT_SXCJ);
```

```
    edit1->SetWindowText("");
    edit1=(CEdit *)GetDlgItem(IDC_EDIT_YYCJ);
    edit1->SetWindowText("");
    //初始化组合框
    CComboBox *combo1=(CComboBox *)GetDlgItem(IDC_COMBO_XB);
    combo1->SetCurSel(-1);
    combo1=(CComboBox *)GetDlgItem(IDC_COMBO_TYCJ);
    combo1->SetCurSel(-1);
    //禁用"确认"按钮
    CButton *but1=( CButton *)GetDlgItem(IDOK);
    but1-> EnableWindow(FALSE);
    return TRUE;
}
```

这里没有为每个对象声明 Control 型变量，而是使用了 GetDlgItem(int nID)函数，以一种通用方式访问控件，只要将控件的 ID 传递给函数参数 nID 即可。

SetCurSel(int nSelect)函数用于设置组合框的当前选项，当参数 nSelect=-1 时，表示不选择任何选项，即显示空白。

(3) 编写编辑框 CHANGE 事件响应函数。如同"用户登录"对话框类一样，可以设计各个编辑框的 CHANGE 事件响应函数。以 IDC_EDIT_XH 编辑框为例，代码如下：

```
void CAddDlg::OnChangeEditXh()
{
    CString XH,XM,XB,NL,ZY,BJ,YWCJ,SXCJ,YYCJ,TYCJ;
    CEdit *edit1=(CEdit *)GetDlgItem(IDC_EDIT_XH);
    edit1->GetWindowText(XH);
    edit1=(CEdit *)GetDlgItem(IDC_EDIT_XM);
    edit1->GetWindowText(XM);
    edit1=(CEdit *)GetDlgItem(IDC_EDIT_NL);
    edit1->GetWindowText(NL);
    edit1=(CEdit *)GetDlgItem(IDC_EDIT_ZY);
    edit1->GetWindowText(ZY);
    edit1=(CEdit *)GetDlgItem(IDC_EDIT_BJ);
    edit1->GetWindowText(BJ);
    edit1=(CEdit *)GetDlgItem(IDC_EDIT_YWCJ);
    edit1->GetWindowText(YWCJ);
    edit1=(CEdit *)GetDlgItem(IDC_EDIT_SXCJ);
    edit1->GetWindowText(SXCJ);
    edit1=(CEdit *)GetDlgItem(IDC_EDIT_YYCJ);
    edit1->GetWindowText(YYCJ);
    CComboBox *combo1=(CComboBox *)GetDlgItem(IDC_COMBO_XB);
    combo1->GetWindowText(XB);
    combo1=(CComboBox *)GetDlgItem(IDC_COMBO_TYCJ);
    combo1->GetWindowText(TYCJ);
    CButton *but1=( CButton *)GetDlgItem(IDOK);
    but1->EnableWindow(XH!=""&&XM!=""&&XB!=""
            &&NL!=""&&ZY!=""&&BJ!=""
            &&YWCJ!=""&&SXCJ!=""
            &&YYCJ!=""&&TYCJ!="");
}
```

GetWindowText 函数前面已经介绍过，此处不再赘述。

编辑框 IDC_EDIT_XM、IDC_EDIT_NL、IDC_EDIT_ZY、IDC_EDIT_BJ、IDC_EDIT_YWCJ、IDC_EDIT_SXCJ、IDC_EDIT_YYCJ 的 CHANGE 事件响应代码与此相同，不必重复书写这段代码，可以将上述代码段单独编写为一个函数，在各个编辑框的 CHANGE 事件响应函数中调用即可。

步骤如下。

① 在工作区中切换到类视图，选择 CAddDlg 类，单击鼠标右键，在弹出的快捷菜单中选择 Add Member Function 菜单项，打开如图 4.41 所示的函数设置对话框。

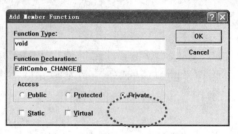

图 4.41　添加自定义函数

② 按图 4.41 设置函数名、返回值类型，并选择 Private 访问权限，单击 OK 按钮，进入代码编辑区，将如下代码插入其中：

```cpp
void CAddDlg::EditCombo_CHANGE()
{
    CString XH,XM,XB,NL,ZY,BJ,YWCJ,SXCJ,YYCJ,TYCJ;
    CEdit *edit1=(CEdit *)GetDlgItem(IDC_EDIT_XH);
    edit1->GetWindowText(XH);
    edit1=(CEdit *)GetDlgItem(IDC_EDIT_XM);
    edit1->GetWindowText(XM);
    edit1=(CEdit *)GetDlgItem(IDC_EDIT_NL);
    edit1->GetWindowText(NL);
    edit1=(CEdit *)GetDlgItem(IDC_EDIT_ZY);
    edit1->GetWindowText(ZY);
    edit1=(CEdit *)GetDlgItem(IDC_EDIT_BJ);
    edit1->GetWindowText(BJ);
    edit1=(CEdit *)GetDlgItem(IDC_EDIT_YWCJ);
    edit1->GetWindowText(YWCJ);
    edit1=(CEdit *)GetDlgItem(IDC_EDIT_SXCJ);
    edit1->GetWindowText(SXCJ);
    edit1=(CEdit *)GetDlgItem(IDC_EDIT_YYCJ);
    edit1->GetWindowText(YYCJ);
    CComboBox *combo1=(CComboBox *)GetDlgItem(IDC_COMBO_XB);
    combo1->GetWindowText(XB);
    combo1=(CComboBox *)GetDlgItem(IDC_COMBO_TYCJ);
    combo1->GetWindowText(TYCJ);
    CButton *but1=( CButton *)GetDlgItem(IDOK);
    but1->EnableWindow(XH!=""&&XM!=""&&XB!=""&&NL!=""&&ZY!=""&&BJ!=""
        &&YWCJ!=""&&SXCJ!=""&&YYCJ!=""&&TYCJ!="");
}
```

③ 这样一来，在编辑框的 Change 函数中调用该函数即可，例如：

```
void CAddDlg::OnChangeEditXh()
{
    EditCombo_CHANGE();                    //调用自定义函数
}
```

(4) 对于组合框 IDC_COMBO_XB 和 IDC_COMBO_TYCJ，由于只允许选择列表项而不允许编辑输入信息，因此这里可以编写组合框的 CBN_SELCHANGE 事件响应函数：

```
void CAddDlg::OnSelchangeComboXb()
{
    EditCombo_CHANGE();                    //调用自定义函数
}
void CAddDlg::OnSelchangeComboTycj()
{
    EditCombo_CHANGE();                    //调用自定义函数
}
```

(5) 对话框之间的数据通信。添加信息对话框的作用是提供用户输入界面，接收输入信息。单击"确认"按钮，应该将控件的文本信息保存起来。根据本例的设计目标，添加后的信息应该反馈到主对话框，这就涉及两个对话框 IDD_Add 和 IDD_MainDlg 之间的数据传输问题。对话框之间的数据通信方法很多，有专门书籍做过介绍，这里仅介绍一种最为简单的方法。

基本步骤如下。

① 在工作区切换到类视图，选择 CEx4_1App 类，单击鼠标右键，在弹出的快捷菜单中选择 Add Member Variable 菜单，打开变量设置界面，如图 4.42 所示。

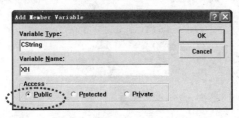

图 4.42　定义全局变量

按图 4.42 设置 CString 型变量 XH。需要注意的是，为了在对话框之间传输数据，这里将变量的访问权限设置为 Public。

② 按表 4-8 设置若干变量。

表 4-8　全局变量

变 量 名	数 据 类 型
XH	CString
XM	CString
XB	CString
NL	int
ZY	CString

续表

变　量　名	数　据　类　型
BJ	CString
YWCJ	int
SXCJ	int
YYCJ	int
TYCJ	CString

(6) 编写"确认"按钮的 CLICK 事件响应代码，如下所示：

```
void CAddDlg::OnOK()
{
    CString XH,XM,XB,NL,ZY,BJ,YWCJ,SXCJ,YYCJ,TYCJ;
    CEx4_1App *app=( CEx4_1App*)AfxGetApp();
    CEdit *edit1=(CEdit *)GetDlgItem(IDC_EDIT_XH);
    edit1->GetWindowText(XH);
    app->XH=XH;
    edit1=(CEdit *)GetDlgItem(IDC_EDIT_XM);
    edit1->GetWindowText(XM);
    app->XM=XM;
    edit1=(CEdit *)GetDlgItem(IDC_EDIT_NL);
    edit1->GetWindowText(NL);
    app->NL=atoi(NL);
    edit1=(CEdit *)GetDlgItem(IDC_EDIT_ZY);
    edit1->GetWindowText(ZY);
    app->ZY=ZY;
    edit1=(CEdit *)GetDlgItem(IDC_EDIT_BJ);
    edit1->GetWindowText(BJ);
    app->BJ=BJ;
    edit1=(CEdit *)GetDlgItem(IDC_EDIT_YWCJ);
    edit1->GetWindowText(YWCJ);
    app->YWCJ=atoi(YWCJ);
    edit1=(CEdit *)GetDlgItem(IDC_EDIT_SXCJ);
    edit1->GetWindowText(SXCJ);
    app->SXCJ=atoi(SXCJ);
    edit1=(CEdit *)GetDlgItem(IDC_EDIT_YYCJ);
    edit1->GetWindowText(YYCJ);
    app->YYCJ=atoi(YYCJ);
    CComboBox *combo1=(CComboBox *)GetDlgItem(IDC_COMBO_XB);
    combo1->GetWindowText(XB);
    app->XB=XB;
    combo1=(CComboBox *)GetDlgItem(IDC_COMBO_TYCJ);
    combo1->GetWindowText(TYCJ);
    app->TYCJ=TYCJ;
    CDialog::OnOK();
}
```

语句"CEx4_1App *app=(CEx4_1App*)AfxGetApp();"表示调用 AfxGetApp 函数获取应用程序指针对象 app。通过 app 将本对话框中的控件的文本信息保存到前面声明的各个变量中。

函数 atoi(const char *)用于将数值型字符串转换为数值，如将"123"转化为 123。
至此，就完成了 IDD_Add 对话框类的设计。

4.4 设计修改信息对话框

4.4.1 设计 IDD_Edit 对话框模板

IDD_Edit 对话框模板与 IDD_Add 对话框模板相似，只是"学号"信息不可修改，如
图 4.43 所示。

为此需要设置编辑框 IDC_EDIT_XH 为只读控件，如图 4.44 所示。

图 4.43 IDD_Edit 对话框模板

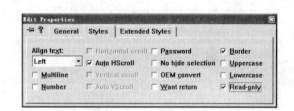

图 4.44 设置编辑框 Read-only 属性

4.4.2 设计修改信息对话框类

(1) 创建 IDD_Edit 对话框类：CEditDlg。

(2) 除 IDC_EDIT_XH 编辑框外，其他编辑框、组合框等控件的事件响应函数与对话框
IDD_Add 中的控件相似，因此只需进行类似设置即可，此处不再赘述。

(3) 重载对话框 CEditDlg::OnInitDialog 函数，代码如下：

```
BOOL CEditDlg::OnInitDialog()
{
    CDialog::OnInitDialog();

    CString TempStr;
    CEx4_1App *app=( CEx4_1App*)AfxGetApp();
    //初始化编辑框
    CEdit *edit1=(CEdit *)GetDlgItem(IDC_EDIT_XH);
    edit1->SetWindowText(app->XH);
    edit1=(CEdit *)GetDlgItem(IDC_EDIT_XM);
    edit1->SetWindowText(app->XM);
    edit1=(CEdit *)GetDlgItem(IDC_EDIT_NL);
    TempStr.Format("%d",app->NL);          //将数值型转化为字符型
    edit1->SetWindowText(TempStr);
    edit1=(CEdit *)GetDlgItem(IDC_EDIT_ZY);
    edit1->SetWindowText(app->ZY);
    edit1=(CEdit *)GetDlgItem(IDC_EDIT_BJ);
```

```
        edit1->SetWindowText(app->BJ);
        edit1=(CEdit *)GetDlgItem(IDC_EDIT_YWCJ);
        TempStr.Format("%d",app->YWCJ);
        edit1->SetWindowText(TempStr);
        edit1=(CEdit *)GetDlgItem(IDC_EDIT_SXCJ);
        TempStr.Format("%d",app->SXCJ);
        edit1->SetWindowText(TempStr);
        edit1=(CEdit *)GetDlgItem(IDC_EDIT_YYCJ);
        TempStr.Format("%d",app->YYCJ);
        edit1->SetWindowText(TempStr);
        //初始化组合框
        CComboBox *combo1=(CComboBox *)GetDlgItem(IDC_COMBO_XB);
        combo1->SetCurSel(app->XB=="男"?0:1);
        combo1=(CComboBox *)GetDlgItem(IDC_COMBO_TYCJ);
        int tempindex;
        if(app->TYCJ=="优秀")
            tempindex=0;
        else if(app->TYCJ=="良好")
            tempindex=1;
        else if(app->TYCJ=="中等")
            tempindex=2;
        else if(app->TYCJ=="及格")
            tempindex=3;
        else
            tempindex=4;
        combo1->SetCurSel(tempindex);
        CButton *but1=( CButton *)GetDlgItem(IDOK);
        but1->EnableWindow(FALSE);

        return TRUE;
}
```

CEditDlg::OnInitDialog 函数用于完成初始化工作。

4.5 设计主对话框

主对话框 IDD_MainDlg 是在创建工程时自动生成的第一个对话框模板，一般作为程序的主控界面，由它调动其他窗口。

4.5.1 设计 IDD_MainDlg 对话框模板

(1) 删除创建工程时自动生成的"TODO: 在这里设置对话控制。"静态文本控件和"取消"按钮控件，再将"确定"按钮的 Caption 属性改为"退出"。

(2) 使用与 4.4 节同样的方法，在 IDD_MainDlg 对话框上放置若干控件，并调整布局，如图 4.45 所示。

(3) 再按表 4-9 设置这些控件的属性。

这里又使用到了一个新的控件：列表视图控件 IDC_LIST1，下面先做一些介绍。

表 4-9　主对话框控件属性

对　　象	ID	Caption
按钮	IDOK	退出
按钮	IDC_Add	添加
按钮	IDC_Edit	编辑
按钮	IDC_Delete	删除
组框	IDC_STATIC	操作
列表控件	IDC_LIST1	

　　列表视图是对传统列表框的重大改进，能够以多种格式显示数据。列表视图表项通常包括图标和标题两部分，分别提供对数据的形象和抽象描述。Windows 资源管理器的右侧就是一个典型的列表视图，可以通过"查看"菜单或单击"查看"按钮切换列表视图的显示格式，如图 4.46 所示。

图 4.45　主对话框控件布局

图 4.46　Windows 资源管理器

　　MFC 的 CListCtrl 类封装了列表视图。在讨论如何使用列表视图以前，首先介绍两个有关的数据类型。

1) LV_COLUMN 结构

该结构用来描述表项的某一列。要想向列表中插入新的一列，需要用到该结构。

LV_COLUMN 结构的定义为：

```
typedef struct _LV_COLUMN
{
    UINT mask;          //屏蔽位的组合(见下面括号)，表明哪些成员是有效的
    int fmt;            /*该列的表头和子项的标题显示格式(LVCF_FMT)
                          可以是 LVCFMT_CENTER、LVCFMT_LEFT 或 LVCFMT_RIGHT*/
    int cx;             //以像素为单位的列的宽度(LVCF_FMT)
    LPTSTR pszText;     //指向存放列表头标题正文的缓冲区(LVCF_TEXT)
    int cchTextMax;     //标题正文缓冲区的长度(LVCF_TEXT)
    int iSubItem;       //说明该列的索引(LVCF_SUBITEM)
} LV_COLUMN;
```

2) LV_ITEM 结构

该结构用来描述一个表项或子项，它包含了项的各种属性，其定义为：

```
typedef struct _LV_ITEM
{
    UINT mask;          //屏蔽位的组合(见下面括号),表明哪些成员是有效的
    int iItem;          //从 0 开始编号的表项索引(行索引)
    int iSubItem;       /*从 1 开始编号的子项索引(列索引),若值为 0,
                          则说明该成员无效,结构描述的是一个表项而不是子项*/
    UINT state;         //项的状态(LVIF_STATE)
    UINT stateMask;     //项的状态屏蔽
    LPTSTR pszText;     //指向存放项的正文的缓冲区(LVIF_TEXT)
    int cchTextMax;     //正文缓冲区的长度(LVIF_TEXT)
    int iImage;         //图标的索引(LVIF_IMAGE)
    LPARAM lParam;      // 32 位的附加数据(LVIF_PARAM)
} LV_ITEM;
```

CListCtrl 类提供了大量的成员函数。在这里结合实际应用来介绍一些常用的函数。

1) 插入/删除列

在以报告格式显示列表视图时,一般会显示一列表项和多列子项。在初始化列表视图时,先要调用 InsertColumn 函数插入各个列,该函数的声明为:

```
int InsertColumn( int nCol, const LV_COLUMN* pColumn );
```

其中,参数 nCol 是新列的索引,参数 pColumn 指向一个 LV_COLUMN 结构,函数根据该结构来创建新的列。若插入成功,函数返回新列的索引,否则返回-1。

要删除某列,应调用 DeleteColumn 函数,其声明为:

```
BOOL DeleteColumn( int nCol );
```

2) 表项的插入

要插入新的表项,应调用 InsertItem 函数。如果要显示图标,则应该先创建一个 CImageList 对象并使该对象包含用于显示图标的位图序列,然后调用 SetImageList 函数来为列表视图设置位图序列。函数的声明为:

```
int InsertItem( const LV_ITEM* pItem );
```

参数 pItem 指向一个 LV_ITEM 结构,该结构提供了对表项的描述。若插入成功,则函数返回新表项的索引,否则返回-1。

```
CImageList* SetImageList( CImageList* pImageList, int nImageList );
```

参数 pImageList 指向一个 CImageList 对象,参数 nImageList 用来指定图标的类型,若其值为 LVSIL_NORMAL,则位图序列用于显示大图标;若值为 LVSIL_SMALL,则位图序列用于显示小图标。可用该函数同时指定一套大图标和一套小图标。

3) 删除某表项

要删除某表项,应调用 DeleteItem 函数;要删除所有的项,应调用 DeleteAllItems 函数。一旦表项被删除,其子项也被删除。函数的声明为:

```
BOOL DeleteItem( int nItem );
BOOL DeleteAllItems( );
```

4) 查询和设置表项

调用 GetItem 函数和 SetItem 函数来查询和设置。用这两个功能强大的函数,几乎可以

查询和设置指定项的所有属性，包括正文、图标及选择状态。函数的声明为：

```
BOOL GetItem( LV_ITEM* pItem ) const;
BOOL SetItem( const LV_ITEM* pItem );
```

参数 pItem 是指向 LV_ITEM 结构的指针，函数是通过该结构来查询或设置指定项的，在调用函数前应该使该结构的 iItem 函数或 iSubItem 函数成员有效以指定表项或子项。

CListCtrl 还提供了一系列函数可完成 GetItem 函数和 SetItem 函数的部分功能，其中 GetItemState 函数、GetItemText 函数和 GetItemData 函数用于查询，SetItemState 函数、SetItemText 函数和 SetItemData 函数用于设置。

5) 查询和设置表项正文

调用 GetItemText 函数和 SetItemText 函数来查询和设置表项及子项显示的正文。SetItemText 函数的一个重要用途是对子项进行初始化。函数的声明为：

```
int GetItemText( int nItem, int nSubItem, LPTSTR lpszText, int nLen ) const;
CString GetItemText( int nItem, int nSubItem ) const;
BOOL SetItemText( int nItem, int nSubItem, LPTSTR lpszText );
```

其中，参数 nItem 是表项的索引(行索引)，参数 nSubItem 是子项的索引(列索引)，若参数 nSubItem 为 0，则说明函数是针对表项的。

参数 lpszText 指向正文缓冲区，参数 nLen 说明了缓冲区的大小。第二个版本的 GetItemText 返回一个含有项的正文的 CString 对象。

6) 查询表项数目

要查询表项的数目，应该调用 GetItemCount 函数，其声明为：

```
int GetItemCount( );
```

7) 搜索指定表项

要搜索与指定表项相关的表项，或搜索具有某种状态的表项，应该调用 GetNextItem 函数，该函数的一个重要用处是搜索被选择的表项。函数的声明为：

```
int GetNextItem( int nItem, int nFlags ) const;
```

参数 nItem 用于指定项的索引，参数 nFlags 是表 4-10 所列的标志，用来指定查询的关系。函数将返回搜索到的表项的索引，若未找到则返回-1。

表 4-10　关系标志

标　　志	涵　　义
LVNI_ABOVE	返回位于指定表项上方的表项
LVNI_ALL	默认标志，返回指定表项的下一个表项(以索引为序)
LVNI_BELOW	返回位于指定表项下方的表项
LVNI_TOLEFT	返回位于指定表项左边的表项
LVNI_TORIGHT	返回位于指定表项右边的表项
LVNI_DROPHILITED	返回拖动操作的目标表项
LVNI_FOCUSED	返回具有输入焦点的表项
LVNI_SELECTED	返回被选择的表项

8) 排列、排序和搜索表项

要对表项进行排列、排序和搜索，可分别调用 Arrange、SortItems 和 FindItems 函数来完成。

4.5.2 完善 IDD_MainDlg 对话框类

主对话框 CEx4_1Dlg 在创建工程时就已经自动生成，下面的主要工作是编写控件事件响应函数，实现预定功能。

(1) 同前面一样，首先改写 OnInitDialog 函数，添加控件初始化代码。

① 初始时，"编辑"、"删除"按钮被禁用。

```
CButton *but1=( CButton *)GetDlgItem(IDC_Add);
but1->EnableWindow(TRUE);
but1->EnableWindow(FALSE);              //按钮，使之呈灰色
but1=( CButton *)GetDlgItem(IDC_Delete);
but1->EnableWindow(FALSE);
```

② 初始化列表视图控件。首先为列表视图控件声明一个 Control 型变量 m_ListCtrlx。其次，在列表控件上面显示一行表头：

```
CString tempColName[10]={"学号","姓名","性别","年龄","班级","专业",
    "语文成绩","数学成绩","英语成绩","体育成绩"};
m_ListCtrlx.SetExtendedStyle(LVS_EX_FULLROWSELECT|LVS_EX_GRIDLINES);
for(int i=0;i<10;i++)                   //显示列表的表头
{
    m_ListCtrlx.InsertColumn(i,tempColName[i]);
    m_ListCtrlx.SetColumnWidth(i,70);
}
```

③ 为了随时了解列表项数，这里设置一个 long 型变量 m_Count，并初始化为-1。

(2) 新建"添加"按钮事件响应函数，并添加以下代码：

```
void CEx4_1Dlg::OnAdd()
{
    CAddDlg addDlg;                     //打开添加对话框
    if(addDlg.DoModal()==IDOK)         //如果添加成功，则将数据显示到列表中
        AddItem();
}
```

其中，AddItem 函数用于将添加对话框返回的数据显示到列表控件中：

```
void CEx4_1Dlg::AddItem()
{
    m_Count++;
    CEx4_1App *app=( CEx4_1App*)AfxGetApp();
    m_ListCtrlx.InsertItem(m_Count,app->XH,0);
    m_ListCtrlx.SetItemText(m_Count,1,app->XM);
    m_ListCtrlx.SetItemText(m_Count,2,app->XB);
    CString TempStr;
    TempStr.Format("%d",app->NL);
    m_ListCtrlx.SetItemText(m_Count,3,TempStr);
```

```
    m_ListCtrlx.SetItemText(m_Count,4,app->BJ);
    m_ListCtrlx.SetItemText(m_Count,5,app->ZY);
    TempStr.Format("%d",app->YWCJ);
    m_ListCtrlx.SetItemText(m_Count,6,TempStr);
    TempStr.Format("%d",app->SXCJ);
    m_ListCtrlx.SetItemText(m_Count,7,TempStr);
    TempStr.Format("%d",app->YYCJ);
    m_ListCtrlx.SetItemText(m_Count,8,TempStr);
    m_ListCtrlx.SetItemText(m_Count,9,app->TYCJ);
}
```

运行程序，输入密码 123 后，打开主对话框，单击"添加"按钮，打开添加对话框，如图 4.47 所示。

输入学生信息后，单击"确认"按钮返回，添加的信息显示在列表中，如图 4.48 所示。

图 4.47　添加学生信息

图 4.48　显示添加结果

(3) 新建列表视图控件事件响应函数 OnClickList1。

若有选择行，则启用"编辑"按钮、"删除"按钮；否则禁用这两个按钮，代码如下：

```
void CEx4_1Dlg::OnClickList1(NMHDR* pNMHDR, LRESULT* pResult)
{
    POSITION pos = m_ListCtrlx.GetFirstSelectedItemPosition();
    if (pos == NULL)
    {
        MessageBox("没有选择任何行!\n");
        CButton *but1=( CButton *)GetDlgItem(IDC_Edit);
        but1->EnableWindow(FALSE);
        but1=( CButton *)GetDlgItem(IDC_Delete);
        but1->EnableWindow(FALSE);
    }
    else
    {
        CEx4_1App *app=( CEx4_1App*)AfxGetApp();
        while (pos)
        {
            int nItem = m_ListCtrlx.GetNextSelectedItem(pos);
            app->XH=m_ListCtrlx.GetItemText(nItem,0);
            app->XM=m_ListCtrlx.GetItemText(nItem,1);
            app->XB=m_ListCtrlx.GetItemText(nItem,2);
```

```
            app->NL=atoi(m_ListCtrlx.GetItemText(nItem,3));
            app->BJ=m_ListCtrlx.GetItemText(nItem,4);
            app->ZY=m_ListCtrlx.GetItemText(nItem,5);
            app->YWCJ=atoi(m_ListCtrlx.GetItemText(nItem,6));
            app->SXCJ=atoi(m_ListCtrlx.GetItemText(nItem,7));
            app->YYCJ=atoi(m_ListCtrlx.GetItemText(nItem,8));
            app->TYCJ=m_ListCtrlx.GetItemText(nItem,9);
        }
        CButton *but2=( CButton *)GetDlgItem(IDC_Edit);
        but2->EnableWindow(TRUE);
        but2=( CButton *)GetDlgItem(IDC_Delete);
        but2->EnableWindow(TRUE);
    }
    *pResult = 0;
}
```

(4) 新建"编辑"按钮事件响应函数。由于要将编辑结果及时返回列表，为此在 CEditDlg 类中声明一个表示选择行号的变量 Edit_SelIndex。"确认"按钮的 CLICK 事件响应代码如下：

```
void CEx4_1Dlg::OnEdit()
{
    CEditDlg  editDlg;
    if(editDlg.DoModal()==IDOK)
    {
        CEx4_1App *app=( CEx4_1App*)AfxGetApp();
        m_ListCtrlx.SetItemText(Edit_SelIndex,1,app->XM);
        m_ListCtrlx.SetItemText(Edit_SelIndex,2,app->XB);
        CString TempStr;
        TempStr.Format("%d",app->NL);
        m_ListCtrlx.SetItemText(Edit_SelIndex,3,TempStr);
        m_ListCtrlx.SetItemText(Edit_SelIndex,4,app->BJ);
        m_ListCtrlx.SetItemText(Edit_SelIndex,5,app->ZY);
        TempStr.Format("%d",app->YWCJ);
        m_ListCtrlx.SetItemText(Edit_SelIndex,6,TempStr);
        TempStr.Format("%d",app->SXCJ);
        m_ListCtrlx.SetItemText(Edit_SelIndex,7,TempStr);
        TempStr.Format("%d",app->YYCJ);
        m_ListCtrlx.SetItemText(Edit_SelIndex,8,TempStr);
        m_ListCtrlx.SetItemText(Edit_SelIndex,9,app->TYCJ);
    }
    CButton *but1=( CButton *)GetDlgItem(IDC_Edit);
    but1->EnableWindow(FALSE);
    but1=( CButton *)GetDlgItem(IDC_Delete);
    but1->EnableWindow(FALSE);
    Edit_SelIndex=-1;
}
```

运行程序，首先添加两行数据，选择第一行，单击"编辑"按钮，打开编辑对话框，将姓名、性别进行修改，如图 4.49 所示。

修改后，显示数据被更新，表明修改功能已经实现，如图 4.50 所示。

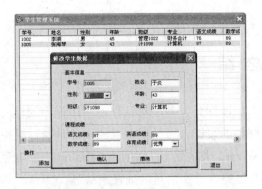

图 4.49　修改学生信息

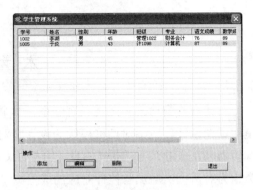

图 4.50　显示修改结果

(5) 新建"删除"按钮事件响应函数。选择了某行信息后，可以对其进行删除，此时"删除"按钮启用，对应代码如下：

```
void CEx4_1Dlg::OnDelete()
{
    if(MessageBox("确实要删除吗?",
        "删除",MB_YESNO|MB_ICONQUESTION)==IDYES)      //确认提示
    {
        m_ListCtrlx.DeleteItem(Edit_SelIndex);
        CButton *but1=( CButton *)GetDlgItem(IDC_Edit);
        but1->EnableWindow(FALSE);
        but1=( CButton *)GetDlgItem(IDC_Delete);
        but1->EnableWindow(FALSE);
        m_Count--;
    }
    CButton *but1=( CButton *)GetDlgItem(IDC_Edit);
    but1->EnableWindow(FALSE);
    but1=( CButton *)GetDlgItem(IDC_Delete);
    but1->EnableWindow(FALSE);
    Edit_SelIndex=-1;
}
```

运行程序，选择某一行，单击"删除"按钮，弹出确认提示信息，如图 4.51 所示。

图 4.51　确认删除学生信息

若要删除该行信息，单击"是"按钮，即可删除指定行。

本 章 总 结

对话框与窗口既有区别又有联系，本书中未加以细分。基于对话框的应用程序的核心是对话框设计，包括对话框模板的设计和对话框类的设计。对话框模板的设计是通过模板编辑器来完成的，对话框类的设计可借助 ClassWizard 来完成，包括创建 CDialog 类的派生类、为对话框类增加与控件对应的成员变量、增加控件通知消息的处理函数等。

对话框数据成员的初始化工作一般在其构造函数中完成，而对话框和控件的初始化是在 OnInitDialog 函数中完成的。

对话框分为模态对话框和非模态对话框。模态对话框拥有自己的消息循环，它垄断了用户的输入。模态对话框对象是以变量的形式构建的，CDialog::DoModal 函数用来启动一个模态对话框，在对话框关闭后该函数才返回。非模态对话框与应用程序共用消息循环，它不垄断用户的输入。非模态对话框对象用 new 操作符在堆中创建，调用 CDialog::Create 函数显示对话框，而用 CWnd::DestroyWindow 函数来关闭非模态对话框，所以一般需要重载 OnOK 函数和 OnCancel 函数。

Windows 支持 5 种公用对话框，包括文件选择、颜色选择、字体选择、打印和打印设置以及正文搜索和替换对话框等。其中，正文搜索和替换对话框是非模态对话框，其他公用对话框都是模态对话框。

习　　题

1．创建如图 4.52 所示的对话框。

图 4.52　习题 1 界面

输入"数学成绩"和"语文成绩"，单击"计算总分"按钮，在"总分"文本框中显示计算结果。

2．创建如图 4.53 所示的对话框。

图 4.53 习题 2 界面

在文本框中输入信息时，或在组合框中选择一个选项时，在对话框右侧显示相应内容。

3. 模仿常见计算器功能，编写一个计算器程序，界面如图 4.54 所示。

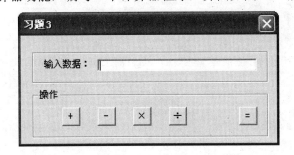

图 4.54 习题 3 界面

4. 根据本章讲解的内容，逐步构造一个简易的学生信息管理系统。

第 5 章

基于文档/视图的程序设计

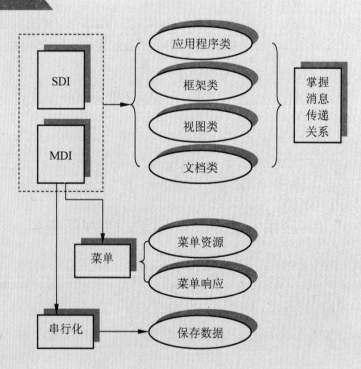

教学目标

本章主要介绍基于文档/视图结构的程序设计原理和方法,包括 4 个主体类(应用程序类 CWinApp、框架窗口类 CFrameWnd、视图类 CView 和文档类 CDocument)、多视图窗口、菜单及数据保存等内容。通过学习,要求掌握文档/视图结构的内在消息传递机制,理解并掌握菜单映射原理与函数设计方法,熟悉多视图分割技术,了解定制序列化的步骤以实现数据的永久性保存。最终目的是使读者对文档/视图结构有一个全面的认识,能设计简单的应用程序。

知识结构

SDI

MDI

应用程序类

框架类

视图类

文档类

掌握消息传递关系

菜单

菜单资源

菜单响应

串行化

保存数据

引言

Visual C++基于 MFC 编程的一大特色是文档/视图(Document-View，D-V)结构。文档/视图结构实质是一种工程架构，是一种基础性软件设计平台，是一个由文档模板、文档、视图、框架这 4 个相互联系的部件组成的有机整体。其中，文档是应用程序数据元素的集合，由它构成应用程序所使用的数据单元，提供管理和维护数据的手段。而视图是数据的用户窗口，为用户提供文档数据的可视化显示界面，把文档内容在窗口中显示出来。

每个文档可以有多个不同的视图，而一个视图只能对应一个文档。图 5.1 可以形象地说明文档与视图之间的关系。

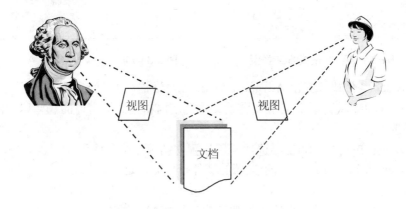

图 5.1　文档和视图之间的关系

MFC 提供了 SDI 和 MDI 两种类型的文档/视图结构。它们都提供一个 File 菜单，用于新建、打开、保存文档。MDI 与 SDI 相比有两点不同。

(1) MDI 一般还提供一个 Close 菜单，用于关闭当前打开的文档。

(2) MDI 应用程序有一个窗口菜单，用于管理所有打开的子窗口，包括对于窗口的新建、关闭、层叠、平铺等。关闭一个窗口时，窗口内的文档将被自动关闭。

基于文档/视图结构的应用程序要求把数据同它的显示以及用户对数据的操作分离开来，所有对数据的修改由文档对象来完成，而视图调用这个对象的方法来访问和更新有关数据。和第 4 章一样，主要通过一个完整的例子来说明程序的设计过程。

5.1　应用 MFC 向导创建文档/视图框架

在 Visual C++环境下，可以使用 AppWizard 生成基于文档/视图结构的应用程序框架。下面首先启动 Visual C++6.0，创建 Ex5_1 项目。基本步骤如下。

(1) 选择 File/New 菜单项，在弹出的 New 对话框中，单击 Projects"标签，进入 Projects 选项卡，选择 MFC AppWizard【exe】选项，在右侧的 Project name 文本框中输入：Ex5_1。

(2) 单击 OK 按钮，弹出 MFCAppWizard-Step 1 对话框，如图 5.2 所示。

MFC 向导提供了 SDI 和 MDI 两种类型的文档/视图结构程序，这里选中 Single document 单选按钮，将创建一个 SDI 应用程序。单击 Next 按钮，进入 MFC AppWizard-Step 2 of 6

对话框。

(3) MFC AppWizard-Step 2 of 6 对话框和 MFC AppWizard-Step 3 of 6 对话框使用默认设置值即可。进入 MFC AppWizard-Step 4 of 6 对话框。

(4) 在 MFC AppWizard-Step 4 of 6 对话框中，有一个 Advanced 按钮，如图 5.3 所示。

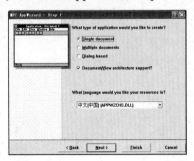

图 5.2　MFC 向导 1：设置 SDI 类型

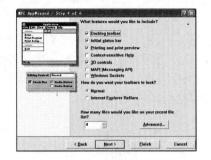

图 5.3　MFC 向导 4：设置 Advanced 属性

单击 Advanced 按钮，弹出 Advanced Options 对话框，如图 5.4 所示。

Advanced Options 对话框是用来设置文档视结构和主框架窗口的一些属性的。该对话框提供两个选项卡。

① Document Template Strings 选项卡，设置文档视图的一些属性。
- File extension：指定所创建文档的文件扩展名。这里输入 txt。
- File type ID：在 Windows 注册数据库中标识应用程序的文档类型。
- Main frame caption：设置主框架窗口标题，默认与项目名相一致。
- Doc type name：文档类型名。
- Filter name：用做"打开文件"、"保存文件"等对话框中的过滤器。
- File new name(short name)：指定在 new 对话框中使用的文档名。
- File type name(long name)：指定 OLE Automation 服务器使用的文档类型名。

② Window Styles 选项卡，设置主框架窗口的一些属性。

主要包括框架窗口是否使用最大化按钮、最小化按钮，窗口启动时是否最大化或最小化等。这里选中 Use split window 复选框，其他不需要修改，如图 5.5 所示。

图 5.4　设置文本文件扩展名

图 5.5　MFC 向导 4-2：设置窗口分割属性

单击 Close 按钮，关闭 Advanced Options 对话框，返回 MFC AppWizard-Step 4 of 6 对话框(图 5.3)。

为简单起见，AppWizard 的后面几步都使用默认值，最后单击 Finish 按钮，完成程序框架创建后，系统打开 Ex5_1 工程，自动进入设计状态，如图 5.6 所示。

在工作区切换到 ClassView，可以看到自动生成的 4 个类：CEx5_1App、CMainFrame、CEx5_1View 和 CEx5_1Doc。

这里没有编写一句代码，就创建了一个完整的文档/视图结构的应用程序。

编译运行程序，结果如图 5.7 所示。

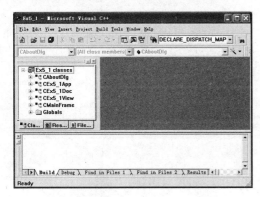

图 5.6　Ex5_1 工程设计状态界面

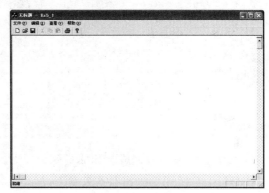

图 5.7　Ex5_1 工程运行结果

5.2　类结构与框架分析

上面用 MFC 创建的工程自动生成了 4 个类，分别继承于应用程序类 CWinApp、框架窗口类 CFrameWnd、视图类 CView 和文档类 CDocument。为了使读者对文档/视图结构有一个全面的认识，下面对这些主体类及涉及的基本知识做一些必要的介绍。

5.2.1　应用程序类

1. CWinApp 类

CWinApp 类主要负责应用程序对象的创建、初始化、运行、退出与清理过程。

下面是 CWinApp 类的声明代码：

```
class CWinApp : public CWinThread
{
    …
    CDocManager* m_pDocManager;
    // Running Operations - to be done on a running application
    // Dealing with document templates
    void AddDocTemplate(CDocTemplate* pTemplate);
    POSITION GetFirstDocTemplatePosition() const;
    CDocTemplate* GetNextDocTemplate(POSITION& pos) const;
    // Dealing with files
    virtual CDocument* OpenDocumentFile(LPCTSTR lpszFileName);
```

```
    // open named file
    void CloseAllDocuments(BOOL bEndSession);
    // close documents before exiting
    // Command Handlers
public: // public for implementation access
    …
    // overrides for implementation
    virtual BOOL InitInstance();
    virtual int ExitInstance();            //退出
    virtual int Run();
    virtual BOOL OnIdle(LONG lCount);
    virtual BOOL InitApplication();
protected:
    // map to the following for file new/open
    afx_msg void OnFileNew();
    afx_msg void OnFileOpen();
    int GetOpenDocumentCount();
    …
};
```

其中包含如下数据成员和成员函数。

(1) 一个文档模板管理者类 **CDocManager** 的指针类型的公有数据成员：

```
CDocManager* m_pDocManager;              //文档管理者类指针
```

CDocManager 类在下面再介绍。

(2) 初始化函数 InitInstance，该函数的源代码如下：

```
BOOL CWinApp::InitInstance()
{
    return TRUE;
}
```

通过"return TRUE;"语句，此函数调用了 InitApplication 函数，其源码如下所示：

```
BOOL CWinApp::InitApplication()
{
    if (CDocManager::pStaticDocManager != NULL)
    {
        if (m_pDocManager == NULL)
            m_pDocManager = CDocManager::pStaticDocManager;
        CDocManager::pStaticDocManager = NULL;
    }
    if (m_pDocManager != NULL)
        m_pDocManager->AddDocTemplate(NULL);     //调用 CDocManager 类的函数
    else
        CDocManager::bStaticInit = FALSE;
    return TRUE;
}
```

InitApplication 函数又调用了 AddDocTemplate 函数，通过 AddDocTemplate 函数向链表 m_templateList 添加模板指针，构建链表。

m_templateList 在 CDocManager 类中的声明：

```
CPtrList m_templateList;
```

其中，CPtrList 支持 void 指针列表，类似于双向链表，可顺序访问或通过指针随机访问。在表头、表尾或指定位置插入元素非常方便。CPtrList 引入了 IMPLEMENT_SERIAL 宏，从而支持序列化与转储功能。当一个 CPtrList 对象或某个元素被删除时，只删除指针，而指针所引用的实体并不被删除。

（3）在 OnIdle 函数中调用 GetFirstDocTemplatePosition 函数和 GetNextDocTemplate 函数用来实现对 m_templateList 链表的访问。实际也是调用 CDocManager 类的 GetFirstDocTemplatePosition、GetNextDocTemplate 函数，代码如下：

```
BOOL CWinApp::OnIdle(LONG lCount)
{
    if (lCount <= 0)
    {
        CWinThread::OnIdle(lCount);
        POSITION pos = NULL;
        if (m_pDocManager != NULL)
            pos = m_pDocManager->GetFirstDocTemplatePosition();
        while (pos != NULL)
        {
            CDocTemplate* pTemplate =
                m_pDocManager->GetNextDocTemplate(pos);
            ASSERT_KINDOF(CDocTemplate, pTemplate);
            pTemplate->OnIdle();
        }
    }
    else if (lCount == 1)
    {
        VERIFY(!CWinThread::OnIdle(lCount));
    }
    return lCount < 1;
}
```

2．CEx5_1App 类

本例中的 CEx5_1App 类继承于 CWinApp 类。CEx5_1App 类重载了 CWinApp 类的 InitInstance 函数，用于实现必要的初始化工作。

```
BOOL CEx5_1App::InitInstance()
{
    ……
    CSingleDocTemplate* pDocTemplate;
    pDocTemplate = new CSingleDocTemplate(
        IDR_MAINFRAME,
        RUNTIME_CLASS(CEx5_1Doc),
        RUNTIME_CLASS(CMainFrame),
        RUNTIME_CLASS(CEx5_1View));
    AddDocTemplate(pDocTemplate);
```

```
……
    return TRUE;
}
```

观察上面的代码，这里使用了重要的文档模板类 CSingleDocTemplate 及相关的成员与函数。下面介绍什么是文档模板类。

5.2.2　文档模板

文档模板负责创建文档、视图和框架窗口。一个应用程序对象可以管理一个或多个文档模板，每个文档模板用于创建和管理一个或多个同种类型的文档(这取决于应用程序是单文档 SDI 程序还是多文档 MDI 程序)。那些支持多种文档类型(如电子表格和文本)的应用程序，有多种文档模板对象。应用程序中的每一种文档，都必须有一种文档模板和它相对应。比如，如果应用程序既支持绘图又支持文本编辑，就同时需要绘图文档模板和文本编辑模板。

1. 文档模板管理者类 CDocManager

MFC 提供了文档模板管理者类 CDocManager，由它管理应用程序所包含的文档模板。其继承关系如图 5.8 所示。

CDocManager 类的定义源码如下：

```
class CDocManager : public CObject
{
    DECLARE_DYNAMIC(CDocManager)
public:
    virtual void AddDocTemplate(CDocTemplate* pTemplate);
    virtual POSITION GetFirstDocTemplatePosition() const;
    virtual CDocTemplate* GetNextDocTemplate(POSITION& pos) const;
    …
protected:
    CPtrList m_templateList;
    …
};
```

类中声明了一个文档模板链表 m_templateList，由下面 3 个函数完成对 m_templateList 链表的添加及遍历操作：

```
virtual void AddDocTemplate(CDocTemplate* pTemplate);
virtual POSITION GetFirstDocTemplatePosition() const;
virtual CDocTemplate* GetNextDocTemplate(POSITION& pos) const;
```

2. 文档模板类 CDocTemplate

文档模板类 CDocTemplate 是一个抽象基类，定义了文档模板的基本处理函数接口，不能直接用它来定义对象而必须用它的派生类。其继承关系如图 5.9 所示。

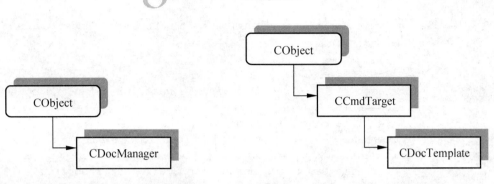

图 5.8　CDocManager 类的继承关系图　　　图 5.9　CDocTemplate 类的继承关系图

CDocTemplate 类通常通过 InitInstance 函数来创建一或多个文档模板。文档模板包括文档类型(如菜单、图标、资源加速符号表)使用的资源 ID，还含有文档类型的更多信息，包括文档类型名称(如 WorkSheet)、文件扩展名(如.xls)。有的还包括应用的用户界面、Windows 文件管理器和 OLE 支持等。文档模板定义了 3 个类之间的关系。

(1) 文档类，由 CDocument 类派生得到。

(2) 视图类，显示文档类的数据，可从 CView 类，CScrollView 类，CFormView 类或 CEditView 类中派生。

(3) 框架窗口类，含有视图，对 SDI 应用，由 CFrameWnd 类派生得到；对 MDI，由 CMDIChildWnd 类派生得到。

文档模板将文档、视图或框架窗口类的指针保存在 CRuntimeClass 对象中。当构造文档模板时，指定了 CRuntimeClass 对象。首先来看看 CDocTemplate 类的声明：

```
class CDocTemplate : public CCmdTarget
{
    DECLARE_DYNAMIC(CDocTemplate)
  // Constructors
protected:
    CDocTemplate(UINT nIDResource, CRuntimeClass* pDocClass,
        CRuntimeClass* pFrameClass, CRuntimeClass* pViewClass);
public:
    virtual void LoadTemplate();
  // Attributes
public:
    // setup for OLE containers
    void SetContainerInfo(UINT nIDOleInPlaceContainer);
    // setup for OLE servers
    void SetServerInfo(UINT nIDOleEmbedding, UINT nIDOleInPlaceServer = 0,
        CRuntimeClass* pOleFrameClass = NULL,
        CRuntimeClass* pOleViewClass = NULL);
    // iterating over open documents
    virtual POSITION GetFirstDocPosition() const = 0;
    virtual CDocument* GetNextDoc(POSITION& rPos) const = 0;
  // Operations
public:
    virtual void AddDocument(CDocument* pDoc);      // must override
```

```
    virtual void RemoveDocument(CDocument* pDoc);    // must override
    enum DocStringIndex
    {
        windowTitle,          // default window title
        docName,              // user visible name for default document
        fileNewName,          // user visible name for FileNew
        // for file based documents:
        filterName,           // user visible name for FileOpen
        filterExt,            // user visible extension for FileOpen
        // for file based documents with Shell open support:
        regFileTypeId,    // REGEDIT visible registered file type identifier
        regFileTypeName,     // Shell visible registered file type name
    };
    virtual BOOL GetDocString(CString& rString,
        enum DocStringIndex index) const; // get one of the info strings
    CFrameWnd* CreateOleFrame(CWnd* pParentWnd, CDocument* pDoc,
        BOOL bCreateView);
// Overridables
public:
    enum Confidence
    {
        noAttempt,
        maybeAttemptForeign,
        maybeAttemptNative,
        yesAttemptForeign,
        yesAttemptNative,
        yesAlreadyOpen
    };
    virtual Confidence MatchDocType(LPCTSTR lpszPathName,
                    CDocument*& rpDocMatch);
    virtual CDocument* CreateNewDocument();
    virtual CFrameWnd* CreateNewFrame(CDocument* pDoc, CFrameWnd* pOther);
    virtual void InitialUpdateFrame(CFrameWnd* pFrame, CDocument* pDoc,
        BOOL bMakeVisible = TRUE);
    virtual BOOL SaveAllModified();     // for all documents
    virtual void CloseAllDocuments(BOOL bEndSession);
    virtual CDocument* OpenDocumentFile(
        LPCTSTR lpszPathName, BOOL bMakeVisible = TRUE) = 0;
            // open named file
            // if lpszPathName == NULL => create new file with this type
    virtual void SetDefaultTitle(CDocument* pDocument) = 0;

// Implementation
public:
    BOOL m_bAutoDelete;
    virtual ~CDocTemplate();
    // back pointer to OLE or other server (NULL if none or disabled)
    CObject* m_pAttachedFactory;
    // menu & accelerator resources for in-place container
    HMENU m_hMenuInPlace;
    HACCEL m_hAccelInPlace;
```

```
    // menu & accelerator resource for server editing embedding
    HMENU m_hMenuEmbedding;
    HACCEL m_hAccelEmbedding;
    // menu & accelerator resource for server editing in-place
    HMENU m_hMenuInPlaceServer;
    HACCEL m_hAccelInPlaceServer;
 #ifdef _DEBUG
    virtual void Dump(CDumpContext&) const;
    virtual void AssertValid() const;
 #endif
    virtual void OnIdle();              // for all documents
    virtual BOOL OnCmdMsg(UINT nID, int nCode, void* pExtra,
        AFX_CMDHANDLERINFO* pHandlerInfo);
protected:
    UINT m_nIDResource;                 // IDR_ for frame/menu/accel as well
    UINT m_nIDServerResource;           // IDR_ for OLE inplace frame/menu/accel
    UINT m_nIDEmbeddingResource;        // IDR_ for OLE open frame/menu/accel
    UINT m_nIDContainerResource;        // IDR_ for container frame/menu/accel
    CRuntimeClass* m_pDocClass;         // class for creating new documents
    CRuntimeClass* m_pFrameClass;       // class for creating new frames
    CRuntimeClass* m_pViewClass;        // class for creating new views
    CRuntimeClass* m_pOleFrameClass;    // class for creating in-place frame
    CRuntimeClass* m_pOleViewClass;     // class for creating in-place view
    CString m_strDocStrings;    // '\n' separated names
        // The document names sub-strings are represented as _one_ string:
        // windowTitle\ndocName\n ... (see DocStringIndex enum)
};
```

文档模板依靠保存相互对应的文档、视图和框架窗口的 CRuntimeClass 对象指针来实现上述连接，这就是文档模板类中的成员变量 m_pDocClass、m_pFrameClass、m_pViewClass 的由来。实际上，对 m_pDocClass、m_pFrameClass、m_pViewClass 的赋值在 CDocTemplate 类的构造函数中实现。

```
CDocTemplate::CDocTemplate(UINT nIDResource, CRuntimeClass* pDocClass,
        CRuntimeClass* pFrameClass, CRuntimeClass* pViewClass)
{
    ......
    m_pDocClass = pDocClass;
    m_pFrameClass = pFrameClass;
    m_pViewClass = pViewClass;
    ......
}
```

表 5-1 列出了常用的成员函数。

表 5-1　CDocTemplate 类常用成员函数

成 员 函 数	涵　义
CDocTemplate	构造一个 CDocTemplate 对象
CreateNewFrame	创建包含一个文档和视图的框架窗口

137

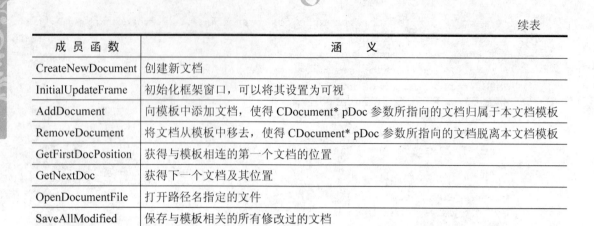

续表

成 员 函 数	涵 义
CreateNewDocument	创建新文档
InitialUpdateFrame	初始化框架窗口，可以将其设置为可视
AddDocument	向模板中添加文档，使得 CDocument* pDoc 参数所指向的文档归属于本文档模板
RemoveDocument	将文档从模板中移去，使得 CDocument* pDoc 参数所指向的文档脱离本文档模板
GetFirstDocPosition	获得与模板相连的第一个文档的位置
GetNextDoc	获得下一个文档及其位置
OpenDocumentFile	打开路径名指定的文件
SaveAllModified	保存与模板相关的所有修改过的文档
CloseAllDocuments	关闭所有与模板相关的文档

CDocTemplate 是抽象类，不能直接使用，通常应用其两个派生类：CSingleDocTemplate 和 CMultiDocTemplate。CSingleDocTemplate 类只能生成一个文档类对象，并用成员变量 m_pOnlyDoc 指向该对象。CSingleDocTemplate 类的声明代码如下：

```
class CSingleDocTemplate : public CDocTemplate
{
    DECLARE_DYNAMIC(CSingleDocTemplate)
  // Constructors
public:
    CSingleDocTemplate(UINT nIDResource, CRuntimeClass* pDocClass,
        CRuntimeClass* pFrameClass, CRuntimeClass* pViewClass);
  // Implementation
public:
    virtual ~CSingleDocTemplate();
    virtual void AddDocument(CDocument* pDoc);
    virtual void RemoveDocument(CDocument* pDoc);
    virtual POSITION GetFirstDocPosition() const;
    virtual CDocument* GetNextDoc(POSITION& rPos) const;
    virtual CDocument* OpenDocumentFile(
        LPCTSTR lpszPathName, BOOL bMakeVisible = TRUE);
    virtual void SetDefaultTitle(CDocument* pDocument);
    #ifdef _DEBUG
    virtual void Dump(CDumpContext&) const;
    virtual void AssertValid() const;
    #endif //_DEBUG
protected: // standard implementation
    CDocument* m_pOnlyDoc;
};
```

CSingleDocTemplate 类的构造函数、AddDocument 及 RemoveDocument 成员函数都在 CDocTemplate 类相应函数的基础上增加了对成员 m_pOnlyDoc 指针的处理。

多文档模板类可以生成多个文档类对象，用成员变量 m_docList 指向文档对象组成的链表。CMultiDocTemplate 类的声明代码如下：

```
class CMultiDocTemplate : public CDocTemplate
{
    DECLARE_DYNAMIC(CMultiDocTemplate)
  // Constructors
public:
    CMultiDocTemplate(UINT nIDResource, CRuntimeClass* pDocClass,
        CRuntimeClass* pFrameClass, CRuntimeClass* pViewClass);
  // Implementation
public:
    // Menu and accel table for MDI Child windows of this type
    HMENU m_hMenuShared;
    HACCEL m_hAccelTable;
    virtual ~CMultiDocTemplate();
    virtual void LoadTemplate();
    virtual void AddDocument(CDocument* pDoc);
    virtual void RemoveDocument(CDocument* pDoc);
    virtual POSITION GetFirstDocPosition() const;
    virtual CDocument* GetNextDoc(POSITION& rPos) const;
    virtual CDocument* OpenDocumentFile(
        LPCTSTR lpszPathName, BOOL bMakeVisible = TRUE);
    virtual void SetDefaultTitle(CDocument* pDocument);
#ifdef _DEBUG
    virtual void Dump(CDumpContext&) const;
    virtual void AssertValid() const;
  #endif //_DEBUG
protected: // standard implementation
    CPtrList m_docList;        // open documents of this type
    UINT m_nUntitledCount;   // start at 0, for "Document1" title
};
```

同样，CMultiDocTemplate 类的相关函数也需要对 m_docList 所指向的链表进行操作，实际上 AddDocument 和 RemoveDocument 成员函数是文档模板管理其所包含文档的函数。

由于 CMultiDocTemplate 类可包含多个文档，可依靠其成员函数 GetFirstDocPosition 和 GetNextDoc 完成对文档链表 m_docList 的遍历。

而 CSingleDocTemplate 类的这两个函数实际上并无太大的意义，仅仅判断 m_pOnlyDoc 是否为 NULL。

CDocTemplate 类还通过 SaveAllModified 函数、CloseAllDocuments 函数完成对其对应文档的关闭与保存操作。

CDocTemplate 类还提供了框架窗口的创建函数 CreateNewFrame、初始化函数 InitialUpdateFrame。

5.2.3 文档类 CDocument

CDocument 类派生于 CCmdTarget 类，用来表示用 File/Open 菜单项打开或使用 File/Save 菜单项保存的数据，为用户定义的文档类提供了基本的函数功能，如创建、装载、保存等，对文档的建立及归档提供支持，并提供了应用程序用于控制其数据的接口。

每个文档还含有一个 CDocTemplate 对象指针，文档模板为每类文档指定了用于显示的视图类型和框架窗口。

CDocument 类的一些主要成员函数见表 5-2。

表 5-2　CDocument 类的主要成员函数

成员函数	涵　义
CDocument	构造函数，构造一个 CDocument 对象
AddView	将一个视图添加到文档中，并将视图的文档指针指向该文档
RemoveView	将视图与文档分离
OnChangedViewList	在视图往文档中添加或从其中删除之后调用
GetFirstViewPosition	返回文档列表的第一个位置，用做迭代查找的开始
GetNextView	通过与文档相联系的文档列表迭代
UpdateAllViews	通知所有视图文档已被修改的消息
GetDocTemplate	活动描述文档类型的文档模板的指针
OnNewDocument	创建文档时调用
OnOpenDocument	打开已存在的文档时调用
OnSaveDocument	保存文档到磁盘时调用
OnCloseDocument	关闭文档时调用
GetPathName	返回文档数据文件的路径名
SetPathName	为文档使用的数据文件设置路径
GetTitle	返回文档的标题
SetTitle	设置文档标题
IsModified	标识文档从最近一次保存以来是否被修改过
SetModifiedFlag	为文档从最近一次保存以来所做的修改设置标识
SaveModified	在询问用户是否保存文档时调用
GetFile	返回所需要的 CFile 对象指针
ReleaseFile	释放文件使其为其他应用使用

5.2.4　视图类 CView

在文档/视图结构中，文档负责管理和维护数据，而 CView 类负责如下工作。

(1) 从文档类中将文档中的数据取出后显示给用户。

(2) 接受用户对文档中数据的编辑和修改。

(3) 将修改的结果反馈给文档类，由文档类将修改后的内容保存到磁盘文件中。

文档负责了数据真正在永久介质中的存储和读取工作，视图呈现只是将文档中的数据以某种形式向用户呈现，因此一个文档可对应多个视图。

CView 类的常用成员函数见表 5-3。

表 5-3　CView 类的主要成员函数

成员函数	涵　义
CView	构造一个 CView 对象
GetDocument	返回与视图相连接的文档。一般需要在派生类中重载此函数
IsSelected	测试一个文档项是否被选中

成 员 函 数	涵　　义
OnActivateView	当一个视图被激活时调用
OnActivateFrame	当包含了视图的框架窗口被激活或失去活动状态时调用这个函数
OnDraw	画出文档图像，用于屏幕显示，打印或预览
OnInitialUpdate	在一个视图第一次与文档连接的时候调用这个函数
OnUpdate	通知一个视图，文档已经被修改

CView 类通过 m_pDocument 成员建立与文档的关联。

首先在构造函数中初始化此变量：

```
CView::CView()
{
    m_pDocument = NULL;
}
```

再在 CView 的派生类中重载 GetDocument，实现视图与文档的关联，例如下面的代码：

```
CEx5_1Doc* CEx5_1View::GetDocument()
{
    ASSERT(m_pDocument->IsKindOf(RUNTIME_CLASS(CEx5_1Doc)));
    return (CEx5_1Doc*)m_pDocument;
}
```

结束时，在 CView 类的析构函数中将本视图删除：

```
CView::~CView()
{
    if (AfxGetThreadState()->m_pRoutingView == this)
        AfxGetThreadState()->m_pRoutingView = NULL;
    if (m_pDocument != NULL)
        m_pDocument->RemoveView(this);
}
```

CView 类中最重要的函数是 OnDraw 函数：

```
virtual void OnDraw(CDC* pDC) = 0;
```

显然这是一个纯虚函数，真实使用时必须被重载，例如：

```
void CEx5_1View::OnDraw(CDC* pDC)
{
    CEx5_1Doc* pDoc = GetDocument();
    ASSERT_VALID(pDoc);
}
```

OnUpdate 函数在文档数据被改变的时候调用，预示着需要重新绘制视图以显示变化后的数据，代码如下：

```
void CView::OnUpdate(CView* pSender, LPARAM /*lHint*/, CObject* /*pHint*/)
{
    ASSERT(pSender != this);
```

```
    UNUSED(pSender);      // unused in release builds

    Invalidate(TRUE);
}
```

其中 Invalidate(TRUE)函数将整个窗口设置为需要重绘的无效区域，它会产生
WM_PAINT 消息，这样 OnDraw 函数将被调用。

5.2.5　框架类

在文档视图结构中，文档是数据载体，视图是数据显示界面。一个文档可以对应多个
视图，这就需要将这些界面实行有效管理，这就是框架。框架是应用程序的主窗口，负责
管理所包容的窗口。为此，MFC 提供了 3 个类：CFrameWnd 类、CMDIFrameWnd 类及
CMDIChildWnd 类，分别用于支持单文档窗口和多文档窗口。

1. CFrameWnd 类

CFrameWnd 类一般用于 SDI 应用程序，提供重叠或弹出式框架窗口，以及管理窗口的
成员。SDI 框架窗口既是应用程序的主框架窗口，也是当前文档对应的视图边框。在基于
SDI 的应用程序中，AppWizard 会自动添加一个继承自 CFrameWnd 类的 CMainFrame 类。

表 5-4 列出了 CFrameWnd 类的常用成员函数。

表 5-4　CFrameWnd 类主要成员函数

成 员 函 数	涵　　义
CFrameWnd	构造一个 CFrameWnd 对象
Create	构造和初始化一个与 CFrameWnd 对象有关的 Windows 框架窗口
LoadFrame	从资源信息中动态构造一个框架窗口
ActivateFrame	使框架对用户可视，并可用
CreateView	在框架中构造一个非 CView 类派生的视图
GetActiveFrame	返回活动 CFrameWnd 对象
SetActiveView	设置活动 CView 对象
GetActiveView	返回活动 CView 对象
GetActiveDocument	返回活动 CDocument 对象
OnCreateClient	虚函数，为框架构造一个用户窗口。一般在派生类中重载此函数

有 3 种方法可以构造框架窗口。

1) 用 Create 函数直接构造

下面是 Create 函数的源码：

```
BOOL CFrameWnd::Create(LPCTSTR lpszClassName,
    LPCTSTR lpszWindowName,
    DWORD dwStyle,
    const RECT& rect,
    CWnd* pParentWnd,
    LPCTSTR lpszMenuName,
```

```
        DWORD dwExStyle,
    CCreateContext* pContext)
{

    HMENU hMenu = NULL;
    if (lpszMenuName != NULL)
    {
        HINSTANCE hInst = AfxFindResourceHandle(lpszMenuName, RT_MENU);
        if ((hMenu = ::LoadMenu(hInst, lpszMenuName)) == NULL)
        {
            TRACE0("Warning: failed to load menu for CFrameWnd.\n");
            PostNcDestroy();            // perhaps delete the C++ object
            return FALSE;
        }
    }
    m_strTitle = lpszWindowName;    // save title for later
    if (!CreateEx(dwExStyle, lpszClassName, lpszWindowName, dwStyle,
        rect.left, rect.top, rect.right - rect.left, rect.bottom - rect.top,
        pParentWnd->GetSafeHwnd(), hMenu, (LPVOID)pContext))
    {
        TRACE0("Warning: failed to create CFrameWnd.\n");
        if (hMenu != NULL)
            DestroyMenu(hMenu);
        return FALSE;
    }
    return TRUE;
}
```

需要注意的是，若使用 Create 函数构造框架，必须先在堆中构造一个框架窗口。

2) 用 LoadFrame 函数直接构造

LoadFrame 函数需要比 Create 函数少的参数，而从资源中获取大多数默认值，例如框架标题，图标、加速表、菜单，源码如下：

```
BOOL CFrameWnd::LoadFrame(UINT nIDResource, DWORD dwDefaultStyle,
    CWnd* pParentWnd, CCreateContext* pContext)
{
    ASSERT_VALID_IDR(nIDResource);
    ASSERT(m_nIDHelp == 0 || m_nIDHelp == nIDResource);
    m_nIDHelp = nIDResource;    // ID for help context (+HID_BASE_RESOURCE)
    CString strFullString;
    if (strFullString.LoadString(nIDResource))
        AfxExtractSubString(m_strTitle, strFullString, 0);
    VERIFY(AfxDeferRegisterClass(AFX_WNDFRAMEORVIEW_REG));
    LPCTSTR lpszClass = GetIconWndClass(dwDefaultStyle, nIDResource);
    LPCTSTR lpszTitle = m_strTitle;
    if (!Create(lpszClass, lpszTitle, dwDefaultStyle, rectDefault,
      pParentWnd, MAKEINTRESOURCE(nIDResource), 0L, pContext))
    {
        return FALSE;    // will self destruct on failure normally
    }
    ASSERT(m_hWnd != NULL);
```

```
    m_hMenuDefault = ::GetMenu(m_hWnd);
    LoadAccelTable(MAKEINTRESOURCE(nIDResource));
    if (pContext == NULL)   // send initial update
        SendMessageToDescendants(WM_INITIALUPDATE, 0, 0, TRUE, TRUE);
    return TRUE;
}
```

为了能被 LoadFrame 函数访问，所有的资源必须有相同的 ID，例如 IDR_MAINFRAME。

3) 用文档模板间接构造

当一个 CFrameWnd 对象包含视图和文档时，它们由框架间接构造而不是直接由用户直接构造。

CDocTemplate 对象将框架、视图、文档等有机组织在一起，由 CDocTemplate 构造函数的参数指定这 3 种类的 CRuntimeClass，例如：

```
CSingleDocTemplate* pDocTemplate;
pDocTemplate = new CSingleDocTemplate(
    IDR_MAINFRAME,
    RUNTIME_CLASS(CEx5_1Doc),
    RUNTIME_CLASS(CMainFrame),          // main SDI frame window
    RUNTIME_CLASS(CEx5_1View));
AddDocTemplate(pDocTemplate);
```

当用户指定新框架时，例如使用 File/New 菜单项或 MDI/Windows/New 菜单项，CRuntimeclass 对象被框架用于动态建立新的框架。

注意，不要使用 delete 操作析构一个框架窗口，而应该用 CWnd::DestroyWindow 函数。CFrameWnd 类实现的 PostNcDestroy 会在窗体被析构时删除 C++对象。当用户关闭框架窗口时，默认 OnClose 函数处理会调用 DestroyWindow 函数。

要为应用程序构造特别的框架窗口，可从 CFrameWnd 类中派生用户的类。一个从 CFrameWnd 类中派生出的框架窗口类必须由 DECLARE_DYNCREATE 声明，以使上面的 RUNTIME_CLASS 机制正确运行。

2. CMDIFrameWnd 类

CMDIFrameWnd 类派生于 CFrameWnd 类，用于 MDI 应用程序的主框架窗口，是所有 MDI 文档子窗口的容器，并与子窗口共享菜单。

CMDIFrameWnd 类从 CFrameWnd 类中继承了大部分默认用法，同时增加了一些成员，主要有 MDIActivate(激活另一个 MDI 子窗口)、MDIGetActive(得到目前的活动子窗口)、MDINext(激活目前活动子窗口的下一子窗口并将当前活动子窗口排入所有子窗口末尾)等。CMDIFrameWnd 类中的另一个重要的函数是 OnCreateClient，这是子框架窗口的创造者。函数源码可以在 WinMdi.cpp 文件中找到。

```
BOOL CMDIFrameWnd::OnCreateClient(LPCREATESTRUCT lpcs, CCreateContext*)
{
    CMenu* pMenu = NULL;
        if (m_hMenuDefault == NULL)
        {
            pMenu = GetMenu();
```

```
        ASSERT(pMenu != NULL);
        int iMenu = pMenu->GetMenuItemCount() - 2;
        ASSERT(iMenu >= 0);
        pMenu = pMenu->GetSubMenu(iMenu);
        ASSERT(pMenu != NULL);
    }
    return CreateClient(lpcs, pMenu);
}
```

其中真正起核心作用的是对函数 CreateClient 的调用。

```
BOOL CMDIFrameWnd::CreateClient(LPCREATESTRUCT lpCreateStruct,
CMenu* pWindowMenu)
{
    ASSERT(m_hWnd != NULL);
    ASSERT(m_hWndMDIClient == NULL);
    DWORD dwStyle = WS_VISIBLE | WS_CHILD | WS_BORDER |
        WS_CLIPCHILDREN | WS_CLIPSIBLINGS |
        MDIS_ALLCHILDSTYLES;
    DWORD dwExStyle = 0;
    if (afxData.bWin4)
    {
        // special styles for 3d effect on Win4
        dwStyle &= ~WS_BORDER;
        dwExStyle = WS_EX_CLIENTEDGE;
    }
    CLIENTCREATESTRUCT ccs;
    ccs.hWindowMenu = pWindowMenu->GetSafeHmenu();
    ccs.idFirstChild = AFX_IDM_FIRST_MDICHILD;
    if (lpCreateStruct->style & (WS_HSCROLL|WS_VSCROLL))
    {
        dwStyle |= (lpCreateStruct->style & (WS_HSCROLL|WS_VSCROLL));
        ModifyStyle(WS_HSCROLL|WS_VSCROLL, 0,
                SWP_NOREDRAW|SWP_FRAMECHANGED);
    }
    if ((m_hWndMDIClient = ::CreateWindowEx(dwExStyle, _T("mdiclient"),
            NULL,dwStyle, 0, 0, 0, 0, m_hWnd, (HMENU)AFX_IDW_PANE_FIRST,
            AfxGetInstanceHandle(), (LPVOID)&ccs)) == NULL)
    {
        TRACE(_T("Warning: CMDIFrameWnd::OnCreateClient: failed to create
            MDICLIENT.")
        _T(" GetLastError returns 0x%8.8X\n"), ::GetLastError());
        return FALSE;
    }
    ::BringWindowToTop(m_hWndMDIClient);
    return TRUE;
}
```

注意：尽管 MDIFrameWnd 类由 CFrameWnd 类派生，但由 CMDIFrameWnd 类派生的框架窗口不必由 DECLARE_DYNCREATE 来声明。

3. CMDIChildWnd 类

CMDIChildWnd 类也派生于 CFrameWnd 类，提供了 MDI 子窗口及用于管理窗口的成员，用于在 MDI 主框架窗口中显示打开的文档。每个视图都有一个对应的子框架窗口，子框架窗口包含在主框架窗口中，并使用主框架窗口的菜单。

CMDIChildWnd 类的一个重要函数是 GetMDIFrame，返回目前 MDI 客户窗口的父窗口，源码如下：

```
CMDIFrameWnd* CMDIChildWnd::GetMDIFrame()
{
    ASSERT_KINDOF(CMDIChildWnd, this);
    ASSERT(m_hWnd != NULL);
    HWND hWndMDIClient = ::GetParent(m_hWnd);
    ASSERT(hWndMDIClient != NULL);
    CMDIFrameWnd* pMDIFrame;
    pMDIFrame =
        (CMDIFrameWnd*)CWnd::FromHandle(::GetParent(hWndMDIClient));
    ASSERT(pMDIFrame != NULL);
    ASSERT_KINDOF(CMDIFrameWnd, pMDIFrame);
    ASSERT(pMDIFrame->m_hWndMDIClient == hWndMDIClient);
    ASSERT_VALID(pMDIFrame);
    return pMDIFrame;
}
```

CMDIChildWnd 类与 CMultiDocTemplate 类相关联，来自于同一文档模板的多个对象共享同一个菜单；当前活动的 MDI 子窗口菜单完全替换了 MDI 框架窗口的菜单。

MDI 子窗口与典型的框架窗口非常相似，唯一的区别在于 MDI 子窗口是出现在 MDI 框架窗口中，而不是在桌面上。

5.2.6 文档、文档模板、视图类和框架类的关系

前面分别讲解了文档类、文档模板、视图类和框架类，可以将它们的联系概括为以下几点。

(1) 文档保留该文档的视图列表和指向创建该文档的文档模板的指针；文档至少有一个相关联的视图，而视图只能与一个文档相关联。

(2) 视图保留指向其文档的指针，并被包含在其父框架窗口中。

(3) 文档框架窗口(包含视图的 MDI 子窗口)保留指向其当前活动视图的指针。

(4) 文档模板保留其已打开文档的列表，维护框架窗口、文档及视图的映射。

(5) 应用程序保留其文档模板的列表。

可以通过一组函数让这些类之间相互可访问，表 5-5 给出这些函数。

表 5-5　文档类、文档模板、视图类和框架类的互相访问

从 该 对 象	如何访问其他对象
全局函数	调用全局函数 AfxGetApp 可以得到 CWinApp 应用类指针
应用	AfxGetApp()->m_pMainWnd 为框架窗口指针； 用 CWinApp::GetFirstDocTemplatePostion、CWinApp::GetNextDocTemplate 来遍历所有文档模板

从 该 对 象	如何访问其他对象
文档	调用 CDocument::GetFirstViewPosition，CDocument::GetNextView 遍历所有视图；调用 CDocument::GetDocTemplate 获取文档模板指针
文档模板	调用 CDocTemplate::GetFirstDocPosition、CDocTemplate::GetNextDoc 遍历所有文档
视图	调用 CView::GetDocument 得到对应的文档指针；调用 CView::GetParentFrame 获取框架窗口
文档框架窗口	调用 CFrameWnd::GetActiveView 获取当前得到当前活动视图指针；调用 CFrameWnd::GetActiveDocument 获取附加到当前视图的文档指针
MDI 框架窗口	调用 CMDIFrameWnd::MDIGetActive 获取当前活动的 MDI 子窗口(CMDIChildWnd)

举一个例子，综合应用表 5-5 中的函数写一段代码，它能完成遍历文档模板、文档和视图的功能：

```
CMyApp *pMyApp = (CMyApp*)AfxGetApp(); //得到应用程序指针
POSITION p = pMyApp->GetFirstDocTemplatePosition();//得到第 1 个文档模板
while (p != NULL) //遍历文档模板
{
    CDocTemplate *pDocTemplate = pMyApp->GetNextDocTemplate(p);
    POSITION p1 = pDocTemplate->GetFirstDocPosition();
    //得到文档模板对应的第 1 个文档
    while (p1 != NULL) //遍历文档模板对应的文档
    {
        CDocument *pDocument = pDocTemplate->GetNextDoc(p1);
        POSITION p2 = pDocument->GetFirstViewPosition();
        //得到文档对应的第 1 个视图
        while (p2 != NULL) //遍历文档对应的视图
        {
            CView *pView = pDocument->GetNextView(p2);
        }
    }
}
```

5.3　视 图 分 割

所谓视图分割，是指将窗口分割成几个部分，每个部分代表一个视图，又称窗格。图 5.10 所示为 Windows 下资源管理器的经典界面。

图 5.10　视图分割示例

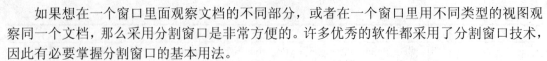

如果想在一个窗口里面观察文档的不同部分，或者在一个窗口里用不同类型的视图观察同一个文档，那么采用分割窗口是非常方便的。许多优秀的软件都采用了分割窗口技术，因此有必要掌握分割窗口的基本用法。

分割窗口分为两类：动态分割窗口和静态分割窗口。

5.3.1 动态分割

所谓动态分割，是指用户可以动态的分割窗口。Microsoft Word 就是动态分割窗口的典型例子。

动态分割最多可使窗口分为 2 行×2 列个窗格。要使文档/视图结构程序支持窗口的动态分割，可以有 3 种方法。

1．在用 AppWizard 创建应用程序框架时就指定窗口分割风格

在 MFC AppWizard-Step 4 of 6 对话框中，单击 Advanced 按钮。弹出 Advanced Options 对话框，选择 Window Styles 选项卡。如图 5.5 所示，选中 Use split window 复选框，这样生成的应用程序就自动支持分割窗口功能。前面已经做了这一步。

如果应用程序已经生成，采用这种方法就不合适了。此时，可以使用下面的两种方法。

2．使用 Component Gallery 为已经生成的应用程序增加分割窗口功能

打开相应的工程文件。选择 Project/Add To Project/Components and Controls 菜单项，如图 5.11 所示。

图 5.11　选择"Project/Add To Project/Components and controls"菜单

弹出 Components and Controls Gallery 对话框，如图 5.12 所示。

双击 VisualC++ Components 目录，从该目录下选择 Splitter Bar 元件，如图 5.13 所示。

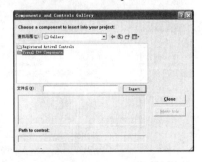

图 5.12　添加 VC++元件(1)　　　　　　　图 5.13　添加 VC++元件(2)

单击 Insert 按钮，在确认框中单击"确定"按钮，表示需要插入该控件，如图 5.14 所示。

弹出 Splitter Bar 对话框，对话框内有 3 个选项：Horizontal，Vertical 和 Both，用于指定在水平方向、垂直方向还是两个方向都使用分割窗口，如图 5.15 所示。

图 5.14 添加确认

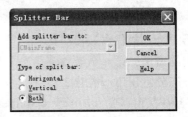

图 5.15 设置分割类型

选中 Both 单选按钮，单击 OK 按钮关闭 Splitter Bar 对话框，此时 Component Gallery 就将分割窗口功能添加到了 Draw 程序中。再单击 Close 按钮关闭 Components and Controls Gallery 对话框。

观察 CMainFrame 类的头文件，发现增加了以下内容：

```
protected:
    CSplitterWnd m_wndSplitter;
    virtual BOOL OnCreateClient(LPCREATESTRUCT lpcs,
        CCreateContext* pContext);
```

m_wndSplitter 是一个 CSplitterWnd 类的对象。CSplitterWnd 是 MFC 提供的一个类，它提供了窗格分割控制，以及能被所有同一行或列上的窗格共享的滚动条。这些行和列的值都是从 0 开始的整数，第一个窗格的行数和列数都为 0。

这里需要重载框架窗口的 OnCreateClient 函数。在该函数内部，创建了分割窗口控制：

```
BOOL CMainFrame::OnCreateClient(LPCREATESTRUCT /*lpcs*/,
    CCreateContext* pContext)
{
    return m_wndSplitter.Create(this,
        2, 2,                    //2行2列
        CSize(10, 10),       //窗格面板大小
        pContext);
}
```

CSplitterWnd::Create 函数有 5 个参数：第 1 个参数代表父窗口指针，第 2 个参数和第 3 个参数告诉 CSplitterWnd 要多少行、多少列的窗格，第 4 个参数是一个 CSize 类型的数据，用于指定窗格的最小大小。

3．手工加入分割代码

在需要分割视图的框架窗口中手工加入一个 CSplitterWnd 类型的数据成员；用 ClassWizard 重载框架窗口的 OnCreateClient 函数，再在其中加入上面的代码即可。

5.3.2 静态分割

静态分割窗口是指在窗口创建时就已经分割好了，所得窗格的数量和顺序都不会再改

变，用户仅可以拖动分割条调整相应窗格的大小。

静态分割窗口一般使用 CSplitterWnd::CreateStatic 函数。函数原型如下：

```
BOOL CreateStatic( CWnd* pParentWnd, int nRows, int nCols,
    DWORD dwStyle = WS_CHILD | WS_VISIBLE, UINT nID = AFX_IDW_PANE_FIRST );
```

第 1 个参数代表父窗口指针；第 2 个参数和第 3 个参数告诉 CSplitterWnd 要多少行、多少列的窗格；第 4 个参数、第 5 个参数指定边框类型和 ID 标识符。

静态分割窗口一般分 3 步。

(1) 在父窗口中添加一个 CSplitterWnd 变量。

(2) 重载父窗口的 OnCreateClient 函数。

(3) 在 CFrameWnd::OnCreateClient 函数中调用 CreateStatic 函数。

下面使用静态分割方法，将视图窗口分割为上下两个窗格：

```
BOOL CMainFrame::OnCreateClient(LPCREATESTRUCT /*lpcs*/,
CCreateContext* pContext)
{
    //分成上下两个视图：
    m_wndSplitter.CreateStatic(this, 2, 1);      //分为 2 行 1 列
    m_wndSplitter.CreateView(0, 0,               //第 1 行 1 列
        pContext->m_pNewViewClass,
        CSize(200,100), pContext);
    m_wndSplitter.CreateView(0, 1,               //第 2 行 1 列
        RUNTIME_CLASS(CEx5_1View),
        CSize(200, 500),pContext);
    m_wndSplitter.SetActivePane(0, 0);           //设置第 1 行 1 列窗格为活动窗格
    return TRUE;
}
```

编译运行程序，结果如图 5.16 所示。

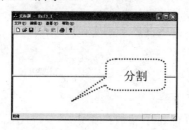

图 5.16　视图水平分割效果图

5.4　将对话框与文档/视图关联

5.3 节将窗体分割为上下两个窗格，可以对应不同的视图。本节就来介绍如何将第 4 章创建的 IDD_MainDlg 对话框显示在其中的一个窗格中。

5.4.1　对话框模板复用

为了简化设计步骤，将第 4 章 Ex4_1 工程中对话框模板资源复制到本章的 Ex5_1 工程

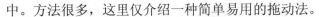

中。方法很多,这里仅介绍一种简单易用的拖动法。

(1) 打开 Ex5_1 工程。

(2) 选择 Project/Insert Projects into Workspace 菜单项,打开 Insert Projects into Workspace 对话框,选择需要加载的 Ex4_1 工程,如图 5.17 所示。

单击 OK 按钮返回,将 Ex4_1 工程添加到当前工作区中,如图 5.18 所示。

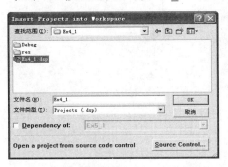
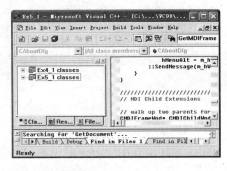

图 5.17　选择要添加的工程项目　　　　图 5.18　存在两个工程

(3) 切换到 ResourceView,打开对话框资源。选择 Ex4_1 中需要复制的 3 个对话框,依次拖动到 Ex5_1 中对应的 Dialog 下,即可实现对话框资源的复用。如图 5.19 所示。

注意:原 IDD_MainDlg 对话框不能直接复制过来,因为该对话框将显示在视图窗格中,必须特殊处理才行。

(4) 再切换到文件视图(FileView),选中 Ex4_1 files,选择 Edit/Delete 菜单项,或者按 Del 键,将添加的 Ex4_1 工程从工作区中删除。

(5) 添加对话框资源的.h 文件和.cpp 文件

选择 Project/Add To Project/Files 菜单项,打开 Insert Files into Project 对话框,将需要添加的文件添加进 Ex5_1 工程,如图 5.20 所示。

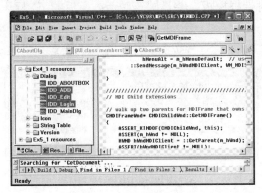

图 5.19　复制对话框资源　　　　图 5.20　选择要添加的文件

切换到工作区类视图,即可看见刚添加进来的 3 个对话框类。如果工作区中不显示这 3 个类,可以重新打开 Ex5_1 工程即可显示。

(6) 同第 4 章一样,在 CEx5_1App 类中声明 10 个变量,对应于学生的 10 个信息:

```
class CEx5_1App : public CWinApp
{
public:
```

```
        CString XH;
        CString XM;
        CString XB;
        int NL;
        CString ZY;
        CString BJ;
        int YWCJ;
        int SXCJ;
        int YYCJ;
        CString TYCJ;
        …
    }
```

5.4.2　创建主对话框

(1) 启动 Insert Resource 对话框，按图 5.21 选择对话框类型。

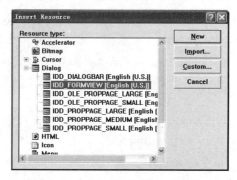

图 5.21　添加视图型对话框

单击 New 按钮，实现新添 FORMVIEW 对话框模板，并设置该对话框模板的 ID 标识符为 IDD_Main_FORMVIEW。

(2) 在对话框模板上放置一个列表视图控件 IDC_LIST1，按图 5.22～图 5.25 设置其属性。

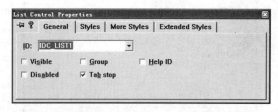

图 5.22　设置列表视图控件的 General 选项卡　　图 5.23　设置列表视图控件的 Styles 选项卡

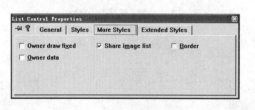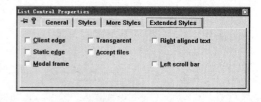

图 5.24　设置列表视图控件的 More Styles 选项卡　　图 5.25　设置列表视图控件的 Extended Styles 选项卡

(3) 为 IDD_Main_FORMVIEW 创建对应的对话框类 CMainDlg_View。

(4) 为列表视图控件声明 Control 型变量：m_ListCtrlx。

(5) 将原第 4 章 Ex4_1 工程中主对话框类的主要代码移植到 IDD_Main_FORMVIEW 中。

① 声明 3 个私有变量：

```
class CMainDlg_View : public CFormView
{
    ……
private:
    int Edit_SelIndex;
    long m_Count;
    void AddItem();
};
```

② 设计一个公有成员函数 CMainDlg_View::IniMainDlgView，专门用于数据初始化，例如执行此函数后，有关控件才可见。

将原 Ex4_1 工程中 IDD_MainDlg 的 BOOL CEx4_1Dlg::OnInitDialog 函数的部分代码复制到该函数中：

```
void CMainDlg_View::IniMainDlgView()
{
    m_Count=-1;
    //初始化列表控件
    CString tempColName[10]={"学号","姓名","性别","年龄","班级","专业",
        "语文成绩","数学成绩","英语成绩","体育成绩"};
    CRect rect;
    GetClientRect(&rect);      //获取窗格矩形区域大小
    m_ListCtrlx.SetWindowPos(NULL,0,0,rect.Width(),rect.Height(),
  SWP_SHOWWINDOW);
    m_ListCtrlx.SetExtendedStyle(LVS_EX_FULLROWSELECT|
        LVS_EX_GRIDLINES);
    for(int i=0;i<10;i++)
    {
        m_ListCtrlx.InsertColumn(i,tempColName[i]);
        m_ListCtrlx.SetColumnWidth(i,100);
    }
}
```

同理，再添加 3 个公有成员函数，分别用于实现"添加"、"编辑"和"删除"等功能：

```
void CMainDlg_View::Menu_Add()
{
    CAddDlg  addDlg;
    if(addDlg.DoModal()==IDOK)
    {
        m_Count++;
        CEx5_1App *app=( CEx5_1App*)AfxGetApp();
        m_ListCtrlx.InsertItem(m_Count,app->XH,0);
        m_ListCtrlx.SetItemText(m_Count,1,app->XM);
        m_ListCtrlx.SetItemText(m_Count,2,app->XB);
```

```
            CString TempStr;
            TempStr.Format("%d",app->NL);
            m_ListCtrlx.SetItemText(m_Count,3,TempStr);
            m_ListCtrlx.SetItemText(m_Count,4,app->BJ);
            m_ListCtrlx.SetItemText(m_Count,5,app->ZY);
            TempStr.Format("%d",app->YWCJ);
            m_ListCtrlx.SetItemText(m_Count,6,TempStr);
            TempStr.Format("%d",app->SXCJ);
            m_ListCtrlx.SetItemText(m_Count,7,TempStr);
            TempStr.Format("%d",app->YYCJ);
            m_ListCtrlx.SetItemText(m_Count,8,TempStr);
            m_ListCtrlx.SetItemText(m_Count,9,app->TYCJ);
        }
}
void CMainDlg_View::Menu_Edit()
{
    CEditDlg  EditDlg;
    if(EditDlg.DoModal()==IDOK)
    {
        CEx5_1App *app=( CEx5_1App*)AfxGetApp();
        m_ListCtrlx.SetItemText(Edit_SelIndex,1,app->XM);
        m_ListCtrlx.SetItemText(Edit_SelIndex,2,app->XB);
        CString TempStr;
        TempStr.Format("%d",app->NL);
        m_ListCtrlx.SetItemText(Edit_SelIndex,3,TempStr);
        m_ListCtrlx.SetItemText(Edit_SelIndex,4,app->BJ);
        m_ListCtrlx.SetItemText(Edit_SelIndex,5,app->ZY);
        TempStr.Format("%d",app->YWCJ);
        m_ListCtrlx.SetItemText(Edit_SelIndex,6,TempStr);
        TempStr.Format("%d",app->SXCJ);
        m_ListCtrlx.SetItemText(Edit_SelIndex,7,TempStr);
        TempStr.Format("%d",app->YYCJ);
        m_ListCtrlx.SetItemText(Edit_SelIndex,8,TempStr);
        m_ListCtrlx.SetItemText(Edit_SelIndex,9,app->TYCJ);
    }
    Edit_SelIndex=-1;
}
void CMainDlg_View::Menu_Delete()
{
    if(MessageBox("确实要删除吗?",
  "删除",MB_YESNO|MB_ICONQUESTION)==IDYES)
    {
        m_ListCtrlx.DeleteItem(Edit_SelIndex);
        m_Count--;
    }
    Edit_SelIndex=-1;
}
```

③ 编写列表视图控件的 CLICK 事件响应函数：

```
void CMainDlg_View::OnClickList1(NMHDR* pNMHDR, LRESULT* pResult)
```

```
{
    POSITION pos = m_ListCtrlx.GetFirstSelectedItemPosition();
    CEx5_1App *app=( CEx5_1App*)AfxGetApp();
    if (pos == NULL)
    {
        MessageBox("没有选择任何行!\n");
        app->Is_Select=false;
    }
    else
    {
        app->Is_Select=true;
        while (pos)
        {
            Edit_SelIndex = m_ListCtrlx.GetNextSelectedItem(pos);
            app->XH=m_ListCtrlx.GetItemText(Edit_SelIndex,0);
            app->XM=m_ListCtrlx.GetItemText(Edit_SelIndex,1);
            app->XB=m_ListCtrlx.GetItemText(Edit_SelIndex,2);
            app->NL=atoi(m_ListCtrlx.GetItemText(Edit_SelIndex,3));
            app->BJ=m_ListCtrlx.GetItemText(Edit_SelIndex,4);
            app->ZY=m_ListCtrlx.GetItemText(Edit_SelIndex,5);
            app->YWCJ=atoi(m_ListCtrlx.GetItemText(Edit_SelIndex,6));
            app->SXCJ=atoi(m_ListCtrlx.GetItemText(Edit_SelIndex,7));
            app->YYCJ=atoi(m_ListCtrlx.GetItemText(Edit_SelIndex,8));
            app->TYCJ=m_ListCtrlx.GetItemText(Edit_SelIndex,9);
        }
    }
    *pResult = 0;
}
```

5.4.3　将对话框与视图关联

修改 CMainFrame::OnCreateClient 函数，将 CMainDlg_View 显示在视图窗格中：

```
BOOL CMainFrame::OnCreateClient(LPCREATESTRUCT /*lpcs*/,
    CCreateContext* pContext)
{
    m_wndSplitter.CreateStatic(this, 2, 1);
    m_wndSplitter.CreateView(0, 0, pContext->m_pNewViewClass,
        CSize(200,100), pContext);
    m_wndSplitter.CreateView(1, 0, RUNTIME_CLASS(CMainDlg_View),
        CSize(200, 500),pContext);
    m_wndSplitter.SetActivePane(1, 0);        //设置下面的窗格为活动窗格
    return TRUE;
}
```

编译并运行程序，结果如图 5.26 所示。

5.4.4　文本显示

图 5.26 中，在下一个窗格中显示列表视图控件，按照一般思维习惯，应该在上一个窗格中显示一句话，如"简易学生管理系统"等，起到类似标题的作用。下面就来简单讨论

如何实现这样的功能，涉及的具体细节读者可参阅相关文献资料。

根据前面的视图分割方法，上一个窗格对应的是 CEx5_1View 类。为此，将文本输出任务交由该类的 CEx5_1View::OnDraw(CDC* pDC) 函数来完成，代码如下：

```
void CEx5_1View::OnDraw(CDC* pDC)
{
    CEx5_1Doc* pDoc = GetDocument();
    ASSERT_VALID(pDoc);
    pDC->TextOut(430,30,"简易学生管理系统"); //输出文本
}
```

运行程序后，显示如图 5.27 所示的效果。

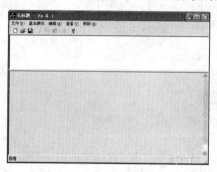

图 5.26　运行效果图(1)

图 5.27　运行效果图(2)

5.5　菜　单　设　计

至此已经把对话框放置在了视图窗格上，但由于舍弃了 3 个按钮，原有的"添加"、"编辑"、"删除"功能就无法实现了。也就是说对话框没有了交互功能。其实 MFC 提供了丰富的用户交互功能，如菜单、工具按钮及状态栏等。本节简单介绍菜单交互功能。

Windows 系统支持 3 种类型的菜单，分别是菜单栏(主菜单)、弹出式菜单和上下文菜单。菜单栏横放在窗口的顶部，是应用程序的最高层菜单；弹出式菜单是从主菜单下弹出的菜单；而上下文菜单则是通过单击鼠标右键弹出的自由浮动菜单，如图 5.28 所示。

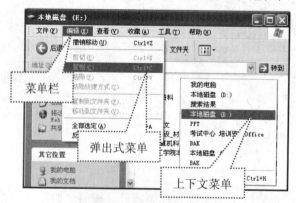

图 5.28　Windows 系统菜单分类

5.5.1　菜单类 CMenu

菜单由菜单类 CMenu 定义。CMenu 类从 CObject 类派生而来，是对 Windows HMENU 的封装结果，提供了完善的成员函数以用于创建、追踪、更新及销毁菜单。

这里简单列出菜单类的操作方法，不做深入讨论，使用时再相应介绍。表 5-6 列出了菜单类的操作方法。

表 5-6　菜单类的操作方法

方　法	涵　义
Attach()	把一个标准的 Windows 菜单句柄附加到 CMenu 对象上
CreataMenu()	创建一个空菜单并把它附加到 CMenu 对象上
CreataPopupMenu()	创建一个弹出式菜单并把它附加到 CMenu 对象上
DeleteTempMap()	删除由 FromHandle 构造函数创建的任何临时 CMenu 对象
DestroyMenu()	去掉附加到 CMenu 对象上的菜单并释放该菜单占有的任何内存
Detach()	从 CMenu 对象上拆开 Windows 菜单句柄并返回该句柄
FromHandle()	当给定 Windows 菜单句柄时，返回 CMenu 对象指针
GetSafeHmenu()	返回由 CMenu 对象封装的菜单句柄成员(m_hMenu)
LoadMenu()	从可执行文件装入菜单资源并把它附加到 CMenu 对象上
LoadMenuIndirect()	从内存中的菜单模板中装入菜单并把它附加到 CMenu 对象上

实际应用时，首先在本地的堆栈框架中创建一个 CMenu 对象，然后调用 CMenu 的成员函数来操纵所需的新菜单。接着，调用 CWnd::SetMenu 函数将窗口的菜单设置为新菜单，这将导致在窗口刷新后将影响菜单的改变，同时也将菜单的拥有者传递给窗口。SetMenu 成员函数又调用 Detach 函数，将把 HMENU 从 CMenu 对象中分离出来，以便当本地的 CMenu 变量超出范围后，CMenu 对象的构造函数将不会销毁不再拥有的菜单。当窗口销毁后，菜单自动销毁。

可以调用 LoadMenuIndirect 成员函数在内存中创建来自模板的菜单，不过通过调用 LoadMenu 创建的菜单更容易维护，并且这种菜单资源本身也可以由菜单编辑器创建或修改。

菜单项操作方法是用来处理实际菜单项的，是对菜单操作方法的补充，见表 5-7。

表 5-7　菜单项的操作方法

方　法	涵　义
AppendMenu()	把一个新项加到给定的菜单的末端
CheckMenuItem()	设置或取消菜单项的校验标记
CheckMenuRadioItem()	在菜单项旁边设置或取消一个单选按钮
EnableMenuItem()	激活菜单项或禁止菜单项并使其变灰
GetMenuContextHelpId()	检索与菜单结合的帮助上下文 ID
GetMenuItemCount()	在弹出式或顶层菜单中获得项的成员
GetMenuItemId()	为设置在指定位置的菜单项获得菜单项标识符
GetMenuState()	获得指定菜单项的状态或弹出式菜单中的菜单项成员
GetMenuString()	获得指定菜单项的标记

方　　法	涵　　义
GetSubMenu()	获得指向弹出式菜单的指针
InsertMenu()	在指定位置插入新的菜单项，并把其他项向下移
ModifyMenu()	在指定位置改变已存在的菜单项
RemoveMenu()	从指定菜单删除与弹出式菜单结合的菜单项
SetMenuContextHelpId()	设置与菜单有关的帮助上下文 ID
SetMenuItemBitmaps()	与菜单项有关的指定校验标记位图

5.5.2　菜单资源设计

菜单实际上也是一种资源，在资源脚本中经常被存做一个模板，用户通常从菜单栏中选择命令来操作应用程序。菜单主要由菜单栏、菜单、菜单项、子菜单、分隔条 5 部分组成。

(1) 菜单栏：出现在窗体的标题栏下方，包含一个或多个菜单标题。当单击一个菜单标题时，它包含的菜单项的列表就下拉显示出来。

(2) 菜单：是单击菜单栏上的菜单标题时出现的命令列表。

(3) 菜单项：菜单的每个列表项称为一个菜单项，每个菜单项至少包括一个命令。菜单项可以是菜单命令、分隔条和子菜单标题。其中子菜单又称"级联"菜单，是从一个菜单项分支出来的菜单。凡是带子菜单的菜单项，其后面都有一个箭头；而分隔条是菜单项之间的一条水平线，将同一个菜单条下的菜单项进行分组。

对于本例来说，在工作区窗口切换到 ResourceView，打开工程的资源列表，选中 Menu 资源项目下的 IDR_MAINFRAME，双击该项或单击鼠标右键，然后在弹出菜单中选择 Open 选项，打开菜单资源编辑器，可以看到应用程序默认定义的菜单资源形式，它包含"文件"、"编辑"、"查看"、"帮助" 4 个默认菜单，如图 5.29 所示。

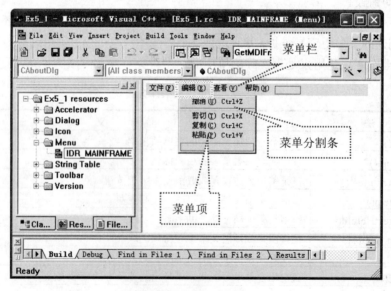

图 5.29　菜单资源编辑器

　　VC++应用程序的资源虽然由应用程序使用，但实际却是在程序之外定义的只读数据。由于菜单是一种资源，因而可以利用文本编辑器来创建和修改资源，也可以通过可视化的资源编辑器来进行编辑。

　　可以对菜单资源进行添加或删除。如果要删除某菜单项，选中它，按 Delete 键即可。按 Ins 键，则在当前位置添加一空白菜单，呈现一个带虚框的矩形。双击该矩形框或按回车键，弹出一个属性设置对话框。属性设置对话框用于输入菜单项的标题、标识符、菜单项在状态栏上显示的提示(Prompt)。

　　例如图 5.30 在"文件"菜单下新建了一个菜单项"初始化"。

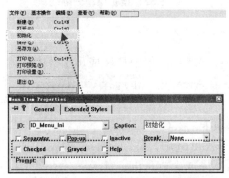

图 5.30　菜单编辑器和属性对话框

　　如果新建一个下拉菜单项，如"基本操作"，则按图 5.31 设置菜单属性。

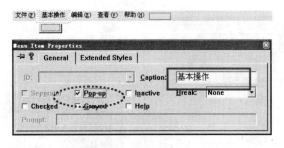

图 5.31　设置下拉菜单

　　这样一来就可以在该下拉菜单下再添加菜单项。按表 5-8 设置 3 个子菜单项。

表 5-8　自定义菜单属性设置

ID	Caption
ID_Menu_Add	添加
ID_Menu_Edit	修改
ID_Menu_Delete	删除

　　要插入一个分隔线，只需将菜单项的 Separator 属性打开即可，如图 5.32 所示。

　　注意：Visual Studio 支持鼠标拖曳调整菜单项的位置。要调整菜单项位置，只需要选中某菜单项并将其拖至适当位置即可。

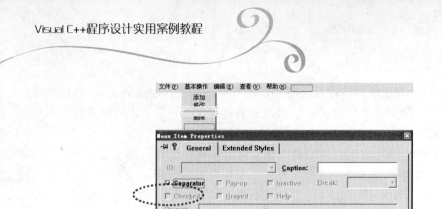

图 5.32　设置菜单分隔线

5.5.3　建立菜单消息映射

可利用 ClassWizard 为程序增加菜单消息和成员函数的映射。

以"添加"菜单为例。在 View 菜单下选择 ClassWizard，弹出 MFC ClassWizard 对话框，如图 5.33 所示。

选择 Message Maps 选项卡，在 Class Name 下拉列表中选择 CMainFrame 类。在 Object IDs 列表框中选择 ID_Menu_Add 选项，在 Messages 列表框中选择 COMMAND 选项，单击 Add Function 按钮弹出 Add Member Function 对话框，如图 5.34 所示。

对话框中给出默认的成员函数 OnMenuAdd，单击 OK 按钮接收默认的成员函数名。返回图 5.33，此时 OnMenuAdd 成员函数出现在 Member functions 列表框中，后面跟所映射的消息。

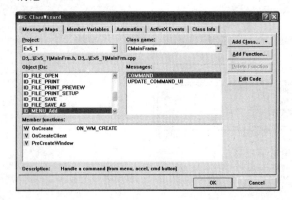

图 5.33　设置菜单 Command 消息

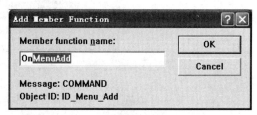

图 5.34　设置菜单消息响应函数名称

单击 Edit Code 按钮，进入代码编辑界面，可以编辑 OnMenuAdd 成员函数。

```
void CMainFrame::OnMenuAdd()
{
    CMainDlg_View *Temp_View=
        (CMainDlg_View *)m_wndSplitter.GetActivePane();
    Temp_View->Menu_Add(); //调用 CMainDlg_View 类的公有函数 Menu_Add
}
```

同理，编写"修改"、"删除"、"初始化"菜单代码：

```
void CMainFrame::OnMenuEdit()
```

```
{
    CMainDlg_View *Temp_View=
        (CMainDlg_View *)m_wndSplitter.GetActivePane();
    Temp_View->Menu_Edit();//调用 CMainDlg_View 类的公有函数 Menu_Edit
}
void CMainFrame::OnMenuDelete()
{
    CMainDlg_View *Temp_View=
        (CMainDlg_View *)m_wndSplitter.GetActivePane();
    Temp_View->Menu_Delete();//调用 CMainDlg_View 类的公有函数 Menu_ Delete
}
void CMainFrame::OnMenuIni()
{
    CMainDlg_View *Temp_View=
        (CMainDlg_View *)m_wndSplitter.GetActivePane();
    Temp_View->IniMainDlgView();    //调用 CMainDlg_View 类的
                                    //公有函数 IniMainDlgView
}
```

添加的 4 个菜单功能之间互相牵连，例如在"初始化"之前，数据显示界面尚未出现，"添加"、"修改"和"删除"菜单应该不能使用，即禁用；而在"初始化"之后，用户首先只能"添加"信息，只有当用户选择列表视图中的某一行后，才能进行"修改"和"删除"操作。

根据上面的分析，需要及时控制菜单的"使能"与"禁用"状态，这就用到了菜单的更新命令用户接口(UI)消息。

5.5.4　更新命令用户接口消息

在 ClassWizard 的 Message Map 选项卡中，如果选择一个菜单 ID，在 Messages 列表框中就会出现两项：

```
COMMAND
UPDATE_COMMAND_UI
```

其中 UPDATE_COMMAND_UI 就是更新命令用户接口消息，专门用于处理菜单项和工具条按钮的更新。每一个菜单项都对应于一个更新命令用户接口消息。可以为更新命令用户接口消息编写消息处理函数来处理用户接口(包括菜单和工具条按钮)的更新。如果一条命令有多个用户接口对象(比如一个菜单项和一个工具条按钮)，两者都被发送给同一个处理函数。这样，对于所有等价的用户接口对象来说，可以把用户接口更新代码封装在同一地方。

为了理解用户接口更新机制，来看一下应用框架是如何实现用户接口更新的。当选择 Edit 菜单时，将产生一条 WM_INITMENUPOPUP 消息。框架的更新机制将在菜单拉下之前集体更新所有的项，然后再显示该菜单。

为了更新所有的菜单项，应用框架按标准的命令发送路线把该弹出式菜单中的所有菜单项的更新命令都发送出去。通过匹配命令和适当的消息映射条目(形式为 ON_UPDATE_COMMAND_UI)，并调用相应的更新处理器函数，就可以更新任何菜单项。

如果菜单项的命令 ID 有一个更新处理器，它就会被调用进行更新；如果不存在，则框架检查该命令 ID 的处理函数是否存在，并根据需要使菜单有效或无效。

如果在命令发送期间找不到对应于该命令的 ON_UPDATE_COMMAND_UI 项，那么框架就检查是否存在一个命令的 ON_COMMAND 项，如果存在，则使该菜单有效，否则就使该菜单无效(灰化)。这种更新机制仅适用于弹出式菜单，对于顶层菜单如 File 菜单和 Edit 菜单，就不能使用这种更新机制。当框架给处理函数发送更新命令时，它给处理函数传递一个指向 CCmdUI 对象的指针。这个对象包含了相应的菜单项或工具条按钮的指针。更新处理函数利用该指针调用菜单项或工具条的命令接口函数来更新用户接口对象(包括灰化，使，使能，选中菜单项和工具条按钮等)。

为了便于描述问题和实现编程，首先声明 3 个标志变量：

```
class CMainFrame : public CFrameWnd
{
......
private:
    bool Is_Ini;            //1.表示是否初始化
};
class CEx5_1App : public CWinApp
{
public:
    bool Is_Select;         //表示是否选择了列表视图的某一行
......
};
```

分别对这两个标志变量进行初始化：

```
CMainFrame::CMainFrame()
{
    Is_Ini=false;
}
CEx5_1App::CEx5_1App()
{
    Is_Select=false;
}
```

下面使用前面的例子演示如何使用用户接口更新机制。编写响应"添加"菜单的更新命令用户接口消息函数，如图 5.35 所示。

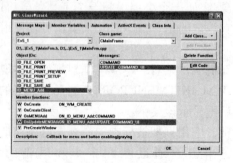

图 5.35　菜单更新消息

编写 OnUpdateMenuAdd 函数代码：

```
void CMainFrame::OnUpdateMenuAdd(CCmdUI* pCmdUI)
{
    pCmdUI->Enable(Is_Ini);
}
```

同理编写 OnUpdateMenuEdit 函数和 OnUpdateMenuDelete 函数：

```
void CMainFrame::OnUpdateMenuEdit(CCmdUI* pCmdUI)
{
    CEx5_1App *app=( CEx5_1App*)AfxGetApp();
    pCmdUI->Enable(app->Is_Select&&Is_Ini);
}
void CMainFrame::OnUpdateMenuDelete(CCmdUI* pCmdUI)
{
    CEx5_1App *app=( CEx5_1App*)AfxGetApp();
    pCmdUI->Enable(app->Is_Select&&Is_Ini);
}
void CMainFrame::OnMenuIni()                 //修改 CMainFrame::OnMenuIni 函数
{
    CMainDlg_View *Temp_View=
        (CMainDlg_View *)m_wndSplitter.GetActivePane();
    Temp_View->IniMainDlgView();
    Is_Ini=true;
}
```

修改 CMainDlg_View::OnClickList1(NMHDR* pNMHDR, LRESULT* pResult)函数：

```
void CMainDlg_View::OnClickList1(NMHDR* pNMHDR, LRESULT* pResult)
{
    ……
    else
    {
        CEx5_1App *app=( CEx5_1App*)AfxGetApp();
    app->Is_Select=true;
        while (pos)
        {
            ….
        }
    }
    *pResult = 0;
}
```

5.6　定制序列化

前面创建的 Ex5_1 工程中也已经实现了学生信息的添加、修改与删除，但不能保存数据，随着程序结束，数据也随之丢失。这显然不是读者所希望的。本章介绍一种序列化技术。MFC 类可以序列化自己，将自己写入磁盘或从磁盘文件中读取二进制数据来建立对象。

标准 MFC 类功能比较单一，在实际使用中常定义用户自己的类。

下面，创建一个自定义类 CStudent，并使其支持序列化输入/输出功能。

5.6.1 创建学生类 CStudent

1．新建类 CStudent

如图 5.36 所示，切换到类视图，选择 Ex5_1 Classes 类，单击鼠标右键，在弹出的快捷菜单中选择 New Class 选项。

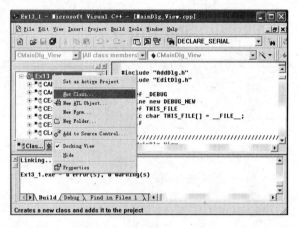

图 5.36　打开新建类菜单

弹出 New Class 对话框，按图 5.37 设置类属性。

在 New Class 对话框中的 Class type 下拉列表中选择 Generic Classes 选项，类名为 CStudent，单击 Base class(es)列表框的第一行，输入 CObject 作为基类。

单击 OK 按钮，在接着出现的消息框中单击 OK 按钮，则在当前系统中增加了一个 CStudent 类，这可以从 ClassView 中看到，如图 5.38 所示。

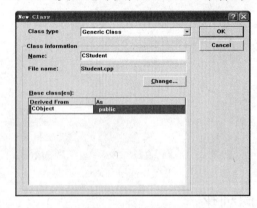

图 5.37　设置新类属性

图 5.38　添加新类

2．为 CStudent 类添加数据成员和成员函数

CStudent 类是学生对象的抽象，包括学号、姓名、性别、年龄、专业、班级、语文成绩、数学成绩、英语成绩及体育成绩等信息。因此需要在 CStudent 类中设置相应的成员变

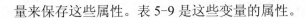

量来保存这些属性。表 5-9 是这些变量的属性。

表 5-9　自定义类的变量

变　量　名	数　据　类　型	涵　　义
XH	CString	学号
XM	CString	姓名
XB	CString	性别
NL	int	年龄
ZY	CString	专业
BJ	CString	班级
YWCJ	int	语文成绩
SXCJ	int	数学成绩
YYCJ	int	英语成绩
TYCJ	CString	体育成绩

另外，还要添加设置和获取这些属性的成员函数：

```
void SetStuXH(CString StuXH)          //设置学号
{XH=StuXH;}
void SetStuXM(CString StuXM)          //设置姓名
{XM=StuXM;}
void SetStuXB(CString StuXB)          //设置性别
{XB=StuXB;}
void SetStuNL(int StuNL)              //设置年龄
{NL=StuNL;}
void SetStuZY(CString StuZY)          //设置专业
{ZY=StuZY;}
void SetStuBJ(CString StuBJ)          //设置班级
{BJ=StuBJ;}
void SetStuYWCJ(int StuYWCJ)          //设置语文成绩
{YWCJ=StuYWCJ;}
void SetStuSXCJ(int StuSXCJ)          //设置数学成绩
{SXCJ=StuSXCJ;}
void SetStuYYCJ(int StuYYCJ)          //设置英语成绩
{YYCJ=StuYYCJ;}
void SetStuTYCJ(CString StuTYCJ)      //设置体育成绩
{TYCJ=StuTYCJ;}
CString GetStuXH()                    //获取学号
{return XH;}
CString GetStuXM()                    //获取姓名
{return XM;}
CString GetStuXB()                    //获取性别
{return XB;}
int GetStuNL()                        //获取年龄
{return NL;}
CString GetStuZY()                    //获取专业
{return ZY;}
CString GetStuBJ()                    //获取班级
{return BJ;}
```

```
int GetStuYWCJ()                        //获取语文成绩
{return YWCJ;}
int GetStuSXCJ()                        //获取数学成绩
{return SXCJ;}
int GetStuYYCJ()                        //获取英语成绩
{return YYCJ;}
CString GetStuTYCJ()                    //获取体育成绩
{return TYCJ;}
```

重载 **CStudent** 的拷贝构造函数，实现成员变量的初始化：

```
CStudent::CStudent(CStudent &Stu)
{
    XH=Stu.XH;
    XM=Stu.XM;
    XB=Stu.XB;
    NL=Stu.NL;
    ZY=Stu.ZY;
    BJ=Stu.BJ;
    YWCJ=Stu.YWCJ;
    SXCJ=Stu.SXCJ;
    YYCJ=Stu.YYCJ;
    TYCJ=Stu.TYCJ;
}
```

5.6.2 定制类的串行序列化

1. 在 CStudent 的类声明文件中，加入 DECLARE_SERIAL 宏

编译时，编译器将扩充该宏，这是序列化对象所必需的。

```
class CStudent : public CObject
{
public:
    DECLARE_SERIAL(CStudent);
    CStudent();
    ……
}
```

同时需要定义一个不带参数的构造函数。因为 MFC 在从磁盘文件载入对象状态并重建对象时，需要有一个默认的不带任何参数的构造函数。序列化对象将用该构造函数生成一个对象，然后调用 Serialize 函数，用重建对象所需的值来填充对象的所有数据成员变量。

构造函数可以声明为 public、protected 或 private。如果使它成为 protect 或 private，则可以确保它只被序列化过程所使用。

2. 添加 IMPLEMENT_SERIAL 宏

在类的实现文件 CStudent.cpp 开始处加入 IMPLEMENT_SERIAL 宏：

```
IMPLEMENT_SERIAL(CStudent, CObject, 1 )
```

IMPLEMENT_SERIAL 宏用于定义一个从 CObject 派生的可序列化类的各种函数。

其中，第 1 个和第 2 个参数分别代表可序列化的类名和该类的直接基类。

第 3 个参数是对象的版本号，它是一个大于或等于零的整数。MFC 序列化代码在将对象读入内存时检查版本号。如果磁盘文件上的对象的版本号和内存中的对象的版本号不一致，MFC 将抛出一个 CArchiveException 异常，阻止程序读入一个不匹配版本的对象。

3．重载 CStudent 类的 Serialize 函数

下面重载 Serialize 函数，并加入必要的代码，用以保存自定义类对象的数据成员到 CArctive 对象，以及从 CArctive 对象载入自定义类对象的数据成员状态。

在类定义文件中给出 Serialize 函数的定义，它包括对象的保存和载入两部分。前面已经提到，CArchive 类提供一个 IsStoring 成员函数指示是保存数据到磁盘文件还是从磁盘文件载入对象。

```
void CStudent::Serialize(CArchive &ar)
{
    if (ar.IsStoring())        //如果是"写"磁盘的话
    {
                                //依次写入学生对象的属性
        ar<<XH<<XM<<XB<<NL<<ZY<<BJ<<YWCJ<<SXCJ<<YYCJ<<TYCJ;
    }
    else                        //如果是"读"磁盘的话
    {
                                //依次读入学生对象的 4 个属性
        ar>>XH>>XM>>XB>>NL>>ZY>>BJ>>YWCJ>>SXCJ>>YYCJ>>TYCJ;
    }
}
```

对象的序列化实际上是通过调用对象中的数据成员的序列化来完成的。

5.6.3　文档 CEx5_1Doc 序列化

下面将对 CEx5_1Doc 文档类做些修改。

1．增加成员

在 CStudent 类中声明一个保护类变量：

```
CObArray m_oaStus;                              //存储学生信息的对象数组
```

CObArray 类是 MFC 中的一个对象数组类，可以动态调整大小，存放任何从 CObject 类派生的对象，例如 CStudent 对象。

再定义 3 个公有成员函数：

```
CStudent* CEx5_1Doc::AddStu(CStudent Stu)//增加一名学生
{
    CStudent *pStu=new CStudent(Stu);   //构造一个新学生
    m_oaStus.Add(pStu);                 //向对象数组 m_oaStus 中增加一个新学生
    //将文档标记为未保存(脏的,当关闭时,系统提示是否保存)
    SetModifiedFlag();
    return pStu;                        //返回所增加的学生
}
```

```
CStudent* CEx5_1Doc::GetStu(int nIndex) //取指定索引处的学生
{
    return (CStudent *)m_oaStus[nIndex];//从对象数组中取
}
int CEx5_1Doc::GetStuCount()                      //获取学生的个数
{
    return m_oaStus.GetSize();
        //取对象数组的大小, 对象数组是动态调整的, 其数组的大小就是当前元素的个数
}
```

2. 文档序列化

MFC 应用程序架构提供了数据序列化的方式来处理磁盘的存盘与打开, 序列化的大部分工作靠应用程序框架来完成, 所要做的就是重载文档类的序列化函数 Serialize。

由于文档类 CCSMDoc 的祖先类也是 CObject, 因此要想使文档中的数据(对象数组 m_oaStus)要想实现持久化, 也是通过类的序列化函数 Serialize 来实现的。

下面是该函数的实现:

```
void CEx5_1Doc::Serialize(CArchive& ar)
{
    m_oaStus.Serialize(ar);
    /*调用对象数组 CObArray 的序列化函数来完成,
    对象数组又调用该数组中的元素 CStudent 对象
    的序列化函数来完成,
    而 CStudent 的序列化函数在前面已经讲了*/
    if (ar.IsStoring())
    {
        // 普通成员变量的存盘, 因为该文档没有普通成员变量,
        //所以它不起作用
    }
    else
    {
        // 普通成员变量的读取
    }
}
```

5.6.4 修改菜单功能

在 CMainFrame 类中添加 CStudent 的对象 m_Stu:

```
public:
    CStudent m_Stu;
```

为 CMainFrame::OnMenuAdd 函数添加如下代码:

```
void CMainFrame::OnMenuAdd()
{
    ......
    //添加如下代码
    //获取所关联的文档
    CEx5_1Doc* pDoc;
```

```
pDoc=(CEx5_1Doc*)((CFrameWnd*)AfxGetApp()->m_pMainWnd)
->GetActiveDocument();ASSERT_VALID(pDoc);
CEx5_1App *app=( CEx5_1App*)AfxGetApp();
//将对话框中所输入的学生信息保存到视图类的成员变量 m_Stu 中
m_Stu.SetStuXH(app->XH);
m_Stu.SetStuXM(app->XM);
m_Stu.SetStuXB(app->XB);
m_Stu.SetStuNL(app->NL);
m_Stu.SetStuZY(app->ZY);
m_Stu.SetStuBJ(app->BJ);
m_Stu.SetStuYWCJ(app->YWCJ);
m_Stu.SetStuSXCJ(app->SXCJ);
m_Stu.SetStuYYCJ(app->YYCJ);
m_Stu.SetStuTYCJ(app->TYCJ);
//将新增的学生 m_Stu 通过调用文档类的成员函数 AddStu 增加到
//文档类的对象数组 m_oaStus 中
pDoc->AddStu(m_Stu);
}
```

编译并运行程序，添加两个学生信息，如图 5.39 所示。

选择“文件/保存”菜单项，弹出“保存为”设置对话框，输入相关信息，可以将对象保存，如图 5.40 所示。

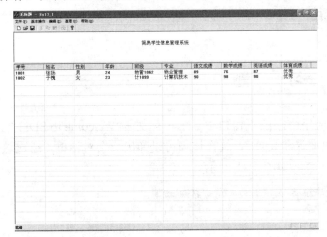

图 5.39　添加学生信息　　　　　　　　　　图 5.40　保存的文件名

当改变了内容，没有及时保存，而直接关闭或退出时，将出现保存提示框，提示用户及时保存已修改的信息。

序列化简化了对象的保存和载入，为对象提供了持续性。但是，序列化本身还是具有一定的局限性的。序列化一次从文件中载入所有对象，这不适合于大文件编辑器和数据库。对于数据库和大文件编辑器，它们每次只是从文件中读入一部分。此时，就要避开文档的序列化机制来直接读取和保存文件了。另外，使用外部文件格式(预先定义的文件格式而不是本应用程序定义的文件格式)的程序一般也不使用文档的序列化。

本 章 总 结

MFC 提供 SDI 和 MDI 两种类型的文档/视图结构，SDI 用户一次只能打开一个文档，而 MDI 用户一次可以打开多个文档，这种特点充分体现了 Windows 操作系统的多任务特点。基于文档/视图结构的应用程序框架一般包括 4 个类，分别为应用程序类、框架窗口类、视图类和文档类。

视图可以分割为若干个窗格，可以在一个窗口里面观察文档的不同部分，或者是在一个窗口里用不同类型的视图(比如用图表和表格)观察同一个文档。分割窗口有两种办法，即动态分割和静态分割。

为了使数据不至于在程序结束后丢失，本章介绍了一种序列化技术。MFC 应用程序架构提供了数据序列化的方式来处理磁盘的存盘与打开，MFC 对象可以序列化自己，将自己写入磁盘或从磁盘文件中读取二进制数据来建立对象。序列化的大部分工作靠应用程序框架来完成，所要做的就是重载文档类的序列化函数 Serialize。

需要注意的是，以下两种情况下，建议不要采用文档/视图结构。

(1) 不是面向数据或数据量很小的应用程序，最好不采用文档/视图结构。例如一些重要功能的工具程序，包括磁盘扫描程序、时钟程序和一些过程控制程序等。

(2) 不需重用 MFC 提供的标准用户界面功能的程序，如一些游戏程序等，最好不采用文档/视图结构。

习　　题

1. 创建一个 SDI 应用程序，在应用程序的主窗口中显示一行文本"Welcome to SDI！"。在"编辑"菜单上有一个菜单项"改变显示文本"，选择该项可以弹出一个对话框，通过这个对话框可以改变主窗口中的显示内容，如图 5.41 所示。

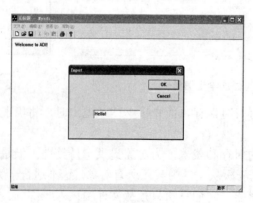

图 5.41　习题 1 图例

2. 仿照 Windows 下的记事本软件，创建一个 SDI 应用程序，实现简单的文本编辑器功能。

3．查阅文献资料，在上一题的基础上修改代码，使之能够保存输入信息到一个文件中；若需要修改，又可以从文件中读出内容。

4．在第 4 章的例程的基础上，在主对话框上添加菜单，菜单的组成见表 5-10。

表 5-10 习题 4 菜单示例

菜单项＼菜单	编　辑	文　件
1	添加	打开
2	修改	新建
3	删除	关闭

5．模仿本章实例，建立一个基于文档/视图结构的应用程序，它能实现简单的学生成绩管理。它有 3 个对话框，分别实现学生信息录入、课程信息录入和学生考试信息录入，并能实现输入数据的保存与读出处理。

6．*查阅文献资料，实现在菜单中添加图标，可以模仿在 Developer Studio 的菜单中看到的图标。

7．*查阅文献资料，设计一个演示工具栏的 SDI 应用程序。当程序运行后，在工具栏上有自己新设计的两个工具条按钮，单击一个按钮，可以重新启动计算机，单击另一个按钮，可以把当前的鼠标样子变成一个动画图形。

8．*查阅文献资料，设计一个演示状态栏的 SDI 应用程序。当程序运行后，在状态栏中显示鼠标在屏幕上的位置，在状态栏的最右端显示系统的时间。

9．*查阅文献资料，创建一个简单的 MDI 应用程序，显示如图 5.42 所示界面。

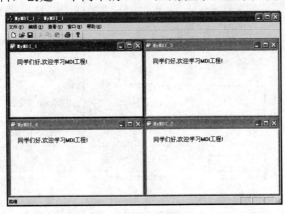

图 5.42 习题 9 图例

第 6 章

数据库应用程序设计

教学目标

本章主要介绍数据库应用程序的基本概念与基本知识，包括数据库的概念、数据访问技术、ODBC、DAO、ADO 及 MFC 数据库编程等。通过学习，要求掌握 ODBC 结构及运用 ODBC 设计数据库应用程序的基本步骤，熟悉 DAO 类簇以及与 ODBC 的关系，了解 ADO 接口与 ADO 控件的基本概念。本章的最终目的是使读者能够使用这 3 种数据访问技术之一设计简单的管理信息系统。

知识结构

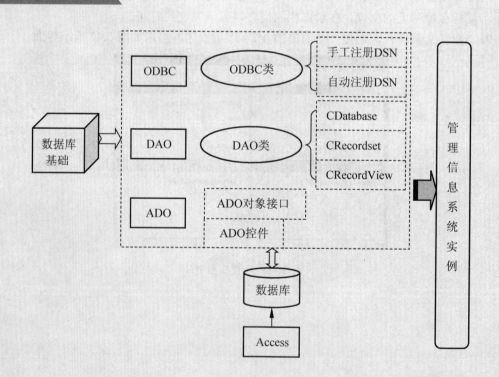

引言

在前面各章创建的工程中，对数据信息的保存都借助了永久文件形式，如文件流类、MFC 串行化机制等。其实在现代计算机信息处理中，更多的是应用数据库技术实现大容量数据信息的有效保存与管理。

所谓数据库(Database，DB)，一般是指一系列相关数据的有机组合。举一个例子，一个班级所有同学的信息可以存放在一张表格中，表的某一列描述了所有同学的同一个属性，如姓名、出生年月等，而表的某一行则是一位同学的全部信息的描述。一般将表中的一行称做记录，将表中的一列称做字段。一个学校所有班级的同学信息形成若干张这样的表，多个数据表组合在一起就构成了数据库。字段、记录、表与数据库的关系如图 6.1 所示。

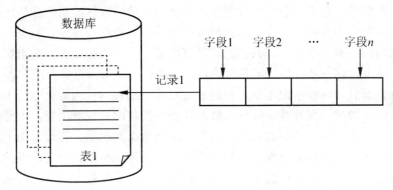

图 6.1 数据库、表、记录及字段的关系

数据库应用是计算机技术应用于生产实践的一个重要组成部分，是人们进行数据存储、共享和处理的有效工具。目前市场上有很多专业的数据库管理软件，如 Microsoft Access、Microsoft Visual FoxPro、SQL Server 等。

为简化用户访问数据库的过程，数据库系统提供了完善的数据库访问接口。目前的数据库接口分为专用接口和通用接口两种，专用数据库接口具有很大的局限性，而通用数据库接口提供了统一的接口，采用这种接口后通过编写一段代码可以实现对多种类型数据库的复杂操作。目前常见的数据库接口有开放数据库互连(Open Database Connectivity，ODBC)、数据访问对象(Data Access Object，DAO)、远程数据对象(Remote Data Object，RDO)、对象链接嵌入数据库(Object Linking and Embedding Database，OLE DB)和 ActiveX 数据对象(ActiveX Data Object，ADO)。本章主要讲解 MFC ODBC 数据访问技术，对 DAO 和 ADO 技术仅做简单介绍。

和上两章一样，本章也将通过一个数据管理系统的完整案例串联本章各个知识点，实现的主要功能有：增加记录功能、修改记录功能、删除记录功能等。

6.1 数据库基础

数据库应用系统开发的首要工作是开发数据库和数据库中的数据表。数据库和数据表是在数据库应用系统中进行数据管理不可缺少的工具，一切的开发工作都是围绕数据库和数据表的操作进行的。因此，下面首先介绍数据库的基础知识，再通过 Access 软件设计数据库，逐步介绍相关的知识。

6.1.1 基本概念

1. 信息、数据与数据库

所谓信息，是指客观世界中各类事物的属性、状态及相互之间的各种关系。通过观察与研究，客观世界中各种事物之间的相互关系大致可以归纳为 3 种，即一对一关系、一对多关系及多对多关系。例如，夫妻关系就是一对一关系，父子关系是一对多关系，而师生关系则是多对多关系。

数据是指经过加工的信息，是用符号记录下来的、可以识别的信息，是一切诸如文字、符号、声音、图像等有意义信息的有效组合。数据是信息的载体，而信息是数据的内涵。

把相互关联的一组数据组合在一起就构成了数据库。更确切地说，数据库是一组长期存储在计算机内的、有组织的、可共享的、具有明确意义的数据集合，是组织、存储、管理数据的电子仓库，这些数据以一定的结构存放在光盘、磁带等存储介质中。

基于数据库研究如何科学地组织、存储和管理数据的技术称为数据库技术。数据库技术涉及两个概念：数据处理和数据管理。数据处理是指从已知数据出发，推导整理出一些新的数据，从而又表示出一些新的信息的过程，涉及数据的收集、管理、加工直至产生新信息并输出的全过程。而数据管理是指数据的收集、整理、组织、存储、维护、检索及传送等操作处理过程，是数据处理的中心问题。数据处理和数据管理是互相联系的，数据管理中的各种操作都是数据处理业务必不可少的基本环节，数据管理技术的好坏直接影响到数据处理的效率。

2. 数据库系统

数据库系统(DataBase System，DBS)是指引入数据库的计算机系统，一般由数据库、数据库管理系统(DataBase Management System，DBMS)、数据库管理员(DataBase Administrator，DBA)、数据库应用程序(DataBase Application Program，DBAP)以及数据库用户(DataBase User，DBU)5 个部分组成，如图 6.2 所示。

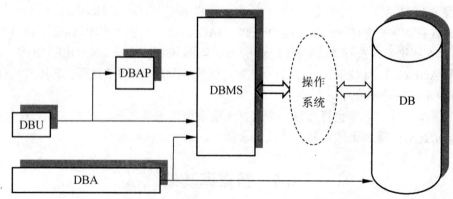

图 6.2　数据库系统的组成

数据库系统是一个多级结构。

1) 数据库管理系统 DBMS

在数据库系统中存储了大量的、相互关联的数据，而这些数据都由 DBMS 进行统一管理。从图 6.2 中可以看出，DBMS 位于用户与操作系统之间，作为数据库系统的核心，DBMS 为用户提供了一整套命令，利用这些命令，用户可以建立数据库，定义数据并对数据进行诸如增、删、更新、查找、统计、输出等操作。

DBMS 通常包括 4 个方面的功能。

(1) 语言描述处理功能。包括数据定义语言(Data Definition Language，DDL)以及它的解释程序，数据操纵语言(Data Manipulation Language，DML)以及它的解释程序，数据库管理例行程序等，用于定义数据库的全局逻辑结构(概念模式)、局部逻辑结构(外模式)以及其他各种数据库对象。

(2) 数据库管理功能。包括系统控制、数据存储以及更新管理、数据安全性与一致性维护。

(3) 数据库查询和操作功能。能从数据库中检索信息或者更新信息。

(4) 数据库建立和维护功能。包括数据写入、数据库重建、数据库结构维护、恢复以及系统性能监视等。

DBMS 能够对数据进行有效的存储、组织和管理，保证数据库中数据的安全性和一致性。人们熟悉的 DBMS 有 Visual ForPro、SQL Server、Oracle 等。

2) 数据库管理员 DBA

DBA 是指对数据库进行规划、设计、协调、维护和管理的工作人员，其主要职责是决定数据库的结构和信息内容、决定数据库的存储结构和存储策略、定义数据库的安全性要求和完整性约束条件以及监控数据库的使用与运行。

3) 数据库应用程序 DBAP

DBAP 是使用数据库语言开发的、能够满足数据处理要求的应用程序，这也是本章将要介绍的主要内容。

3. 数据模型

数据模型是指数据库中数据的组织形式。数据模型的发展经历了格式化数据模型(包括层次数据模型和网状数据模型)、关系数据模型等阶段。早期的数据库系统大都采用格式化数据模型，如图 6.3 所示，3 种数据模型的特点。目前较新的数据模型是面向对象数据模型。

表 6-1 3 种数据模型的特点

数 据 模 型	特 点	应 用 案 例
层次模型	一个节点可以有几个子节点，也可以没有子节点。反映了现实世界中数据的层次关系	如机关机构中的行政隶属关系等
网状模型	至少有一个节点有一个以上的父节点	如一个学生可能有很多老师等
关系模型	用二维表表示实体及其相互联系	如一个班级所有学生 6 门课程的成绩汇总表

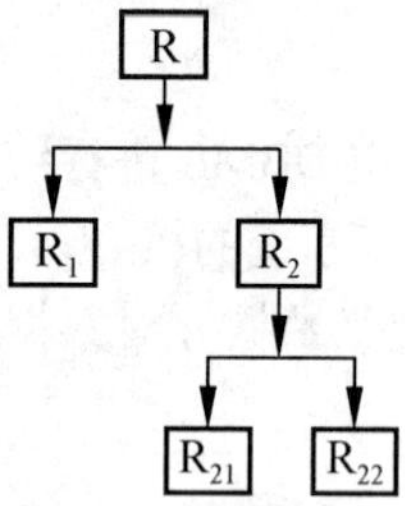

(a) 层次模型 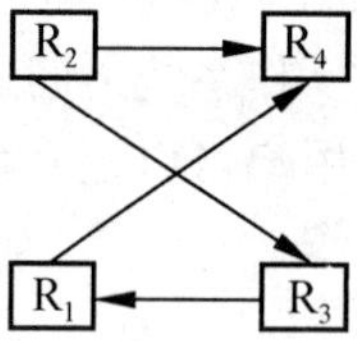　　　　　　　　(b) 网状模型 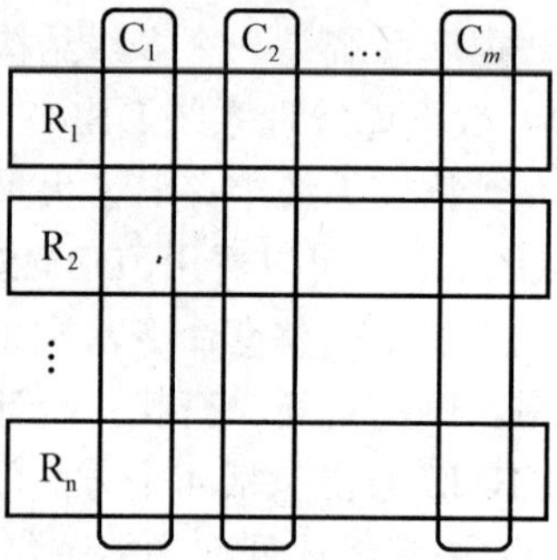　　　　　　　　(c) 关系模型

图6.3　3种数据模型

4. 数据库管理系统的类型

针对所采用的数据模型的不同,可将数据库管理系统相应划分为层次数据库管理系统、网状数据库管理系统、关系数据库管理系统等,见表6-2。

表6-2　各类型数据库管理系统的特征

DBMS 类型	特　征
层次数据库管理系统	使用树状结构,只能描述一对多关系,简单、直观,比较容易实现
网状数据库管理系统	描述多对多关系,查询效率较高,但编写该系统的应用程序比较复杂
关系数据库管理系统	具有严格的数据理论基础,使用二维表的形式来表示数据库中的数据及其联系

实质上,层次模型是网状模型的特例,它们从体系结构、数据库语言到数据库存储管理均具有共同的特征。目前应用最广泛的是关系数据库管理系统。

6.1.2　数据库系统体系结构

从不同的角度考查,可得出不同的数据库系统结构。若从数据库用户的角度来看,数据库系统可分为单用户结构、主从式结构、分布式结构和客户/服务器结构。

1. 单用户结构数据库系统

单用户结构数据库系统是一种最简单的数据库系统,整个数据库系统包括应用程序、DBMS、数据等,都装在一台计算机上,由一个用户独占,不同计算机之间不能共享数据,如图6.4所示。

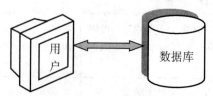

图6.4　单用户结构数据库系统

2. 主从式结构数据库系统

主从式结构数据库系统是指一个主机带多个终端的多用户结构数据库系统，如图 6.5 所示。

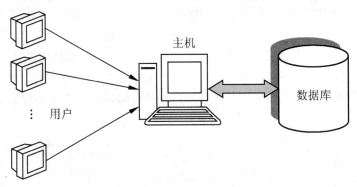

图 6.5　主从式结构数据库系统

在这种结构中，应用程序、DBMS、数据等都集中存放在主机上，所有处理任务都由主机来完成，各个用户通过主机的终端并发地存取数据库中的数据，共享数据资源。

主从式结构的优点是结构简单，数据易于管理与维护；缺点是当终端用户数目增加到一定程度后，主机的任务会过于繁重，成为瓶颈，从而使系统性能大幅度下降。另外，当主机出现故障时，整个系统不能使用，因此系统的可靠性不高。

3. 分布式结构数据库系统

分布式结构数据库系统是指数据库在逻辑上是一个整体，但在物理上分布在计算机网络的不同节点上，如图 6.6 所示。

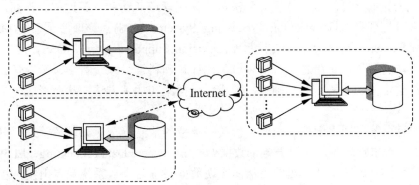

图 6.6　分布式结构数据库系统

网络中的每个节点都可以独立处理本地数据库中的数据，执行局部应用，也可以同时存取和处理多个异地数据库中的数据，执行全局应用。

分布式结构数据库系统是计算机网络发展的必然产物，它适应了地理上分散的公司、团体和组织对于数据库应用的需求，但数据的分布存放给数据的处理、管理与维护带来了困难。此外，当用户需要经常访问远程数据库时，系统效率会明显地受到网络交通的制约。

4. 客户/服务器结构数据库系统

主从式结构数据库系统中的主机和分布式系统中的每个节点都是一个通用计算机，既执行 DBMS 功能，又执行应用程序。随着工作站功能的增强和广泛使用，人们开始把 DBMS 功能和应用分开，网络中某些节点上的计算机专门用于执行 DBMS 功能，称为数据库服务器，简称服务器；其他节点上的计算机安装 DBMS 的外围应用开发工具，支持用户的应用，称为客户机，这就是客户机/服务器(Client/Server，C/S)结构的数据库系统，如图 6.7 所示。在 C/S 结构中，客户端的用户请求被传送到数据库服务器，数据库服务器进行处理后，只将结果返回给用户，从而显著减少了网络上的数据传输量，提高了系统的性能、吞吐量和负载能力。

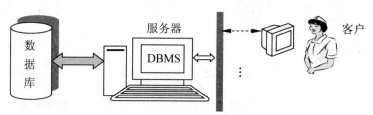

图 6.7　C/S 结构数据库系统

6.1.3　管理信息系统

把一个由人员、活动、数据、网络和技术等要素组成的集成系统称为信息系统(Information System，IS)。由于现代的信息系统都是利用计算机系统来实现的，因此这里所说的信息系统一般都是指计算机信息系统。数据库理论与技术的发展成就主要体现在计算机信息系统的广泛应用上。

信息系统的主要目的是支持管理和决策，按照管理活动和决策过程的不同，信息系统可以分为事务处理系统(Transaction Processing System，TPS)、管理信息系统(Management Information System，MIS)和决策支持系统(Decision Support System，DSS)。其中管理信息系统是一门新的学科，它跨越了若干领域，比如管理科学、系统科学、运筹学、统计学以及计算机科学。在这些科学的基础上，形成信息搜集和加工方法，从而形成一个纵横交织的系统。

管理信息系统可用于学校、企业、机关等单位的信息管理，如教务管理、财务管理、进销存管理、人事管理等，这属于电子数据处理(Electronic Data Processing，EDP)范畴。当建立了企业数据库，有了计算机网络从而实现数据共享后，从系统观点出发，实施全局规划和设计信息系统时，就达到管理信息系统的阶段。

随着计算机技术的进步和人们对系统需求的进一步提高，人们更加强调管理信息系统能否支持企业高层领导的决策这一功能，更侧重于企业外部信息的收集、综合数据库、模型库、方法库和其他人工智能工具能否直接面向决策支持者，这是决策支持系统的任务。人们平时所说的管理信息系统一般仅指简单的信息管理系统，具备一般的数据录入、编辑、查询等功能。下面就通过一个具体的实例逐步介绍如何使用 Visual C++设计简单的管理信息系统。

6.2 创建数据库

从表 6-2 中可以看出，关系数据库管理系统是目前发展最为成熟、使用最广泛的数据库管理系统，涌现的软件平台也较多，如 Oracle、Access、Visual FoxPro 等。其中 Access 2000 是较简单的一款数据库管理软件，它是 Microsoft Office 中的一个组件，是一个桌面型、小型的关系数据库管理系统。

使用 Access 2000 管理数据库，并不需要管理者具有专业的程序设计能力，仅通过简单而又直观的可视化操作就可以完成大部分的管理任务，设计出功能强大的数据库系统。

6.2.1 创建空数据库

启动 Access 2000 软件后，将在屏幕上出现如图 6.8 所示的对话框，它是一个起着向导作用的对话框，用于引导用户完成建立数据库文件的操作。

选中"空 Access 数据库"单选按钮，单击"确定"按钮后出现如图 6.9 所示的设置数据库存放位置和名称的对话框。

图 6.8 使用数据库向导创建数据库   图 6.9 设置创建的数据库的名称和路径

在"文件名"下拉列表框中输入 Student 后，单击"创建"按钮，就在指定的目录中创建了一个 Access 2000 数据库文件 Student.mdb，并且打开图 6.10 所示的数据库窗口。

6.2.2 创建数据表

创建数据库以后，需要在其中创建存放数据的表。在 Access 2000 中，表是存储和管理数据的基本对象。用户可以根据需要创建多个表，每个表拥有自己的表名和结构。用户也可以随时修改表结构。

在图 6.10 所示的 Student.mdb 数据库窗口中，单击数据库对象中的"表"按钮，打开"表"对象列表窗口。选择"使用设计器创建表"选项，然后单击数据库窗口中的"设计"按钮，即可打开表设计窗口。或者双击"使用设计器创建表"选项，打开用来创建表的窗口，如图 6.11 所示。

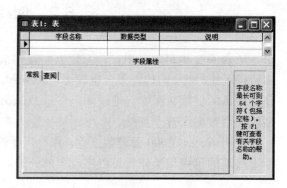

图 6.10　数据库窗口　　　　　　图 6.11　使用设计器创建表

创建表时需要设计表的"字段名称"、"数据类型"、"说明"和"字段属性"。

(1) 字段名称。字段名称在表中应是唯一的，最好使用便于理解的字段名称。例如，这里声明 10 个字段，分别为学号、姓名、性别、年龄、专业、班级、语文成绩、数学成绩、英语成绩和体育成绩。

(2) 数据类型。命名了字段名称以后，必须赋予该字段某种数据类型。数据类型决定了该字段能存储什么样的数据。表 6-3 列出了 Access 2000 中常用的数据类型。

表 6-3　Access 2000 中常用的数据类型

数 据 类 型	可存储的数据	大　　小
文本	文字、数字型字符	最多存储 255 个字符
备注	文字、数字型字符	最多存储 65535 个字符
数字	数值	1、2、4 或 8 字节
日期/时间	日期时间值	8 字节
货币	货币值	8 字节
自动编号	顺序号或随机数	4 字节
是/否	逻辑值	1 位
OLE 对象	图像、图表、声音等	最大为 1G 字节

(3) 说明。这部分内容用于帮助用户了解字段的用途、数据的输入方式以及该字段对输入数据格式的要求。说明部分可以没有。

(4) 字段属性。每一个字段或多或少都拥有字段属性，而不同的数据类型其所拥有的字段属性是各不相同的。

Access 2000 在字段属性区域中设置了"常规"和"查阅"两个选项卡，如图 6.11 所示。表 6-4 列出了"常规"选项卡中的常用属性。

表 6-4　Access 2000 中的字段属性

属　　性	用　　途
字段大小	定义文本、数字或自动编号数据类型字段长度
格式	定义数据的显示格式和打印格式
输入掩码	定义数据的输入格式
小数位数	定义数值的小数位数
默认值	定义字段的默认值
有效性规则	定义字段的校验规则
必填字段	确定数据是否必须被输入到字段中
允许空字符串	定义文本、备注和超链接类型字段是否允许输入零长度的字符串
索引	定义是否建立单一字段索引
新值	定义自动编号数据类型字段的数值递增方式

可以按表 6-5 设置上面声明的 10 个字段的属性值。

表 6-5　Student 数据表的属性设置

字 段 名 称	数 据 类 型	字 段 属 性
学号	文本	大小：8
姓名	文本	大小：8
性别	文本	大小：2
年龄	数字	整型
专业	文本	大小：20
班级	文本	大小：20
语文成绩	数字	整型
数学成绩	数字	整型
英语成绩	数字	整型
体育成绩	文本	大小：8

在 Access 2000 中，一般需要为每一个表定义一个主键，用于唯一标识表中的每一条记录。作为主键的字段，其值必须是唯一的。如图 6.12 所示，设置"学号"字段为主键。

需要注意的是，定义主键的目的之一是保证表中的所有记录都是唯一可识别的。如果表中没有单一的字段能够使记录具有唯一性，那么可以使用多个字段的组合使记录具有唯一性。

当关闭数据表设计窗口时，如果是新建表，系统将弹出"另存为"对话框，如图 6.13 所示，提示用户给新建表命名。

输入"基本信息"，单击"确定"按钮，即将所创建表以"基本信息"为表名保存到数据库 Student 中。

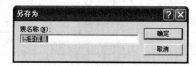

图 6.12　设置"学号"字段为主键　　　　图 6.13　保存创建的数据表

6.3　注册 ODBC 数据源名

创建了数据库之后，需要编写程序以通过某种接口、采用某种数据库访问技术与之通信。数据库访问技术将数据库外部与其通信的过程抽象化，通过提供访问接口，简化了客户端访问数据库的过程。下面首先介绍常见的 ODBC 接口，再举例说明如何创建 ODBC 数据源。

6.3.1　ODBC 简介

ODBC 是 Windows 开放服务体系结构(Windows Open Services Architecture，WOSA)中有关数据库的一个组成部分，它建立了一种规范，提供了一组对数据库访问的标准 API。

ODBC 最大的优点是以统一的方式处理所有的数据库，为数据库供应商提供了一致的 ODBC 驱动程序标准。遵循这个标准开发的数据库驱动程序，可以被开发人员通过 ODBC API 透明地访问。一个基于 ODBC 的应用程序对数据库的操作不依赖任何 DBMS，不直接与 DBMS 打交道，所有的数据库操作由对应的 DBMS 的 ODBC 驱动程序完成。也就是说，不论是 Visual FoxPro、Access 还是 Oracle 数据库，均可用 ODBC API 进行访问。

一个完整的 ODBC 结构通常包括 4 个部分：应用程序接口、驱动器管理器、数据库驱动器和数据源，如图 6.14 所示。

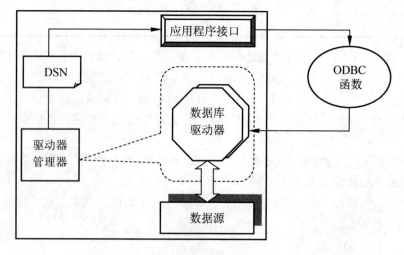

图 6.14　ODBC 部件关系图

(1) 应用程序接口：屏蔽不同的 ODBC 数据库驱动器之间函数调用的差别，为用户提供统一的 SQL 编程接口，负责调用 ODBC 函数、连接数据源、申请和接收数据。

(2) 驱动器管理器：为应用程序装载数据库驱动器，向应用程序提供信息，如可用的数据源、参数说明和状态监测等，是 ODBC 中最重要的部件。

(3) 数据库驱动器：是一些 DLL，提供了 ODBC 和数据库之间的接口，实现 ODBC 的函数调用，提供对特定数据源的 SQL 请求，管理应用程序和特定数据库管理系统之间的通信。如果需要，数据库驱动器将修改应用程序的请求，将标准 SQL 语法翻译成数据源的本地 SQL 语法，使得请求符合相关的 DBMS 所支持的文法。

(4) 数据源：由用户想要存取的数据以及与它相关的操作系统、DBMS 和用于访问 DBMS 的网络平台组成。数据源包含了数据库位置和数据库类型等信息，实际上是一种数据连接的抽象。

由图 6.14 可见，应用程序要访问一个数据库，首先必须注册一个数据源名(Data Source Name，DSN)，ODBC 管理器将根据 DSN 提供的数据库位置、数据库类型及 ODBC 驱动程序等信息，建立起 ODBC 与具体数据库系统的联系。目前支持 ODBC 的数据库系统有 SQL Server、Microsoft Access、Microsoft Visual FoxPro、Microsoft Excel、dBase、Paradox、Oracle 及 Text files 等。

6.3.2　手动注册 DSN

手动创建 ODBC 数据源的方法比较简单。假设当前环境是 Windows XP 操作系统，则首先启动"控制面板"，打开"性能和维护"窗口，再单击"管理工具"图标，打开"管理工具"窗口，双击"数据源(ODBC)"图标，弹出"ODBC 数据源管理器"对话框，如图 6.15 所示。

选择"用户 DSN"选项卡，单击"添加"按钮，弹出"创建新数据源"对话框，可以选择数据源的驱动程序类型，如图 6.16 所示。

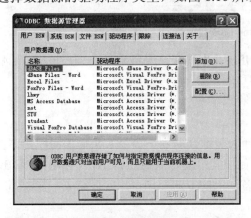

图 6.15　"ODBC　数据源管理器"对话框　　　图 6.16　"创建新数据源"对话框

在对话框中列出了许多支持 Visual C++的数据库驱动程序，用户可以根据不同的需要选择不同的驱动程序。这里选择 Microsoft Access Driver(*.mdb)选项，单击"完成"按钮，弹出如图 6.17 所示的对话框。

输入"数据源名"和"说明"信息。此时单击"创建"按钮可以创建新的 Access 数据库。由于前面已经创建了一个数据库 Student，因此可以直接单击"选择"按钮，在打开的"选择数据库"对话框中选中 Student.mdb 文件即可，如图 6.18 所示。

图 6.17　配置 Access 数据源

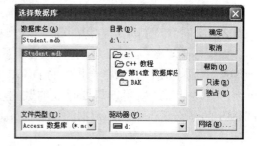
图 6.18　选择数据库文件

单击"确定"按钮，添加 Student.mdb 数据库文件，返回图 6.17，再单击"确定"按钮，返回"ODBC 数据源管理器"对话框，如图 6.19 所示。

图 6.19　创建 StudentMIS 数据源

至此就创建了一个 ODBC 数据源 StudentMIS，并出现在"用户 DSN"列表框中，最后单击"确定"按钮。

6.3.3　自动注册 DSN

在初次编写数据库应用程序时，大多数设计人员都会遇到一个令人头痛的问题，即在访问 ODBC 数据源前，必须使 ODBC 配置正确，如果其中没有需要的 DSN，就必须在 ODBC 管理器中手动注册 DSN，这就要求最终用户具备一定的专业知识，能自行完成一些额外的工作，这显然不太合理。

下面介绍一些编程技巧，使用这些技巧可以在应用程序中自动注册 DSN。

自动注册 DSN 可以通过 SQLConfigDataSource 函数实现。SQLConfigDataSource 函数的原型如下：

```
BOOL SQLConfigDataSource(
    HWND    hwndParent,
```

```
WORD     fRequest,
LPCSTR   lpszDriver,
LPCSTR   lpszAttributes);
```

各个参数的涵义见表 6-6。

表 6-6　SQLConfigDataSource 参数的涵义

参　　数	涵　　义
hwndParent	父窗口句柄。若为 NULL，则不显示任何对话框
fRequest	操作类型
lpszDriver	驱动器名称
lpszAttributes	数据源的各种属性

其中第两个参数 fRequest 可以取 7 种值，见表 6-7。

表 6-7　fRequest 参数的取值

取　　值	涵　　义
ODBC_ADD_DSN	添加一个新的用户数据源
ODBC_CONFIG_DSN	修改一个已存在的用户数据源
ODBC_REMOVE_DSN	删除一个已存在的用户数据源
ODBC_ADD_SYS_DSN	添加一个新的系统数据源
ODBC_CONFIG_SYS_DSN	修改一个已存在的系统数据源
ODBC_REMOVE_SYS_DSN	删除一个已存在的系统数据源
ODBC_REMOVE_DEFAULT_DSN	删除默认数据源

【例 6.1】　下面创建一个基于对话框的应用程序，在"自动创建 DSN"按钮的事件响应代码中调用 CreateDSN 函数，演示自动注册 DSN 的过程。

(1) 创建对话框程序 MyDB1。

(2) 设计对话框界面，如图 6.20 所示。

图 6.20　MyDB1 主界面布局

(3) 添加成员函数 CreateDSN(CString DSNName)：

```
void CMyDB1Dlg::CreateDSN(CString DSNName)
{
    CDatabase db;
    if(!SQLConfigDataSource(NULL,ODBC_ADD_DSN,
        "Microsoft Access Driver (*.mdb)","DSN="+DSNName))
    {
```

```
        AfxMessageBox("不能创建数据源！");
        return ;
    }
    TRY
    {
        db.Open(DSNName);
    }
    CATCH(CDBException, e)
    {
        AfxMessageBox(e->m_strError);
        return;
    }
    END_CATCH
}
```

CreateDSN 函数首先调用 SQLConfigDataSource 函数注册一个 Access 数据源，然后调用 CDatabase::Open 函数与数据源建立连接。

由于一个 DSN 一般是唯一存在的，如果要注册一个已被注册过的 DSN，那么 SQLConfigDataSource 函数的作用就是修改原来 DSN 的某些属性。

(4) 编写按钮单击事件的响应代码：

```
void CMyDB1Dlg::OnButton1()
{
    CreateDSN("MyDSN");
}
```

需要注意的是，在使用这段代码时，要包含 afxdb.h 和 odbcinst.h 头文件，建议读者把该文件放置到 stdafx.h 中。

编译并运行程序，显示如图 6.20 所示的结果，单击"自动创建 DSN"按钮，弹出图 6.21 所示的对话框。

图 6.21　为数据源选择数据库

按图 6.21 选择一个已知数据库文件，单击"确定"按钮，完成创建 DSN 工作。

6.4　基于 MFC 封装 ODBC

为简化 ODBC 应用程序的开发过程，Microsoft 在 MFC 里对复杂的 ODBC API 进行了全面的封装，实现了一个面向对象的简化的数据库编程接口，为 ODBC 编程提供了一个面向对象的方法，使 Visual C++的数据库编程变得更加容易。设计人员不必了解 ODBC API

　　和 SQL 的具体细节，利用 ODBC 类即可完成对数据库的大部分操作。

　　MFC 中涉及 ODBC 的类大致有 5 种，如图 6.22 所示。

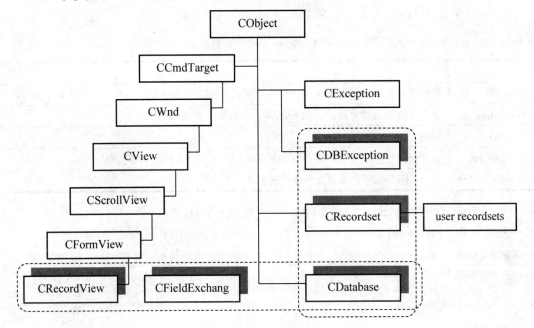

图 6.22　MFC ODBC 类结构

　　表 6-8 列出了这 5 个类的基本功能。

表 6-8　ODBC 类簇

类 名 称	功　　能
CDatabase	表示与数据源的连接。用户正是基于此连接实现对数据源的操作的
CRecordset	表示从数据源中选出的一组记录
CRecordView	直接与一 CRecordset(记录集)类对象连接，为该记录集提供显示的视图
CFieldExchange	支持数据库的字段交换过程，即 RFX 机制
CDBException	完成数据库类操作的异常处理

　　下面首先主要介绍一下 CDatabase 和 CRecordset 类。

6.4.1　CDatabase 类

　　CDatabase 类用于建立应用程序同数据源的连接。CDatabase 类包含一个 m_hdbc 变量，它代表了数据源的连接句柄。如果要建立 CDatabase 类的实例，应先调用该类的构造函数 CDatabase。例如下面的代码：

```
CDatabase m_dbCust;
```

　　再调用 Open 函数。Open 函数的原型如下：

```
virtual BOOL Open( LPCTSTR lpszDSN, BOOL bExclusive = FALSE,
```

```
BOOL bReadOnly = FALSE, LPCTSTR lpszConnect = "ODBC;",
BOOL bUseCursorLib = TRUE );
```

其中，各个参数的涵义见表 6-9。

表 6-9　Open 函数参数的涵义

参　　数	涵　　义
lpszDSN	指定数据源名。若函数未提供数据源名且 lpszDSN 为 NULL，则显示一个对话框
bExclusive	说明是否独占数据源，若为 FALSE，说明数据源被共享
bReadOnly	说明对数据源的连接是否为只读的
lpszConnect	指定一个连接字符串，包括数据源名、用户账号(ID)和口令等信息
bUseCursorLib	若为 TRUE，则会装载光标库，否则不装载

若连接成功，则 Open 函数返回 TRUE，否则返回 FALSE。

例如，在上面代码的基础上，可用多种方法使用 Open 函数建立连接。

```
m_dbCust.Open("StudentMIS");            //使用默认值
m_dbCust.Open(NULL,FALSE,FALSE,         //在连接数据源的同时指定用户账号和口令
        "ODBC;DSN= StudentMIS;UID=YYY;PWD=1234");
m_dbCust.Open(NULL);                    //弹出一个数据源选择对话框
```

通过调用初始化环境变量，并执行与数据源的连接。

关闭数据源连接的函数是 Close。例如：

```
m_db.Close();
```

需要注意的是，CDatabase 类的析构函数会自动调用 Close 函数，所以只要删除了 CDatabase 对象就可以与数据源脱离。

CDatabase 类提供了一些函数，以实现对数据库的操作，见表 6-10。

表 6-10　CDatabase 类常用成员函数

函 数 名	涵　　义
BeginTrans	开始执行事务操作
CommitTrans	全部数据都处理完成后，提交事务
Rollback	事物处理回退
GetConnect	返回在使用函数 Open 连接数据源时的连接字符串
IsOpen	返回当前的 CDatabase 实例是否已经连接到数据源上
CanUpdate	返回当前的 CDatabase 实例是否是可更新的
CanTransact	返回当前的 CDatabase 实例是否支持事务操作

6.4.2　CRecordset 类

CRecordset 类是 MFC ODBC 类中地位最重要、功能最强大的类。它描述的是从数据源选择的一组记录，可以是数据源中的某个表，也可以是对某个表的查询结果，还可以是多个表的查询结果，这是由 SQL 语句决定的，如图 6.23 所示。

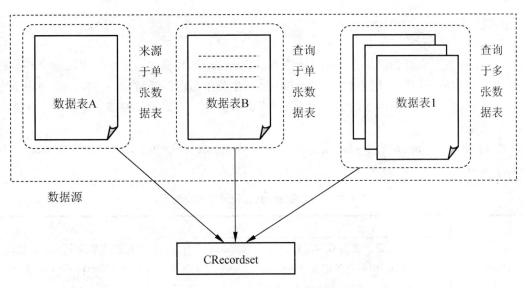

图 6.23　CRecordset 与数据源

要实现对数据表的操作，就要用到 CRecordset 类。可通过 CRecordset 类对记录集中的记录进行滚动、修改、增加、删除等操作。表 6-11 列出了 CRecordset 类的数据成员。

表 6-11　CRecordset 类常用成员

成　　员	涵　　义	类　　型
m_hstmt	定义记录集的 SQL 语句句柄	HSTMT
m_nFields	保存了记录集中字段的个数	UINT
m_nParams	保存了记录集所使用的参数个数	UINT
m_pDatabase	指定一个 CDatabase 实例的指针，实现同数据源的连接	CDatabase
m_strFilter	用于 SQL 语句过滤用的字符串，筛选符合条件的记录集	CString
m_strSort	用于 SQL 语句排序用的字符串，控制排条件	CString

要建立记录集，首先要构造一个 CRecordset 派生类对象。CRecordSet 类的构造函数的声明为：

```
CRecordset( CDatabase* pDatabase = NULL);
```

参数 pDatabase 指向一个 CDatabase 对象，用来获取数据源。如果参数 pDatabase 为 NULL，则会在 Open 函数中自动构建一个 CDatabase 对象。

如果 CDatabase 对象还未与数据源连接，那么在 Open 函数中会建立连接，连接字符串由成员函数 GetDefaultConnect 提供：

```
virtual CString GetDefaultConnect( );
```

该函数返回默认的连接字符串。

构造一个 CRecordset 派生类对象后，需要调用其 Open 成员函数查询数据源中的记录并建立记录集。

```
virtual BOOL Open( UINT nOpenType = AFX_DB_USE_DEFAULT_TYPE,
    LPCTSTR lpszSQL = NULL, DWORD dwOptions = none );
```

Open 函数在必要的时侯会调用 GetDefaultConnect 函数获取连接字符串以建立与数据源的连接。实际使用时一般需要在 CRecordset 派生类中覆盖该函数，并在新函数中提供连接字符串。Open 函数使用指定的 SQL 语句查询数据源中的记录，并按指定的类型和选项建立记录集。

参数 nOpenType 说明了记录集的类型，如 dynaset、snapshot、dynamic、forwardOnly 等，见表 6-12。

表 6-12　CRecordset 记录集的类型

类　型	涵　义
dynaset	动态记录集。支持双向游标，与数据源同步，当其他用户修改或删除记录时，将及时反映出来，但添加的记录直到调用 Requery 时才会反映出来。对于本身应用程序来说，对记录的修改、添加和删除将及时反映出来
dynamic	同 dynaset 相比，dynamic 还能在 fetch 操作里同步其他用户对数据的重新排序。不过有些 ODBC 驱动不支持此种类型
snapshot	静态快照。支持双向游标，就像对数据源的某些记录照了一张照片一样。形成记录集后，数据源的所有改变并不能体现在记录集里，应用程序必须调用 Requery 重新进行查询，才能获取对数据的更新，这是 CRecordset 的默认取值
forwardOnly	除了不支持逆向游标外，其他与 snapshot 类似

参数 lpszSQL 可以是一个表名，一个 SQL SELECT 语句，或存储过程的调用语句。如果该参数为 NULL，则 Open 函数会调用 GetDefaultSQL 来获取默认的 SQL 语句。

参数 dwOptions 约有 11 种取值，常用的选项在表 6-13 中列出，可以是某些选项的组合。

表 6-13　创建记录集时的常用选项

选　项	涵　义
CRecordset::none	无选项(默认)
CRecordset::appendOnly	不允许修改和删除记录，但可以添加记录
CRecordset::readOnly	记录集是只读的
CRecordset::skipDeletedRecords	在滚动时将跳过做了删除标记的记录

若创建成功，则函数返回 TRUE；若函数调用了 CDatabase::Open 函数且返回 FALSE，则函数返回 FALSE。下面是常用的一些例子：

```
rs.Open(CRecordset::snapshot, NULL,CRecordset:: appendOnly);
rs.Open( CRecordset::dynaset,_T( "SELECT 姓名 FROM 基本信息" ));
rs.Open();
```

同 ODBC API 编程类似，进行 MFC ODBC 编程时通过 CDatabase 对象的 Open 函数实现同 ODBC 数据源的连接，然后 CDatabase 对象的指针将被传递到 CRecordset 对象的构造函数里，将 CRecordset 对象与当前建立的数据源连接结合起来。完成数据源连接之后，大量的数据库编程操作将集中在记录集的操作上。CRecordset 类丰富的成员函数可以使开发人员轻松地完成基本的数据库应用程序开发任务。当然，完成了所有的操作之后，在应用程序退出运行状态的时候，需要将所有的记录集关闭，并关闭所有同数据源的连接。

6.5　基于 ODBC 设计数据库应用程序

【例 6.2】　为帮助读者理解 ODBC 的基本原理和实际应用，下面设计一个实例。
操作步骤如下。

6.5.1　创建应用程序框架

(1) 选择 File/New" 菜单项，使用 MFC AppWizard 创建 SDI 工程 MyDB2。
(2) 当进入 MFC AppWizard – Step 2 of 6 对话框后，需要设置应用程序的数据库特性。
如图 6.24 所示，选中 Database view without file support 单选按钮，这时候 Data Source 按钮处于激活状态，Visual C++将为应用系统引入数据源。
单击 Data Source 按钮，弹出 Database Options 对话框，如图 6.25 所示。

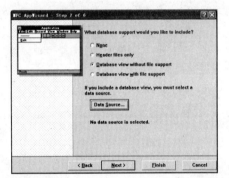

图 6.24　MFC App Wizard 向导第 2 步

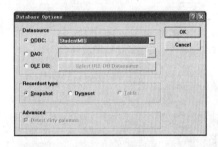

图 6.25　选择 StudentMIS 数据源

选中 ODBC 单选按钮，在其右侧的下拉列表中选择 StudentMIS 数据源，然后单击 OK 按钮，弹出 Select Database Tables 对话框，如图 6.26 所示。
选择前面创建的"基本信息"数据表，单击 OK 按钮，返回图 6.24。
后面几步可保留默认设置值，或直接单击 Finish 按钮，完成创建过程，返回设计状态，并自动打开主窗口资源编辑窗口。
在工作区窗口中切换到 ClassView，可观察到系统自动生成的 5 个类，如图 6.27 所示。

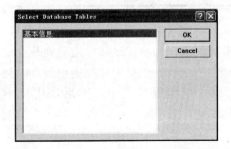

图 6.26　选择 StudentMIS 中的基本信息表

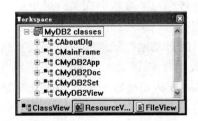

图 6.27　自动生成的 5 个类

191

其中有两个特殊的类：CMyDB2Set 和 CMyDB2View。下面简要介绍它们的基本构造，并说明如何根据实际需要加以完善。

6.5.2　设计 CMyDB2Set 类

首先观察 CMyDB2Set 类的定义代码：

```
class CMyDB2Set : public CRecordset
{
public:
    CMyDB2Set(CDatabase* pDatabase = NULL);
    DECLARE_DYNAMIC(CMyDB2Set)
 // Field/Param Data
    //{{AFX_FIELD(CMyDB2Set, CRecordset)
    CString m_column1;
    CString m_column2;
    CString m_column3;
    int     m_column4;
    CString m_column5;
    CString m_column6;
    int     m_column7;
    int     m_column8;
    int     m_column9;
    CString m_column10;
    //}}AFX_FIELD
 // Overrides
    // ClassWizard generated virtual function overrides
    //{{AFX_VIRTUAL(CMyDB2Set)
public:
    virtual CString GetDefaultConnect();  // Default connection string
    virtual CString GetDefaultSQL();       // default SQL for Recordset
    virtual void DoFieldExchange(CFieldExchange* pFX); // RFX support
    //}}AFX_VIRTUAL
 // Implementation
    #ifdef _DEBUG
    virtual void AssertValid() const;
    virtual void Dump(CDumpContext& dc) const;
    #endif
};
```

可见 CMyDB2Set 类继承于 CRecordset 类，声明了 10 个字段成员，与记录的各字段相对应，被称为字段数据成员或域数据成员。域数据成员用来保存某条记录的各个字段，它们是程序与记录之间的缓冲区。域数据成员代表当前记录，当在记录集中滚动到某一记录时，框架自动地把记录的各个字段复制到记录集对象的域数据成员中。当用户要修改当前记录或增加新记录时，程序先将各字段的新值放入域数据成员中，然后调用相应的 CRecordset 成员函数把域数据成员设置到数据源中。

另外，该类重载了主要的成员函数，例如：

```
CString CMyDB2Set::GetDefaultConnect()        //用于连接 ODBC
```

```
{return _T("ODBC;DSN=StudentMIS");}
CString CMyDB2Set::GetDefaultSQL()          //连接到某个数据表
{return _T("[基本信息]");}
```

图 6.28 显示了 MFC ODBC 应用程序中的 RFX 数据交换关系。

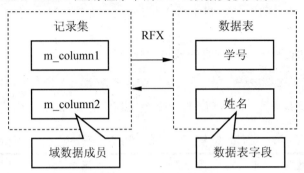

图 6.28　RFX 数据交换机制

在记录集与数据源之间有一个数据交换问题。CRecordset 类使用记录域交换(Record Field Exchange，RFX)机制自动地在域数据成员和数据源的数据表字段之间交换数据，它在用户选择的记录集和隐藏于后台的数据源之间建立对应关系，使用户能通过操作此记录集来实现对数据源的操作。MFC 中提供了一系列 RFX 调用函数，通过这些函数可以随时在记录集和数据源之间进行数据交换，这种交换是双向的。

CRecordset 类的成员函数 DoFieldExchange 负责数据交换任务，见表 6-14。

表 6-14　RFX 常用函数

函　　数	数　据　类　型
RFX_Bool	BOOL
RFX_Byte	BYTE
RFX_Binary	CByteArray
RFX_Double	Double
RFX_Single	Float
RFX_Int	Int
RFX_Long	long
RFX_LongBinary	CLongBinary
RFX_Text	CString
RFX_Date	Ctime

它们大多有 3 个参数：一个指向 CFieldExchange 类对象的指针、数据源中的一个字段名及与该字段对应的变量名，例如：

```
CFieldExchange* pFX
RFX_Text(pFX, _T("[学号]"), m_column1);
```

当用户用 ClassWizard 加入域数据成员时，ClassWizard 会自动在 DoFieldExchange 函数

中建立 RFX。DoFieldExchange 函数的原型如下：

```
virtual void DoFieldExchange( CFieldExchange* pFX );
```

参数 pFX 代表指向 CFieldExchange 对象的一个指针。

这里使用到了一个 ODBC 类：CFieldExchange，如图 6.24 所示和 FieldType 枚举值见表 6-8。

CFieldExchange 类有一个很重要的成员函数：

```
void SetFieldType( UINT nFieldType );
```

参数 nFieldType 是一个 enum FieldType，在 CFieldExchange 类中定义，见表 6-15。

表 6-15　FieldType 枚举值

SetFieldType 参数值	涵　　义
CFieldExchange::inputParam	输入参数，将一个值赋予记录集的检索或存储过程
CFieldExchange::param	类似于 CFieldExchange::inputParam
CFieldExchange::outputParam	输出参数，从一个记录集存储过程返回值
CFieldExchange::inoutParam	输入/输出参数，把值赋予存储器过程或从其返回值

SetFieldType 函数用于设置操作类型，例如下面的代码：

```
void CMyDB2Set::DoFieldExchange(CFieldExchange* pFX)
{
    //{{AFX_FIELD_MAP(CMyDB2Set)
    pFX->SetFieldType(CFieldExchange::outputColumn);
    RFX_Text(pFX, _T("[学号]"), m_column1);
    RFX_Text(pFX, _T("[姓名]"), m_column2);
    RFX_Text(pFX, _T("[性别]"), m_column3);
    RFX_Int(pFX, _T("[年龄]"), m_column4);
    RFX_Text(pFX, _T("[专业]"), m_column5);
    RFX_Text(pFX, _T("[班级]"), m_column6);
    RFX_Int(pFX, _T("[语文成绩]"), m_column7);
    RFX_Int(pFX, _T("[数学成绩]"), m_column8);
    RFX_Int(pFX, _T("[英语成绩]"), m_column9);
    RFX_Text(pFX, _T("[体育成绩]"), m_column10);
    //}}AFX_FIELD_MAP
}
```

再在 CMyDB2Set 类的构造函数中对这 10 个字段数据成员进行初始化，代码如下：

```
CMyDB2Set::CMyDB2Set(CDatabase* pdb) : CRecordset(pdb)
{
    //{{AFX_FIELD_INIT(CMyDB2Set)
    m_column1 = _T("");
    m_column2 = _T("");
    m_column3 = _T("");
    m_column4 = 0;
    m_column5 = _T("");
    m_column6 = _T("");
    m_column7 = 0;
```

```
    m_column8 = 0;
    m_column9 = 0;
    m_column10 = _T("");
    m_nFields = 10;
    //}}AFX_FIELD_INIT
    m_nDefaultType = snapshot;                    //说明记录集类型
}
```

语句 "m_nDefaultType = snapshot;" 用于设置记录集类型。

6.5.3 设计 CMyDB2View 类

记录视图类 CRecordView 是 CFormView 的派生类, 它提供了一个表单视图(即窗体)来显示当前记录。

用户一般需要创建 CRecordView 的一个派生类并在其对应的对话框模板中加入控件。

1. 界面设计

下面首先使用前面章节所介绍的方法在视图窗口中添加若干控件, 用于与记录集交互数据, 如图 6.29 所示。

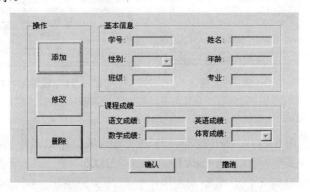

图 6.29 视图界面设计

各个控件的主要属性设置见表 6-16。

表 6-16 视图界面控件属性设置

对　象	ID	Caption
按钮	IDC_BUTTON_QR	确认
按钮	IDC_BUTTON_CX	撤销
按钮	IDC_Add	添加
按钮	IDC_Edit	修改
按钮	TDC_Delete	删除
编辑框	IDC_EDIT_XH	
编辑框	IDC_EDIT_XM	
编辑框	IDC_EDIT_NL	
编辑框	IDC_EDIT_BJ	

续表

对　　象	ID	Caption
编辑框	IDC_EDIT_ZY	
编辑框	IDC_EDIT_YWCJ	
编辑框	IDC_EDIT_YYCJ	
编辑框	IDC_EDIT_SXCJ	
组合框	IDC_COMBO_TYCJ	
组合框	IDC_COMBO_XB	

需要注意的是，为体现较好的可操作性和规范性，一般设置各个控件在程序初始运行时为"禁用"，图 6.30 所示为 IDC_EDIT_XH 控件的 Disabled 属性的设置。

另外，将图 6.29 中的"性别"、"体育成绩"对应的组合框的 Type 属性设置为 Dropdown，如图 6.31 所示。

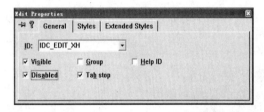

图 6.30　设置控件的 Disabled 属性

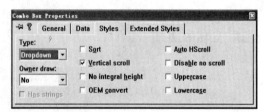

图 6.31　设置组合框的 Type 属性

2. 实现 DDX 交换

接下来的任务是用 ClassWizard 把控件与记录集的域数据成员连接起来，以实现控件与当前记录的对话框数据交换(Dialog Data Exchange，DDX)。图 6.32 显示了 DDX 机制。

可见，记录视图使用 DDX 机制在表单中的控件和记录集之间交换数据。前面介绍的 DDX 用于在控件和控件父窗口的数据成员之间交换数据，而记录视图则用于在控件和一个外部对象(CRecordset 的派生类对象)之间交换数据。

以 IDC_EDIT_XH 为例，可按如下步骤实现其 DDX 交换。

(1) 进入 ClassWizard，选择 Member Variables 选项卡并选择 CMyDB2View 类。

(2) 在 Control IDs 列表框中双击 IDC_EDIT_XH 选项，则会弹出 Add Member Variable 对话框。

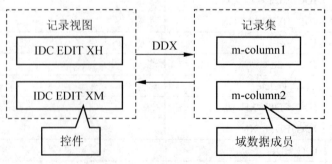

图 6.32　DDX 机制

注意，该对话框的 Member variable name 是一个组合框，而不是平常看到的编辑框，如图 6.33 所示。

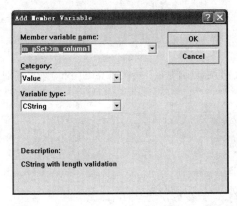

图 6.33　控件与记录集的域数据成员连接

在组合框的下拉列表中选择 m_pSet->m_column1 选项，单击 OK 按钮确认。

仿照步骤(2)，为其他控件连接记录集的域数据成员，见表 6-17。

表 6-17　控件与记录集域数据成员的对应关系

控件 ID	域 成 员	数 据 类 型
IDC_EDIT_XH	m_pSet->m_column1	CString
IDC_EDIT_XM	m_pSet->m_column2	CString
IDC_COMBO_XB	m_pSet->m_column3	CString
IDC_EDIT_NL	m_pSet->m_column4	int
IDC_EDIT_ZY	m_pSet->m_column5	CString
IDC_EDIT_BJ	m_pSet->m_column6	CString
IDC_EDIT_YWCJ	m_pSet->m_column7	int
IDC_EDIT_SXCJ	m_pSet->m_column8	int
IDC_EDIT_YYCJ	m_pSet->m_column9	int
IDC_COMBO_TYCJ	m_pSet->m_column10	CString

下面的代码显示了 CRecordView 的一个派生类的 DoDataExchange 函数，读者可以看出，该函数是与 m_pSet 指针指向的记录集对象的域数据成员交换数据的：

```
void CMyDB2View::DoDataExchange(CDataExchange* pDX)
{
    CRecordView::DoDataExchange(pDX);
    //{{AFX_DATA_MAP(CMyDB2View)
    DDX_FieldText(pDX, IDC_EDIT_XH, m_pSet->m_column1, m_pSet);
    DDX_FieldText(pDX, IDC_EDIT_XM, m_pSet->m_column2, m_pSet);
    DDX_FieldCBString(pDX, IDC_COMBO_XB, m_pSet->m_column3, m_pSet);
    DDX_FieldText(pDX, IDC_EDIT_NL, m_pSet->m_column4, m_pSet);
    DDX_FieldText(pDX, IDC_EDIT_ZY, m_pSet->m_column5, m_pSet);
    DDX_FieldText(pDX, IDC_EDIT_BJ, m_pSet->m_column6, m_pSet);
```

```
        DDX_FieldText(pDX, IDC_EDIT_YWCJ, m_pSet->m_column7, m_pSet);
        DDX_FieldText(pDX, IDC_EDIT_SXCJ, m_pSet->m_column8, m_pSet);
        DDX_FieldText(pDX, IDC_EDIT_YYCJ, m_pSet->m_column9, m_pSet);
        DDX_FieldCBString(pDX, IDC_COMBO_TYCJ, m_pSet->m_column10, m_pSet);
        //}}AFX_DATA_MAP
    }
```

这里使用了 DDX_FieldText 函数。DDX_FieldText 函数在对话框的控件和记录字段之间建立联系。函数原型如下：

```
void AFXAPI DDX_FieldText( CDataExchange* pDX,
        int nIDC,
        DataType& value,
        CRecordset* pRecordset );
```

DDX_FieldText 函数有 4 个参数，见表 6-18。

表 6-18 DDX_FieldText 函数的 4 个参数

参　　数	涵　　义
pDX	一个指向 CDataExchange 类对象的指针
nIDC	与数据交换相关的对话框控件的 ID 号
value	记录中的一个字段
pRecordset	与数据交换相关的记录集对象指针

其中，参数 value 的类型可以为 int、short、long、UINT 、DWORD、CString、float、double、BOOL、BYTE 、COleDateTime 及 COleCurrency 等基本数据类型。

在 DDX 数据交换中，用户并不需要直接调用 DoFieldExchange 函数，而是调用函数 UpdateData(BOOL direct=TRUE)即可，其中 direct 参数决定了数据交换的方向。

(1) 若 direct=FALSE，则用记录的字段值更新控件值。

(2) 若 direct=TRUE，则用控件值更新记录的字段值。

至于更详细的资料，读者可查阅相关资料，这里不再赘述。

在 CMyDB2View 类的定义内可以找到下面的代码：

```
class CMyDB2View : public CRecordView
{
public:
    CMyDB2Set* m_pSet;
}
```

可见 m_pSet 是 CMyDB2View 类的成员，它指向一个 CMyDB2Set 对象。用 ClassWizard 可以把控件与记录集这样的"外部数据"连接起来，这是 ClassWizard 在数据库编程方面的一个特殊应用。

3. 基本功能的实现

至此创建的 MyDB2 工程已经可以实现简单的数据浏览等基本功能，其实质是使用 CRecordView 提供的 4 个滚动浏览命令，见表 6-19。

表 6-19 CRecordView 常见滚动浏览命令

命　　令	涵　　义
ID_RECORD_FIRST	滚动到记录集的第一条记录
ID_RECORD_LAST	滚动到记录集的最后一条记录
ID_RECORD_NEXT	前进一条记录
ID_RECORD_PREV	后退一条记录

CRecordView 类提供了 OnMove 成员函数处理这 4 个命令的消息，代码如下：

```
BOOL CRecordView::OnMove(UINT nIDMoveCommand)
{
    CRecordset* pSet = OnGetRecordset();
    if (pSet->CanUpdate())
    {
        pSet->Edit();                //进入编辑模式
        if (!UpdateData())           //控件中的数据更新到记录集对象的域数据成员中
            return TRUE;
        pSet->Update();              //将域数据成员的值写入数据源
    }                                //滚动之前首先完成对原来记录的修改和保存
    switch (nIDMoveCommand)
    {
        case ID_RECORD_PREV:
            pSet->MovePrev();        //前滚
            if (!pSet->IsBOF())break;
        case ID_RECORD_FIRST:
            pSet->MoveFirst();       //滚动到第一条记录
            break;
        case ID_RECORD_NEXT:
            pSet->MoveNext();        //后滚
            if (!pSet->IsEOF())break;
            if (!pSet->CanScroll())
            {
                pSet->SetFieldNull(NULL);
                break;
            }
        case ID_RECORD_LAST:
            pSet->MoveLast();        //滚动到最后一条记录
            break;
        default:
            ASSERT(FALSE);
    }
    UpdateData(FALSE);               //把当前记录的更新内容反馈到控件中
    return TRUE;
}
```

此时已经可以编译并运行程序了，结果如图 6.34 所示。

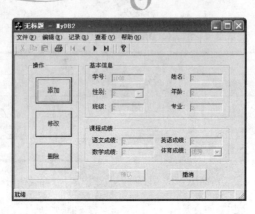

图 6.34　数据浏览示意图

6.5.4　设计事件响应代码

上面的工程虽然可以实现简单的数据浏览功能，但是不能完成记录的"添加"、"修改"和"删除"功能。尽管在窗体上放置了 3 个按钮，却没有设计任何操作代码。下面就结合前面章节中讲的方法，为这 3 个按钮创建事件响应函数。具体步骤不再赘述，这里仅给出参考代码。

1．"添加"按钮

"添加"按钮的代码如下：

```
void CMyDB2View::OnAdd()
{
    EnableEditCom(true);                  //控件可用
    IniData();                            //初始化各个控件数据
    //禁用各个按钮
    CButton *but1=( CButton *)GetDlgItem(IDC_Add);
    but1->EnableWindow(FALSE);
    but1=( CButton *)GetDlgItem(IDC_Edit);
    but1->EnableWindow(FALSE);
    but1=( CButton *)GetDlgItem(IDC_Delete);
    but1->EnableWindow(FALSE);
    but1=( CButton *)GetDlgItem(IDC_BUTTON_QR);
    but1->EnableWindow(FALSE);
}
```

其中 EnableEditCom(true)函数用于使控件可用，代码如下：

```
void CMyDB2View::EnableEditCom(bool Flag)
{
    //使编辑框可用
    CEdit *edit1=(CEdit *)GetDlgItem(IDC_EDIT_XH);
    edit1->EnableWindow(Flag);
    edit1=(CEdit *)GetDlgItem(IDC_EDIT_XM);
    edit1->EnableWindow(Flag);
    edit1=(CEdit *)GetDlgItem(IDC_EDIT_NL);
    edit1->EnableWindow(Flag);
```

```
    edit1=(CEdit *)GetDlgItem(IDC_EDIT_ZY);
    edit1->EnableWindow(Flag);
    edit1=(CEdit *)GetDlgItem(IDC_EDIT_BJ);
    edit1->EnableWindow(Flag);
    edit1=(CEdit *)GetDlgItem(IDC_EDIT_YWCJ);
    edit1->EnableWindow(Flag);
    edit1=(CEdit *)GetDlgItem(IDC_EDIT_SXCJ);
    edit1->EnableWindow(Flag);
    edit1=(CEdit *)GetDlgItem(IDC_EDIT_YYCJ);
    edit1->EnableWindow(Flag);
    //使组合框可用
    CComboBox *combo1=(CComboBox *)GetDlgItem(IDC_COMBO_XB);
    combo1->EnableWindow(Flag);
    combo1=(CComboBox *)GetDlgItem(IDC_COMBO_TYCJ);
    combo1->EnableWindow(Flag);
}
```

而 IniData 函数用于初始化各个控件数据，具体代码如下：

```
void CMyDB2View::IniData()
{
    //初始化编辑框
    CEdit *edit1=(CEdit *)GetDlgItem(IDC_EDIT_XH);
    edit1->SetWindowText("");
    edit1=(CEdit *)GetDlgItem(IDC_EDIT_XM);
    edit1->SetWindowText("");
    edit1=(CEdit *)GetDlgItem(IDC_EDIT_NL);
    edit1->SetWindowText("");
    edit1=(CEdit *)GetDlgItem(IDC_EDIT_ZY);
    edit1->SetWindowText("");
    edit1=(CEdit *)GetDlgItem(IDC_EDIT_BJ);
    edit1->SetWindowText("");
    edit1=(CEdit *)GetDlgItem(IDC_EDIT_YWCJ);
    edit1->SetWindowText("");
    edit1=(CEdit *)GetDlgItem(IDC_EDIT_SXCJ);
    edit1->SetWindowText("");
    edit1=(CEdit *)GetDlgItem(IDC_EDIT_YYCJ);
    edit1->SetWindowText("");
    //初始化组合框
    CComboBox *combo1=(CComboBox *)GetDlgItem(IDC_COMBO_XB);
    combo1->SetCurSel(-1);
    combo1=(CComboBox *)GetDlgItem(IDC_COMBO_TYCJ);
    combo1->SetCurSel(-1);
}
```

此时可以向控件中输入或从中选择数据。为此，需要编写每个编辑框的 OnChange 函数和组合框的 OnSelChange 事件响应代码：

```
void CAddDlg::OnChangeEditXh()
{
    EditCombo_CHANGE();
}
```

```
void CAddDlg::OnSelchangeComboTycj()
{
    EditCombo_CHANGE();
}
```

这里将共用代码设计为一个成员函数 EditCombo_CHANGE，代码如下：

```
void CMyDB2View::EditCombo_CHANGE()
{
    CString XH,XM,XB,NL,ZY,BJ,YWCJ,SXCJ,YYCJ,TYCJ;
    CEdit *edit1=(CEdit *)GetDlgItem(IDC_EDIT_XH);
    edit1->GetWindowText(XH);
    edit1=(CEdit *)GetDlgItem(IDC_EDIT_XM);
    edit1->GetWindowText(XM);
    edit1=(CEdit *)GetDlgItem(IDC_EDIT_NL);
    edit1->GetWindowText(NL);
    edit1=(CEdit *)GetDlgItem(IDC_EDIT_ZY);
    edit1->GetWindowText(ZY);
    edit1=(CEdit *)GetDlgItem(IDC_EDIT_BJ);
    edit1->GetWindowText(BJ);
    edit1=(CEdit *)GetDlgItem(IDC_EDIT_YWCJ);
    edit1->GetWindowText(YWCJ);
    edit1=(CEdit *)GetDlgItem(IDC_EDIT_SXCJ);
    edit1->GetWindowText(SXCJ);
    edit1=(CEdit *)GetDlgItem(IDC_EDIT_YYCJ);
    edit1->GetWindowText(YYCJ);
    CComboBox *combo1=(CComboBox *)GetDlgItem(IDC_COMBO_XB);
    combo1->GetWindowText(XB);
    combo1=(CComboBox *)GetDlgItem(IDC_COMBO_TYCJ);
    combo1->GetWindowText(TYCJ);
    CButton *but1=( CButton *)GetDlgItem(IDC_BUTTON_QR);
    but1->EnableWindow(XH!=""&&XM!=""&&XB!=""&&NL!=""&&ZY!=""&&BJ!=""
        &&YWCJ!=""&&SXCJ!=""&&YYCJ!=""&&TYCJ!="");
}
```

如果数据设置完整，则启用"确认"按钮。

2. "修改"按钮

"修改"按钮的代码如下：

```
void CMyDB2View::OnEdit()
{
    EnableEditCom(true);                          //控件可用
    //禁用各个按钮
    CButton *but1=( CButton *)GetDlgItem(IDC_Add);
    but1->EnableWindow(FALSE);
    but1=( CButton *)GetDlgItem(IDC_Edit);
    but1->EnableWindow(FALSE);
    but1=( CButton *)GetDlgItem(IDC_Delete);
    but1->EnableWindow(FALSE);
    but1=( CButton *)GetDlgItem(IDC_BUTTON_QR);
```

```
        but1->EnableWindow(FALSE);
}
```

注意，修改时不需要清空控件显示数据，而是在原有基础上进行修改。

3. "删除" 按钮

"删除" 按钮的代码如下：

```
void CMyDB2View::OnDelete()
{
    if(MessageBox("确实要删除吗?","删除",MB_YESNO|MB_ICONQUESTION)==IDYES)
    {
        m_pSet->Delete();
        m_pSet->MoveNext();
        if (m_pSet->IsEOF())
            m_pSet->MoveLast();
        if (m_pSet->IsBOF())
            m_pSet->SetFieldNull(NULL);
        UpdateData (FALSE);
    }
}
```

4. "确认" 按钮

上面的 "添加"、"修改" 按钮并没有真正实现 "添加" 与 "修改" 功能，必须单击 "确认" 按钮，才能将数据传回数据库。

由于 "添加" 与 "修改" 操作都使用 "确认" 按钮进行确认，所以必须分别加以处理。

为此，声明一个 CString 变量 OperationFlag，可取 "添加" 和 "删除" 两种值之一。

```
void CMyDB2View::OnButtonQr()
{
    UpdateData (TRUE);
    if( OperationFlag=="添加")
    {
        m_pSet->Update();
        m_pSet->Requery();                          // 重新建立记录集
    }
    else
    {
        m_pSet->Edit();
        m_pSet->Update();
    }
    CButton *but1=( CButton *)GetDlgItem(IDC_Add);
    but1->EnableWindow(TRUE);
    but1=( CButton *)GetDlgItem(IDC_Edit);          //禁用各个按钮
    but1->EnableWindow(FALSE);
    but1=( CButton *)GetDlgItem(IDC_Delete);
    but1->EnableWindow(FALSE);
    but1=( CButton *)GetDlgItem(IDC_BUTTON_QR);
    but1->EnableWindow(FALSE);
```

}

读者可自行运行程序，验证是否达到预期目标。

6.6 DAO 编程基础

6.6.1 DAO 简介

Visual C++从 4.0 版开始引入 DAO，其实质是一组基于 Microsoft Access/Jet 数据库引擎的组件对象模型(Component Object Model，COM)自动化接口，它使用 Microsoft Jet 引擎来访问数据库。Microsoft Jet 引擎是一种数据管理组件，主要服务于 Microsoft Access 和 Visual Basic 的数据库引擎，许多数据库工具都是基于它实现的。

DAO 直接与 Access/Jet 数据库通信，若通过 ODBC，还可以同其他数据库进行通信，如图 6.35 所示。

DAO 同 ODBC 相比更容易使用，但不能提供 ODBC API 所提供的低层控制，因此 DAO 属于高层的数据库接口。不过，DAO 提供了比 ODBC 更广泛的支持，只要有 ODBC 驱动程序，使用 DAO 就可以访问 ODBC 数据源。

ISAM 数据库包括 Microsoft FoxPro 2.0、2.5、2.6 版本的数据库，以及可在 3.0 版本中输入输出的数据，dBase Ⅲ、dBase Ⅳ 及 dBase .50 数据库，Paradox 3.x、4.x 和 5.x 版本的数据库等。Lotus 电子数据表主要包括 WKS、WK1、WK3 和 WK4 版的表格。

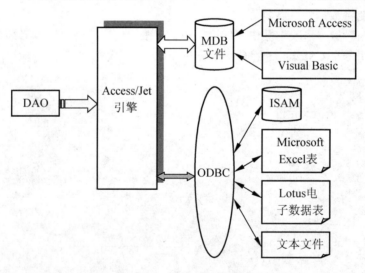

图 6.35 DAO 体系结构

从图 6.35 中可以看出，DAO 虽然提供了访问其他数据库的功能，但必须经过 Access/Jet 数据库引擎，这对于使用数据库服务器的应用程序来说，无疑是个严重的瓶颈。

另外需要注意的是，由于 DAO 是基于 Microsoft Jet 引擎的，因而在访问 Access 数据库时具有很好的性能。但如果用户的工作必须严格限于 ODBC 数据源，尤其是在开发 Client/Server 结构的应用程序时，则用 ODBC 有较好的性能。

6.6.2　DAO 对象模型

DAO 提供了一种数据库编程的对象模型，更适合于面向对象的程序开发。

DAO 提供了一种通过程序代码创建和操作数据库的机制，由多个 DAO 对象构成一个体系结构，在这个结构里，各个 DAO 对象协同工作，如图 6.36 所示。

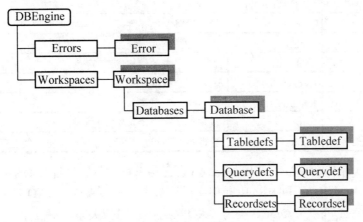

图 6.36　DAO 对象主体结构

DAO 将一组不关联的 API 函数集成到一起，封装了 Access 数据库的结构单元，例如表、查询、索引等。通过 DAO，可以直接修改 Access 数据库的结构，而不必使用 SQL 的 DDL 语句。因此，通常要求开发人员必须编写自己的一组类来封装这些 API 函数。

6.6.3　封装 DAO

与 ODBC 一样，DAO 提供了一组 API 供编程使用。从 Visual C++ 4.0 开始，对 DAO 对象进行了全面的封装，封装了 DAO 底层的 API，形成 DAO 类。例如，CDaoWorkspace 类封装了 Workspace 对象，CDaoDatabase 类封装了 Database 对象，CDaoRecordset 类封装了 Recordset 对象等。DAO 类的类簇结构如图 6.37 所示。

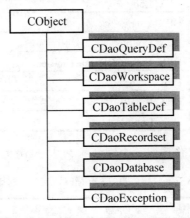

图 6.37　MFC DAO 类簇

从图 6.37 中可以看出，这些 DAO 类都使用前缀 CDao，大大简化了程序的开发。利用 DAO 类，用户可以编写独立于 DBMS 的应用程序。

表 6-20 列出了 DAO 类与 DAO 对象之间的对应关系。

表 6-20　DAO 类与 DAO 对象之间的对应关系

MFC 类	DAO 对象	对象的描述
CDaoWorkspace	Workspace	管理事务空间，并提供对数据库的访问
CDaoDatabase	Database	表示与数据库的连接
CDaoTableDef	Tabledef	表示一个表的结构
CDaoQueryDef	Querydef	表示一个数据库查询的结构
CDaoRecordset	Recordset	表示一个记录集
CDaoException	Error	发生异常时由该对象接收异常
CDaoFieldExchange	None	管理数据库记录与记录集字段数据成员之间的数据交换

与 ODBC 类相比，DAO 类使用 Microsoft Jet 引擎操作位于系统数据库和用户数据库中的数据，而 ODBC 类通过 ODBC 驱动程序操作数据。一般来说，DAO 类的数据操纵能力更为强大。表 6-21 列出了 ODBC 类与 DAO 类之间的对应关系。

表 6-21　ODBC 类与 DAO 类之间的对应关系

ODBC 类	DAO 类
CDatabase	CDaoDatabase
CDatabase::ExecuteSQL	CDaoDatabase::Execute
CRecordset	CDaoRecordset
CRecordset::GetDefaultConnect	CDaoRecordset::GetDefaultDBName
CFieldExchange	CDaoFieldExchange
RFX_Bool	DFX_Bool
RFX_Byte	DFX_Byte
RFX_Int	DFX_Short
RFX_Long	DFX_Long
RFX_Single	DFX_Single
RFX_Double	DFX_Double
RFX_Date *	DFX_Date (COleDateTime-based)
RFX_Text	DFX_Text
RFX_Binary	DFX_Binary
RFX_LongBinary	DFX_LongBinary

但 DAO 类与 ODBC 类也存在很多不同，表 6-22 列出了它们之间的主要区别。

表 6-22　MFC DAO 与 MFC ODBC 的比较

功　　能	DAO	ODBC
访问.mdb 文件	能	能
访问 ODBC 数据源	能	能

续表

功 能	DAO	ODBC
能否支持 16 b	不能	能
能否支持 32 b	能	能
数据库压缩	能	不能
支持的数据库引擎	Microsoft Jet	大部分
支持 DDL	能	仅通过 ODBC 提供支持
支持 DML	能	能
最佳匹配	.mdb 文件	任何 DBMS 驱动,特别适合 C/S 结构

6.6.4 基于 DAO 设计数据库应用程序

【例 6.3】创建一个基于对话框的项目工程,并使用 DAO 类实现简单的信息管理功能。

1. 创建一个对话框工程

操作步骤如下。

(1) 创建基于对话框的工程 **MyDB3**。

(2) 按图 6.38 设计对话框界面。

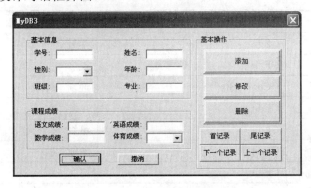

图 6.38 对话框界面布局

主要控件的属性设置见表 6-23。

表 6-23 对话框主要控件的属性设置

ID	类 型	涵 义	备 注
IDC_EDIT_XH	EDITTEXT	学号	
IDC_EDIT_XM	EDITTEXT	姓名	
IDC_EDIT_NL	EDITTEXT	年龄	
IDC_EDIT_BJ	EDITTEXT	班级	
IDC_EDIT_ZY	EDITTEXT	专业	
IDC_EDIT_YWCJ	EDITTEXT	语文成绩	ES_NUMBER 数值属性
IDC_EDIT_YYCJ	EDITTEXT	英语成绩	ES_NUMBER 数值属性
IDC_EDIT_SXCJ	EDITTEXT	数学成绩	ES_NUMBER 数值属性

ID	类 型	涵 义	备 注
IDC_COMBO_TYCJ	COMBOBOX	体育成绩	
IDC_COMBO_XB	COMBOBOX	性别	CBS_DROPDOWNLIST
IDC_BUTTON_Add	PUSHBUTTON	添加	
IDC_BUTTON_Del	PUSHBUTTON	删除	
IDC_BUTTON_Edit	PUSHBUTTON	修改	
IDC_BUTTON_Next	PUSHBUTTON	下一个记录	
IDC_BUTTON_Pri	PUSHBUTTON	上一个记录	
IDC_BUTTON_First	PUSHBUTTON	首记录	
IDC_BUTTON_Last	PUSHBUTTON	尾记录	
IDC_BUTTON_OK	PUSHBUTTON	确认	
IDC_BUTTON_CANCEL	PUSHBUTTON	撤销	

(3) 为对话框中的输入控件、按钮控件等建立对应的 Control 型变量，见表 6-24。

表 6-24　对话框控件变量设置

变 量 名	类 型	涵 义
m_XH	CEdit	学号
m_XM	CEdit	姓名
m_XB	CComboBox	性别
m_NL	CEdit	年龄
m_BJ	CEdit	班级
m_ZY	CEdit	专业
m_YWCJ	CEdit	语文成绩
m_SXCJ	CEdit	数学成绩
m_YYCJ	CEdit	英语成绩
m_TYCJ	CComboBox	体育成绩
m_Cancel	CButton	撤销
m_OK	CButton	确认
m_Pri	CButton	上一个记录
m_Next	CButton	下一个记录
m_Last	CButton	尾记录
m_First	CButton	首记录
m_Edit	CButton	修改
m_Del	CButton	删除
m_Add	CButton	添加

2. 创建 CMyRecord 类

由于在创建 MyDB3 工程时没有使用 AppWizard 自动生成自己的 Recordset 类，因此，还需要用户手工操作，由 CDaoRecordset 类派生出其记录集类，基本步骤如下。

(1) 选择 Insert/New Class 菜单项，弹出 New Class 对话框，按图 6.39 设置相关参数。

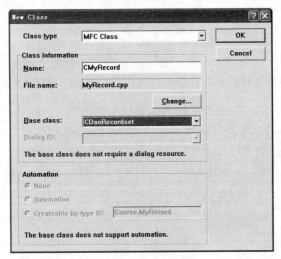

图 6.39　创建新类

新类名为 CmyRecord，基类为 CDaoRecordset。

(2) 单击 OK 按钮，弹出 Database Options 对话框，如图 6.40 所示。

(3) 选中 DAO 单选按钮，单击 "…" 按钮，在打开的对话框中选择需要连接的数据库文件，如图 6.41 所示。

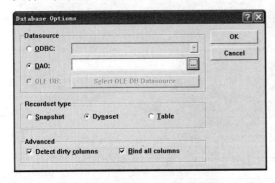

图 6.40　为新建类添加数据源(1)

图 6.41　选择已存在的数据库文件

(4) 这里选择数据库 Student，单击 "打开" 按钮，返回 Database Options 对话框，显示选择的信息，如图 6.42 所示。

需要注意的是，Visual C++ 6.0 无法直接对 Access 2000 进行支持，如果要用 Access 2000，需要先将其转换为 Access 97 才行。

单击 OK 按钮，显示数据库中的所有数据表，供用户选择，如图 6.43 所示。

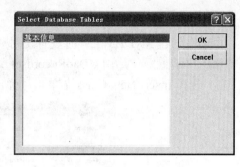

图 6.42　为新建类添加数据源(2)　　　　图 6.43　选择数据表

选择"基本信息"表，单击 OK 按钮，完成类的创建。

下面首先观察一下 CMyRecord 类的头文件 MyRecord.h。

```cpp
class CMyRecord : public CDaoRecordset
{
public:
    CMyRecord(CDaoDatabase* pDatabase = NULL);
    DECLARE_DYNAMIC(CMyRecord)

 // Field/Param Data
    //{{AFX_FIELD(CMyRecord, CDaoRecordset)
    CString m_column1;
    CString m_column2;
    CString m_column3;
    short   m_column4;
    CString m_column5;
    CString m_column6;
    short   m_column7;
    short   m_column8;
    short   m_column9;
    CString m_column10;
    //}}AFX_FIELD
 // Overrides
    // ClassWizard generated virtual function overrides
    //{{AFX_VIRTUAL(CMyRecord)
public:
    virtual CString GetDefaultDBName();    // Default database name
    virtual CString GetDefaultSQL();        // Default SQL for Recordset
    virtual void DoFieldExchange(CDaoFieldExchange* pFX);  // RFX support
    //}}AFX_VIRTUAL
 // Implementation
 #ifdef _DEBUG
    virtual void AssertValid() const;
    virtual void Dump(CDumpContext& dc) const;
 #endif
};
```

不难看出，此例中由 CDaoRecordset 类派生的 CMyRecord 与上例中的 CMyDB2Set 类

的头文件内容基本相同，比如都声明了对应的域成员变量，都重载了 3 个虚函数：

```
virtual CString GetDefaultDBName(); // Default database name
virtual CString GetDefaultSQL();       // Default SQL for Recordset
virtual void DoFieldExchange(CDaoFieldExchange* pFX);  // RFX support
```

重载函数的结构也是基本一样的，仅在内容上稍有不同。

```
CString CMyRecord::GetDefaultDBName()    //返回连接的数据库文件
{
     return _T("D:\\代码\\数据库编程\\MyDB3\\Student.mdb");
}
CString CMyRecord::GetDefaultSQL()       //返回数据表信息
{
     return _T("[基本信息]");
}
void CMyRecord::DoFieldExchange(CDaoFieldExchange* pFX)
{
     //{{AFX_FIELD_MAP(CMyRecord)
     pFX->SetFieldType(CDaoFieldExchange::outputColumn);
     DFX_Text(pFX, _T("[学号]"), m_column1);
     DFX_Text(pFX, _T("[姓名]"), m_column2);
     DFX_Text(pFX, _T("[性别]"), m_column3);
     DFX_Short(pFX, _T("[年龄]"), m_column4);
     DFX_Text(pFX, _T("[专业]"), m_column5);
     DFX_Text(pFX, _T("[班级]"), m_column6);
     DFX_Short(pFX, _T("[语文成绩]"), m_column7);
     DFX_Short(pFX, _T("[数学成绩]"), m_column8);
     DFX_Short(pFX, _T("[英语成绩]"), m_column9);
     DFX_Text(pFX, _T("[体育成绩]"), m_column10);
     //}}AFX_FIELD_MAP
}
```

这里使用的 DFX_ 系列函数与 RFX_ 函数类似，但有细微差别，读者可自行查阅有关文献，加以比较研究。

至此就可以编译并运行该程序了，但是并没有实现什么功能。

需要注意的是，若要正确地编译程序，必须在 CMyRecord 头文件中加入如下语句：

```
#include"afxdao.h"
```

如要在对话框中使用 CMyRecord 类，则需要在对话框类的头文件中加入下面的代码：

```
#include"MyRecord.h"
```

3. 手工绑定数据库与控件

由于不是在新建工程时自动创建数据库连接的，所以数据库没有与对话框中的控件实现静态绑定。若要重新实现静态绑定，则必须手工操作，步骤如下。

(1) 在对话框类 CMyDB3Dlg 的头文件中加入如下代码：

```
class CMyDB3Dlg : public CDialog
{
```

```
    …
    // Dialog Data
    //{{AFX_DATA(CMyDB3Dlg)
      CMyRecord *Myrec;                    //添加的代码
    …
    //}}AFX_DATA
    …
};
```

(2) 绑定操作。启动 ClassWizard，如图 6.44 所示。

选择 IDC_EDIT_XM 选项，单击 Add Variable 按钮，弹出如图 6.45 所示的对话框。

选择对应的字段，如 Myrec->m_column2，单击 OK 按钮，完成绑定，返回图 6.44。

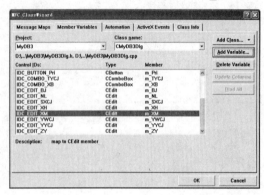

图 6.44　静态绑定(1)

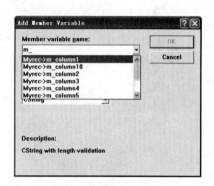

图 6.45　静态绑定(2)

4. 完善 CMyDB3Dlg 类

(1) 首先声明 3 个数据成员和 4 个成员函数，访问属性均为 private，见表 6-25。

表 6-25　添加数据成员和成员函数

名　　称	类　　型	涵　　义
state	int	操作状态，或"添加"或"修改"
old	int	存储修改前的学号
myrec	CMyRecord	记录集对象
setstate(bool breadstate)	void	设置控件状态
displaydata()	void	显示当前记录的数据
SaveDataToDB()	void	保存当前记录
CheckInput()	bool	检查输入控件是否内容齐全

4 个成员函数的代码如下：

```
void CMyDB3Dlg::setstate(bool breadstate)
{
    m_XB.EnableWindow(!breadstate);        //设置组合框控件是否可用
    m_TYCJ.EnableWindow(!breadstate);
    m_BJ.SetReadOnly(breadstate);          //设置编辑框控件是否只读
    m_ZY.SetReadOnly(breadstate);
```

```
    m_XM.SetReadOnly(breadstate);
    m_XH.SetReadOnly(breadstate);
    m_NL.SetReadOnly(breadstate);
    m_SXCJ.SetReadOnly(breadstate);
    m_YYCJ.SetReadOnly(breadstate);
    m_YWCJ.SetReadOnly(breadstate);
}
void CMyDB3Dlg::displaydata()                    //显示当前记录内容
{
    char s[10];
    m_XH.SetWindowText(myrec.m_column1);
    m_XM.SetWindowText(myrec.m_column2);
    m_XB.SelectString(0,myrec.m_column3);
    itoa(myrec.m_column4,s,10);                  //数值型→字符串型
    m_NL.SetWindowText(s);
    m_ZY.SetWindowText(myrec.m_column5);
    m_BJ.SetWindowText(myrec.m_column6);
    itoa(myrec.m_column7,s,10);
    m_YWCJ.SetWindowText(s);
    itoa(myrec.m_column8,s,10);
    m_SXCJ.SetWindowText(s);
    itoa(myrec.m_column9,s,10);
    m_YYCJ.SetWindowText(s);
    m_TYCJ.SelectString(0,myrec.m_column10);
}
void CMyDB3Dlg::SaveDataToDB()                   //保存控件内容到记录集字段中
{
    CString s;
    m_XH.GetWindowText(myrec.m_column1);
    m_XM.GetWindowText(myrec.m_column2);
    m_XB.GetWindowText(myrec.m_column3);
        m_NL.GetWindowText(s);
    myrec.m_column4=atoi(s);                      //字符串型→数值型
    m_ZY.GetWindowText(myrec.m_column5);
    m_BJ.GetWindowText(myrec.m_column6);
    m_YWCJ.GetWindowText(s);
    myrec.m_column7=atoi(s);
    m_SXCJ.GetWindowText(s);
    myrec.m_column8=atoi(s);
    m_YYCJ.GetWindowText(s);
    myrec.m_column9=atoi(s);
    m_TYCJ.GetWindowText(myrec.m_column10);
}
bool CMyDB3Dlg::CheckInput()                      //信息必须填写完整
{
    CString s;
    m_XH.GetWindowText(s);
    if(s=="")return false;
    m_XM.GetWindowText(s);
    if(s=="")return false;
    m_XB.GetWindowText(s);
```

```
        if(s=="")return false;
        m_NL.GetWindowText(s);
        if(s=="")return false;
        m_ZY.GetWindowText(s);
        if(s=="")return false;
        m_BJ.GetWindowText(s);
        if(s=="")return false;
        m_YWCJ.GetWindowText(s);
        if(s=="")return false;
        m_SXCJ.GetWindowText(s);
        if(s=="")return false;
        m_YYCJ.GetWindowText(s);
        if(s=="")return false;
        m_TYCJ.GetWindowText(s);
        if(s=="")return false;
        return true;
    }
```

上述 4 个函数的代码很简单，很容易理解，这里不再多加解释。

这里需要提醒注意的是，CheckInput 函数用于检查所有可输入控件的内容是否为空，并以此决定"确认"按钮是否可用，这是一种常见的消息联动机制。很多设计人员喜欢使用另外一种判断方式，即一次性将所有控件的内容都提取出来，然后再统一判断，代码如下：

```
        CString s1,s2,s3,s4,s5,s6,s7,s8,s9,s10;
        m_XH.GetWindowText(s1);
        m_XM.GetWindowText(s2);
        m_XB.GetWindowText(s3);
        m_NL.GetWindowText(s4);
        m_ZY.GetWindowText(s5);
        m_BJ.GetWindowText(s6);
        m_YWCJ.GetWindowText(s7);
        m_SXCJ.GetWindowText(s8);
        m_YYCJ.GetWindowText(s9);
        m_TYCJ.GetWindowText(s10);
        if(s1==""||s2==""||s3==""||s4==""||s5==""||s6==""||s7==""
            ||s8==""||s9==""||s10=="")
            return false;
        else
            return true;
```

这段代码与前面的 CheckInput 函数功能相同，但执行效率、资源利用等方面有比较大的差别。读者要仔细分析、比较，理解其中的不同之处。

(2) 修改 CMyDB3Dlg 的 OnInitDialog 函数，添加如下初始化代码：

```
BOOL CMyDB3Dlg::OnInitDialog()
{
    …
    //执行某些预操作，初始化有关成员变量
    myrec.Open();                    //打开记录集
```

```
        displaydata();                       //显示当前记录
        m_First.EnableWindow(FALSE);         //"首记录"按钮禁用
        m_Pri.EnableWindow(FALSE);           //"上一个记录"按钮禁用
        m_OK.EnableWindow(FALSE);            //"确认"按钮禁用

        return TRUE;
}
```

(3) 编写按钮单击事件响应函数：

```
void CMyDB3Dlg::OnBUTTONAdd()            //"添加"事件响应函数
{
        //首先清空相关输入控件
        m_XB.SetCurSel(-1);
        m_TYCJ.SetCurSel(-1);
        m_BJ.SetWindowText("");
        m_ZY.SetWindowText("");
        m_XM.SetWindowText("");
        m_XH.SetWindowText("");
        m_NL.SetWindowText("");
        m_SXCJ.SetWindowText("");
        m_YYCJ.SetWindowText("");
        m_YWCJ.SetWindowText("");
        m_Edit.EnableWindow(false);      //添加时不可编辑和删除
        m_Del.EnableWindow(false);
        m_OK.EnableWindow(false);
        setstate(false);                 //调用setstate函数设置控件状态
        state=0;                         //设置为0，表示是"添加"操作
}
void CMyDB3Dlg::OnBUTTONDel()            //"删除"事件响应函数
{
        if (MessageBox("确定要删除吗？","提示",MB_YESNO)==IDYES)
        {
                myrec.Delete();                  //删除
                myrec.Requery();                 //重新获得记录集
                MessageBox("删除成功！","反馈");
                displaydata();                   //调用displaydata函数显示当前记录
        }
}
void CMyDB3Dlg::OnBUTTONEdit()           //"修改"事件响应函数
{
        m_Del.EnableWindow(false);       //编辑时不可删除
        setstate(false);
        state=1;                         //设置为1，表示是"修改"操作
        CString s;
        m_XH.GetWindowText(s);
        old=atoi(s);
        m_OK.EnableWindow(false);
}
void CMyDB3Dlg::OnBUTTONFirst()          //"首记录"事件响应函数
{
```

```
        myrec.MoveFirst();
        m_First.EnableWindow(false);
        m_Pri.EnableWindow(FALSE);
        m_Next.EnableWindow(true);
        m_Last.EnableWindow(true);
        displaydata();
    }
    void CMyDB3Dlg::OnBUTTONLast()          //"尾记录"事件响应函数
    {
        myrec.MoveLast();
        m_First.EnableWindow(true);
        m_Pri.EnableWindow(true);
        m_Next.EnableWindow(FALSE);
        m_Last.EnableWindow(FALSE);
        displaydata();
    }
    void CMyDB3Dlg::OnBUTTONNext()          //"下一个记录"事件响应函数
    {
        myrec.MoveNext();
        m_First.EnableWindow(true);
        m_Pri.EnableWindow(true);
        displaydata();
        myrec.MoveNext();
        if (myrec.IsEOF())                  //检查是否已到记录尾部
        {
            m_Next.EnableWindow(FALSE);
            m_Last.EnableWindow(FALSE);
        }
        myrec.MovePrev();
    }
    void CMyDB3Dlg::OnBUTTONPri()           //"上一个记录"事件响应函数
    {
        myrec.MovePrev();
        m_Next.EnableWindow(true);
        m_Last.EnableWindow(true);
        displaydata();
        myrec.MovePrev();
        if (myrec.IsBOF())
        {
            m_First.EnableWindow(false);
            m_Pri.EnableWindow(FALSE);
        }
        myrec.MoveNext();
    }
    void CMyDB3Dlg::OnButtonOk()            //"确认"事件响应函数
    {
        try
        {
            //在库中添加一条空的记录
            if (state==0)
                myrec.AddNew();
```

```
        else
            myrec.Edit();                 //使当前记录处于编辑状态
        SaveDataToDB();                   //将在控件中所输入的内容赋给变量
        myrec.Update();                   //更新数据库
        myrec.Requery();                  //重新获得数据
    }
    catch (CDaoException* e)
    {
        e->ReportError();
        return;
    }
    MessageBox("保存成功! ","信息提示");
    m_Edit.EnableWindow();                //保存后使"修改"和"删除"按钮可用
    m_Del.EnableWindow();
    setstate(true);                       //保存后使各输入控件只读
    m_OK.EnableWindow(false);
}
```

(4) 编写编辑框 OnChange 事件响应函数:

```
void CMyDB3Dlg::OnChangeEditXm()
{
    m_OK.EnableWindow(CheckInput());     //调用公共的成员函数 CheckInput
}
void CMyDB3Dlg::OnChangeEditNl()
{
    m_OK.EnableWindow(CheckInput());
}
void CMyDB3Dlg::OnChangeEditBj()
{
    m_OK.EnableWindow(CheckInput());
}
void CMyDB3Dlg::OnChangeEditZy()
{
    m_OK.EnableWindow(CheckInput());
}
void CMyDB3Dlg::OnChangeEditYwcj()
{
    m_OK.EnableWindow(CheckInput());
}
void CMyDB3Dlg::OnChangeEditYycj()
{
    m_OK.EnableWindow(CheckInput());
}
void CMyDB3Dlg::OnChangeEditSxcj()
{
    m_OK.EnableWindow(CheckInput());
}
```

(5) 编写组合框 Selchange 事件响应函数:

```
void CMyDB3Dlg::OnSelchangeComboXb()
```

```
{
        m_OK.EnableWindow(CheckInput());
}

void CMyDB3Dlg::OnSelchangeComboTycj()
{
        m_OK.EnableWindow(CheckInput());
}
```

至此就完成了 MyDB3 的设计，编译并运行程序，显示图 6.46 所示的结果。

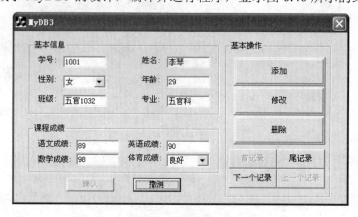

图 6.46　MyDB3 运行界面

6.7　ADO 概述

通过前面几节的介绍可以看出，ODBC 是访问数据库的一个底层标准，不同的 DBMS 需要编写不同的 ODBC 驱动程序，这种依赖性使得 ODBC 从诞生之初就存在固有的缺陷，例如可访问的数据源有限、效率低下等。为克服 ODBC 的不足，Microsoft 适时推出了 OLE DB 数据访问接口模型，这是一组新的数据库低层接口，它封装了 ODBC 的功能，它作为数据源和应用程序的中间层，允许应用程序以相同的接口访问不同类型的数据源，这些数据源包括关系和非关系数据库、电子邮件和文件系统、文本和图形、自定义业务对象等。OLE DB 为用户提供了访问不同数据源的一种通用、高性能的方法。不可否认的是，OLE DB 是一种非常有发展前景的数据库访问技术，是介于数据库应用和数据源之间的一种通用数据访问标准，通过 OLE DB 服务器将数据源透明化。Visual C++从 6.0 版本开始提供了对 OLE DB 的全面支持。

但是也应该认识到，推出 OLE DB 的初衷是为各种应用程序提供最佳的功能、最简便的操作，然而 OLE DB 过于复杂烦琐，这显然不符合简单化的设计原则与使用要求。用户最需要的应该是一座桥梁，一座连接应用程序和 OLE DB 的桥梁，这种需求直接推动了 ADO 的诞生。ADO 实质上是一种更便于使用的应用程序接口，易于使用、速度快、内存支出少和磁盘遗迹小。图 6.47 表示了 ADO 与 ODBC、OLE DB 的连接关系。

采用 ADO 访问数据库的技术已经很成熟，因此在 Visual Basic、Delphi 等开发工具中都提供了对 ADO 的支持。

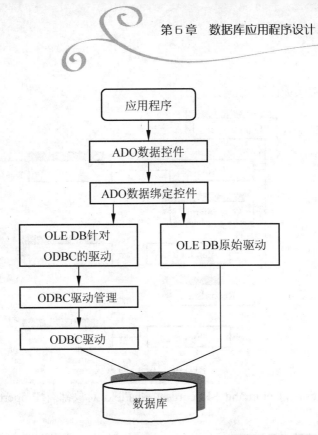

图 6.47　ADO 与 ODBC、OLE DB 的连接关系

ADO 也是一种高层数据访问接口，是 Microsoft 处理数据库信息的最新技术，采用 OLE DB 的数据访问模式，是数据访问对象 DAO、远程数据对象 RDO 和开放数据库互连 ODBC 这 3 种方式的扩展。ADO 具有面向对象的特点。利用 ADO 技术来访问数据库，其实就是利用 ADO 的对象来操纵数据库，因此首先要熟悉这些对象。常用的 ADO 对象见表 6-26。

表 6-26　常用的 ADO 对象及涵义

对　　象	涵　　义
Connection	启用数据的交换，用来与数据库建立连接、执行查询及进行事务处理
Command	包含 SQL 语句，可以执行数据库操作命令(如查询、修改、插入和删除等)。用命令对象执行一个查询子串，可以返回一个记录集合
Recordset	启用数据的定位和操作，用来查询返回的结果集，可以在结果集中添加、删除、修改和移动记录，这是对数据库进行查询和修改的主要对象
Field	包含 Recordset 对象列，用于表示记录集中的列信息，包括列值等信息
Parameter	是和命令对象联用的。当命令对象执行的查询是一个带参数的查询时，就靠参数对象来为命令对象提供参数信息和数据
Error	包含连接错误
Property	包含 ADO 对象特性

从表 6-26 中可以看出，ADO 对象模型定义了一个可编程的分层对象集合，最重要的对象有 3 个：Connection、Command 和 Recordset，它们分别表示连接对象、命令对象和记录集对象。另有 3 个集合对象 Errors、Parameters 和 Fields。

它们之间的关系如图 6.48 所示。

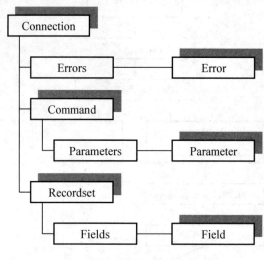

图 6.48　ADO 对象簇

每个 Connection、Command、Recordset 和 Field 对象都有 Properties 集合，如图 6.49 所示。

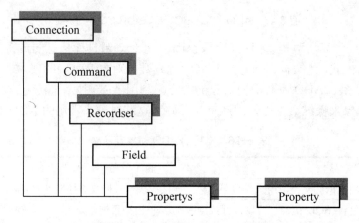

图 6.49　ADO 的 Properties 集合

Visual C++ 6.0 为 ADO 操作提供了库文件支持，根据 Windows 版本的不同，该文件可以是 msado1.dll、msado15.dll、msador15.dll 和 msado2.dll 等。在利用 Visual C++ 6.0 进行 ADO 编程时，可以借助 import 宏将该库文件引用到工程里，从而使 msado*.dll 库里的数据和函数声明被应用的代码所使用。通过引用，msado*.dll 库在工程里产生了所有 ADO 对象的描述和声明。表 6-27 列出了常见的对象指针。

表 6-27　ADO 常见的对象指针

接　　口	涵　　义
_ConnectionPtr	指向 ADO 的 Connect 对象的指针
_CommandPtr	指向 ADO 的 Command 对象的指针

接　　口	涵　　义
_RecordsetPtr	指向 ADO 的 Recordset 对象的指针
_ParameterPtr	指向 ADO 的 Parameter 对象的指针
FieldPtr	指向 ADO 的 Field 对象的指针
ErrorPtr	指向 ADO 的 Error 对象的指针
PropertyPtr	指向 ADO 的 Property 对象的指针

利用 ADO 技术访问数据库有两种方式：一是采用 ADO 对象访问数据库，ADO 提供了丰富的层次对象，支持多种语言，可以非常灵活地控制应用程序的细节，而且效率、性能很高；二是采用 ADO 控件访问数据库。ADO 控件是一系列可执行组件，其目的是将其嵌入窗口或 Web 页中实现一些完备的功能。对于用户来讲，它们与普通的 Windows 控件十分相似，应用程序可以通过 ADO 控件所包括的一系列的属性和方法来操作该控件的行为。

使用 ADO 对象接口访问数据库虽然可以进行底层操作，但过程复杂烦琐，在实际应用中要求使用者具备一定的专业知识，因此通常采用 ADO 控件设计数据应用程序。

ADO 常用控件包括两个：一个是 ADO Data 控件，用于操纵数据；另一个是 ADO DataGrid 控件，用于显示数据。两者的关系类似于文档/视图结构。ActiveX 控件一般以.ocx 文件的形式提供，并在系统中进行注册。若要使用 ActiveX 控件，一般需要手工加载。下面举一个具体的 ADO 应用例子。

【例 6.4】　创建一个利用 ADO 控件访问数据库的 MFC 应用程序。

1．创建工程框架

用 AppWizard 向导创建一个基于对话框的应用程序，该工程的名称为 MyDB4。打开 IDD_MYDB4_DIALOG 对话框，删除默认的静态文本控件。

2．在工程中插入 ADO 控件

由于 ADO 控件是 ActiveX 控件，而不是 Visual C++的控件，它们不像编辑框、列表框控件那样自动显示在 Control 工具栏中。如果要使用 ADO 控件，必须先将它们添加到工程中，步骤如下。

(1) 在对话框空白处单击鼠标右键，在弹出的快捷菜单中选择 Insert ActiveX Control 选项，将弹出如图 6.50 所示的对话框。

在其中选择 Microsoft ADO Data Control，version 6.0 选项。单击 OK 按钮，则在对话框窗体上插入了 ADO Data 控件。

(2) 用同样的方法在图 6.50 所示的对话框中选择 Microsoft DataGird Control, version 6.0 选项。单击 OK 按钮，则完成了插入 DataGird 控件的操作。插入 DataGird 控件后的对话框如图 6.51 所示。

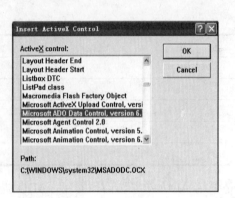

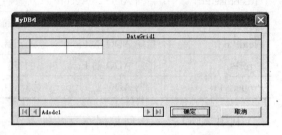

图 6.50 插入 ADO Data 控件对话框　　　　图 6.51 插入 DataGrid 控件后的对话框

3. 设置 ADO Data 控件属性

先选中该控件，然后单击鼠标右键，就会弹出 Properties 对话框，在该对话框中对相应属性进行设置。

(1) 打开 ADO Data 控件属性对话框，选择 Control 选项卡，如图 6.52 所示。

在该对话框中，先选中 Use Connection String 单选按钮，然后单击 Build 按钮，弹出如图 6.53 所示的对话框。

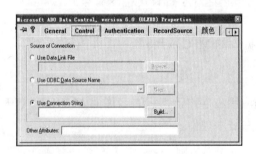

图 6.52 ADO Data 控件属性对话框　　　　图 6.53 "数据链接属性"对话框

(2) 在图 6.53 所示的对话框中，选择 Microsoft Jet 4.0 OLE DB Provider 选项，然后单击"下一步"按钮，弹出如图 6.54 所示的选择数据库的对话框。

(3) 在图 6.54 所示的对话框中，单击"选择或输入数据库名称"编辑框右边的"…"按钮，把前面所建立的学生数据库 Student.mdb 选中。单击"测试连接"按钮，如连接成功则会给出提示信息。最后单击"确定"按钮，关闭对话框。

至此数据连接就建立好了，以下步骤是选择数据源中的数据，即进行数据集的选择。

(4) 再选择 ADO Data 控件属性对话框的 RecordSource 选项卡，弹出如图 6.55 所示的对话框。

在 Command Type 下拉列表框中选择 2-adCmdTable 选项，在 Table of Stored Procedure Name 下拉列表框中选中 Student.mdb 数据库中的"基本信息"表。关闭对话框，完成 ADO Data 控件的属性设置。

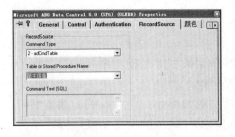

图 6.54　选择数据库　　　　　　　　　　图 6.55　设置数据源

4. 设置 ADO DataGrid 控件的属性

(1) 打开 ADO DataGrid 控件属性对话框，选择 Control 选项卡，如图 6.56 所示。在该对话框中，选中 AllowAddNew 和 AllowDelete 复选框。

(2) 再选择 All 选项卡，弹出如图 6.57 所示的对话框。在该对话框中，单击 Data Source 列表项右边的 Value 下三角按钮，从下拉列表中选择 IDC_ADODC1 选项，然后关闭属性对话框。

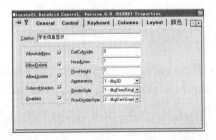

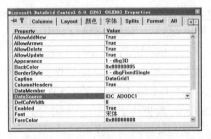

图 6.56　DataGrid 控件的 Control 选项卡　　　　图 6.57　DataGrid 控件的 All 选项卡

5. 运行程序

编译并运行上述工程，其运行界面如图 6.58 所示。

图 6.58　利用 ADO 控件进行数据库访问

在该程序的创建工程中没有编写一行代码，但该程序已经实现了浏览、增加、修改与删除记录的功能。

通过上面的介绍读者可以体会到，采用 ADO 控件访问数据库，极大地简化了数据库应用程序的开发，用户只需写相对较少的代码，甚至不写一行代码，就可以实现对数据库的访问，但是该方法的效率比较低，用户对程序的控制比较弱，不能完全发挥 ADO 访问数据库的优良特性。

本 章 总 结

所谓数据库是指一系列相关数据的有机组合，数据库由若干张数据表组成，而数据表则是一个二维表格，其中的每一行称为一个记录，每一列称为一个字段。同文件相比，数据库中的数据是面向系统的，高度结构化的。数据库对数据的访问不限于以记录为单位，还可以操作记录的指定字段，方便了外部程序对数据的灵活操纵，具有较高的共享性、独立性、安全性和一致性。

一般使用 Microsoft Access 创建数据库，创建了数据库之后，需要编写程序，通过某种接口采用某种数据库访问技术与之通信。为简化用户访问数据库的过程，数据库系统提供了完善的数据库访问接口，例如常见的数据库接口有 ODBC、DAO、RDO、OLE DB 和 ADO。

一个完整的 ODBC 结构通常包括 4 个部分：应用程序接口、驱动器管理器、数据库驱动器和数据源。MFC 对 ODBC 进行了封装，形成 ODBC 类，包括 CDatabase、CRecordset、CRecordView、CFieldExchange、CDBException 等。

DAO 和 ODBC 都是能够提供独立于 DBMS 的数据库 API 的数据库访问技术，但 DAO 比 ODBC 更容易使用，更有更广泛的兼容性。但 DAO 不能提供低层控制，它是属于高层的数据库接口。不过，DAO 提供了比 ODBC 更广泛的支持，只要有 ODBC 驱动程序，使用 DAO 就可以访问 ODBC 数据源。

ADO 也是一种高层数据访问接口，它是一座桥梁，一座连接应用程序和 OLE DB 的桥梁。ADO 本质上仍然采用 OLE DB 的数据访问模式，具有面向对象的特点。利用 ADO 技术来访问数据库，其实就是利用 ADO 的对象来操纵数据库。ADO 技术已经很成熟，Visual Basic、Visual C++、Delphi 等开发工具中都提供了对 ADO 的支持。利用 ADO 技术访问数据库有两种方式：一是采用 ADO 对象访问数据库，二是采用 ADO 控件访问数据库。

习 题

1. 举例说明数据库挂管理系统、数据库、数据表、记录与字段的关系。
2. 解释英文缩写 DB、DBS、DBMS、DBA、DBAP、DDL 及 DML 的中文涵义。
3. 试说明常用的数据模型有哪几种？
4. 若从用户角度看，数据库系统可分为哪几种？各有何特征及优缺点？
5. 举例说明创建 Access 2000 数据库的基本步骤，并尝试创建数据库 MyDB.mdb，包含一个数据表 MyTable，并按表 6-28 定义该数据表的字段属性。

表 6-28　MyTable 表的字段属性

字 段 名 称	字 段 类 型	字 段 大 小	索 引	必 须 填 写
职工编号	数字	长整型	唯一、主索引	是
职工姓名	文本	20		是
职工性别	文本	2		是
所在部门	文本	30		是

续表

字 段 名 称	字 段 类 型	字 段 大 小	索　　引	必 须 填 写
职工年龄	数字	整型		是
工作时间	日期/时间	8		是
基本工资	数字	单精度型		是
职称	文本	20		是
简历	备注	默认		是

6．分析下面代码的功能，并创建一个 ODBC 数据源，使之与上题所建的 MyDB.mdb 关联。

```
void CreateDSN(CString DSNName)
{
    CDatabase db;
    if(!SQLConfigDataSource(NULL,ODBC_ADD_DSN,
        "Microsoft Access Driver (*.mdb)","DSN="+DSNName))
    {
        AfxMessageBox("不能创建数据源！");
        return ;
    }
    TRY
    {
        db.Open(DSNName);
    }
    CATCH(CDBException, e)
    {
        AfxMessageBox(e->m_strError);
        return;
    }
    END_CATCH
}
```

7．比较 ODBC、DAO 及 ADO，说明它们之间的区别与联系。

8．查阅资料，说明 MFC 是如何封装 ODBC、DAO 及 ADO 的。

9．MFC 中的 RFX 系列函数有何作用？与 DDX 机制有何区别与联系？

10．在例 6.2 中，当"修改"操作完成后，单击"确认"按钮，将执行下面的代码：

```
m_pSet->Edit();          //激活编辑
m_pSet->Update();        //更新数据
```

其作用是将修改后的数据更新回数据库。假设修改"学号"后，发现新的"学号"与库中的另一"学号"相同，则又该如何处理？

11．在例 6.3 中，学号是由用户输入的，若要求学号按自动顺序产生，该如何实现呢？若某学号被删除，则新增学号是否弥补了空白学号呢？试完善程序，并调试。

12．采用 ADO 控件建立一个 MFC 应用程序，它能实现简单的学生成绩管理，有 3 个对话框，分别实现学生信息、课程信息和学生考试信息的显示和添加功能。具体信息内容可自定。

13．*查阅资料，编写代码，实现使用 DAO 对象自动创建数据库和数据表的功能。数据表结构自定。

第 7 章

网络应用程序设计

教学目标

本章主要介绍基于 Internet 环境编写网络应用程序的基本原理与基本方法,包括网络编程模式、套接字编程技术及 WinInet 编程方法等。通过学习,要求读者熟练掌握运用 MFC WinInet 类设计 FTP 客户端应用程序的原理与方法,熟悉运用 CAsyncSocket、CSocket 等 Socket 类设计简单聊天程序的基本过程, 了解 ISAPI 的基本概念。

知识结构

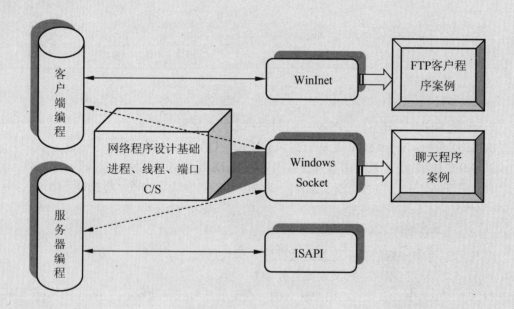

引言

随着计算机信息处理能力与网络通信技术的飞速发展，在更大范围内实现资源共享和远程交流已成为越来越多用户的普遍需求。这种需求直接催生了一个划时代的产物——国际因特网(Internet)的诞生。Internet 连接了全球大多数已有的局域网(Local-Area Network，LAN)、城域网(Metropolitan Area Network，MAN)和广域网(Wide Area Network，WAN)，包含了数万个子网、几百万台主机和几千万台个人计算机。拥有 Internet，你就可以"足不出户"而"漫游世界"。

随着计算机网络的逐步普及，设计网络应用程序成为软件开发的一个重要组成部分，如 Web 浏览器、电子邮件、文件传输、电子商务、网络游戏等。网络应用程序可分为两类：基于 LAN 和基于 Internet。其中，基于 Internet 的应用程序又可分为两种。

1. 服务器端应用程序

主要支持超文本传输协议(Hypertext Transfer Protocol，HTTP)、文件传输协议(File Transfer Protocol，FTP)和 Gopher 文件传输协议等类型的服务。

2. 客户端应用程序

主要通过 Internet 协议从网络服务器上获取数据，提供访问 Internet 的功能。

本章首先系统介绍网络编程的基础概念和基本原理，并在此基础上，通过两个实际案例，重点讨论 Internet 客户端应用程序的设计原理与基本方法。

7.1 概　　述

7.1.1 网络通信

在第 2 章已介绍了 Windows 应用程序之间消息传递的有关概念，了解了进程与线程的基本涵义。下面再简要介绍一下网络应用进程与网间进程的概念及数据通信原理。

1. 网络协议模型

网络程序设计的实质是解决网络计算机之间的通信问题。这是一项非常复杂的工程，存在复杂的数据传输关系，要依靠一系列的协议来加以维持，就像人与人之间必须遵循一定的法规法纪和道德规范一样。遵守网络协议，实现数据流通，对一个网络通信软件来说举足轻重。

一般采用分层设计的方法，将复杂问题分解成一些简单问题，然后按层次进行软件设计。各层之间相互独立，每一层都有自己的格式，上层与下层之间有一定的依赖关系。国际标准化组织(International Standards Organization，ISO)在 1978 年提出了一套非常重要的标准框架，即开放系统互连(Open System Interconnection，OSI)参考模型。

目前，OSI 模型已成为网络通信的基础性标准协议，一个系统只要遵循 OSI 标准，就可以和位于世界上任何地方的、也遵循同一标准的其他任何系统进行通信。其他许多协议，如传输控制协议/网际协议(Transmission Control Protocol/Internet Protocol，TCP/IP)、X.25、

ATM 等均与之对应，大大提高了导入新技术的方便性，及对各种通信网的适应性。其中最成功、应用最广泛的是 TCP/IP 协议模型。对应于 OSI 的 7 层模型，TCP/IP 模型分为 4 层，如图 7.1 所示。

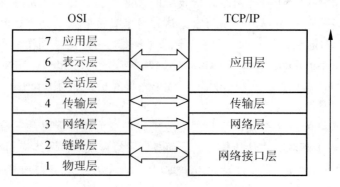

图 7.1　OSI 与 TCP/IP 协议模型

TCP/IP 是一个相当精练的层次化的实用系统模型，它把标准集中在其中关键的传输层和网际层中。传输层在计算机网络中是通信主机内部进行独立操作的第一层，是支持端到端进程通信的关键的一层。

传输层包括 TCP 和用户数据报协议(User Datagram Protocol，UDP)两个协议。其中 TCP 是一个可靠的、面向连接、基于流的数据传送协议。所谓可靠性，即保证发送端发出的每个字节都能到达既定的接收端，不出错、不丢失、不重复，保证数据的完整性，也称保证投递。所谓面向连接，是一种电话系统服务模式的抽象，即每一次完整的数据传输都要经过建立连接、使用连接、终止连接的过程。所谓基于流的协议是针对面向消息的协议而言的，面向消息的协议以消息为单位在网上传送数据，在发送端，消息一条一条地发送，在接收端，也只能一条一条地接收，每一条消息是独立的，消息之间存在着边界。而基于流的协议不保护消息边界，将数据当做字节流连续地传输，不管实际消息边界是否存在。

而 UDP 是一个不可靠的、无连接的、直接面向多种应用业务的数据报传送协议。相对于面向连接服务，无连接服务是一种类似邮政系统的服务的抽象，每个分组都携带完整的目的地址，各分组在系统中独立传送。因此，UDP 是实现高效、快速响应的重要协议。

TCP/IP 虽然不是名义上的国际标准，但已成为广大用户和厂商乐于接受的事实标准。Internet 就是采用了 TCP/IP 协议而组建的。

2. 端口

网络程序可分割为两部分：一部分面向用户，接收用户命令，对传输过来的数据进行加工；另一部分负责网络中不同主机上的应用进程间的通信，完成数据交换，实现资源共享。显然，网络编程的核心就是解决网间通信问题，而其首要任务是如何有效地标识进程。

使用 TCP 协议传输数据时，每个应用进程对应于一个指定端口，每个端口拥有一个端口号，用于区分不同端口。从 TCP/IP 模型的层次结构角度讲，端口是应用层进程与传输层协议实体间的通信接口；从模型的实现角度讲，端口是一种抽象的软件机制，包括一些数据结构和 I/O 缓冲区。

端口概念的引入成功地解决了进程间的标识难题。那么如何分配端口号呢？

端口号为 16 位二进制，共有 $2^{16} = 65536$ 个。TCP/IP 协议采用全局分配(静态分配)和本地分配(动态分配)相结合的分配方法，将除 1 号端口外的全部 65535 个端口号分为保留端口号和自由端口号两部分。保留端口的范围是 0～1023，又称为众所周知的端口或熟知端口，一般采用全局分配或集中控制的方式，由一个公认的中央机构根据需要进行统一分配，静态地分配给因特网上著名的众所周知的服务器进程，并将结果公布于众。其中的 0～255号端口又称为标准服务保留端口，例如 FTP 服务器端口号是 21、Telnet 服务器端口号是 23等，见表 7-1。

表 7-1　典型服务器的端口号

服 务 器	端口号分配
FTP	控制传输 21，数据传输 20
HTTP	80
SMTP	25
POP3	110

其余端口号 1024～65535 为自由端口号，采用本地分配的方法，见表 7-2。

表 7-2　自由端口号的分配规则

端 口 号	涵 义
256～1023	保留给其他的服务，如路由
1024～4999	可以用做任意客户的端口
5000～65535	可以用做用户的服务器端口

这样，可以用一个 3 元组唯一标识一个网络进程：

(传输层协议，主机 IP 地址，端口号)

把这样一个 3 元组称为一个半相关，它标识了 Internet 中进程间通信的一个端点，也称为进程的网络地址。

一个完整的网间通信需要一个 5 元组来唯一标识：

(传输层协议，本地机 IP 地址，本地机端口，远地机 IP 地址，远地机端口)

这个 5 元组称为全相关，即两个协议相同的半相关才能组合成一个合适的全相关，或完全指定一对网间通信的进程。

7.1.2　网络编程模式

计算机网络仅仅提供一个通用的通信构架，它只负责传送信息，而对于信息传过去干什么用、利用 Internet 究竟提供什么服务、由哪些计算机来运行这些服务、如何确定服务的存在、如何使用这些服务等问题，都要由应用软件和用户解决，取决于采用的网络模式。

根据信息处理过程中各主机之间的协作方式不同，可以将网络模式分为 4 类：对等网模式(Peer-to-Peer, P2P)、文件服务器模式(File Server, FS)、客户机/服务器模式(Client/Server,

C/S)模式和浏览器/服务器(Browser/Server，B/S)模式。

其中 C/S 模式是一种集中管理与开放式、协作式处理并存的网络工作模式，是构筑所有网络应用的基础，实现分布式数据处理，提高了数据处理速度，合理利用网络资源。

在 C/S 模式中，存在着 3 种对应关系。

(1) 一个服务器同时为多个客户服务。

(2) 一个用户的计算机上同时运行多个连接不同服务器的客户。

(3) 一个服务器类的计算机同时运行多个服务器。

C/S 模式中客户端是主动出击的一方，而服务器总是处于被动服务的地位。

通信之前，服务器首要先启动，打开一条通信通道，并发布服务器所在的主机和端口，处于被动侦听状态，等待客户的通信请求。客户端采取的是主动请求方式，打开一条通信通道后连接到服务器的侦听端口。一般是先由客户机向服务器发送请求，等待并接收应答；服务器接收到请求后，处理该请求并回送应答信号。为了能并发地接收多个客户的服务请求，要激活一个新进程或新线程来处理这个客户请求。服务器向客户机返回应答后，二者即建立了通信关系。客户机与服务器的通信关系一旦建立，客户机和服务器都可发送和接收信息。通信结束后，任何一方都可以中断会话，关闭连接，如图 7.2 所示。

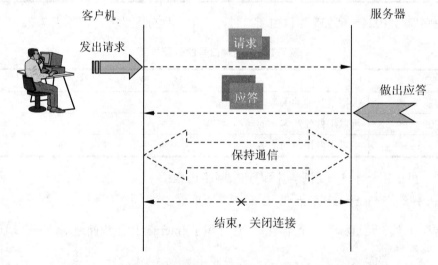

图 7.2　基于 C/S 应用程序的工作原理

Visual C++是用于 Internet 编程的最佳工具之一，使用 Microsoft 提供的专用 API，既可用于客户端应用程序编程，也可用于服务器应用程序编程。

Visual C++支持的网络编程方式有 3 种：一是基于 Windows Sockets(套接字)规范，直接使用网络协议接口，需要设计人员对网络协议细节有一定的了解；二是使用网络编程接口(Win32 Internet，WinInet)，主要用来创建 Internet 客户端应用程序，使因特网与任何应用融为一个整体；三是运用因特网服务器应用编程接口(Internet Server Application Programming Interface，ISAPI)，常用于编写 Web 服务器端的应用接口，实现 Web 服务器与客户端浏览器的数据交换以及基于 Web 的网络应用。本章主要讨论前两种方法。

7.2　Windows Sockets 编程

套接字是网络通信的基石，一个套接字就代表通信双方的一端。套接字编程可采用两种方式：一是在操作系统内核中增加相应的软件，二是开发额外的 API 函数库，例如 Windows Sockets 规范就是一套基于 Windows 的网络 API。

7.2.1　概述

套接字分为 3 类：流式套接字、数据报套接字和原始式套接字。

流套接字定义一种可靠的、面向连接的服务，提供双向的、有序的、无差错、无重复、无记录边界的数据流传输，使用 TCP 协议形成的进程间通路，具有 TCP 协议为上层所提供的服务的所有特点。

数据报套接字定义一种无连接的服务，支持双向的数据流，但不保证可靠、有序、无差错、无重复。数据报套接字使用 UDP 协议形成的进程间通路，具有 UDP 协议为上层所提供的服务的所有特点。

而原始式套接字允许对较低层次的协议，如 IP、网间报文控制协议(Internet Control Message Protocol，ICMP)直接访问，用于检验新的协议实现。套接字的工作过程较为复杂。以面向连接的套接字为例，可用图 7.3 描述其流程。

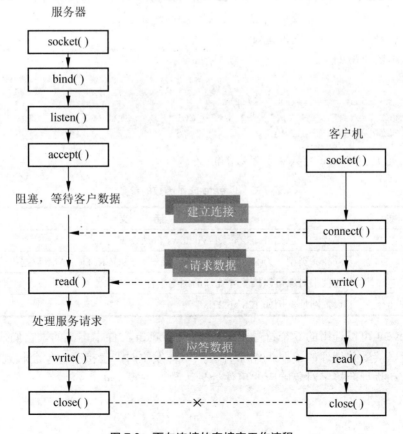

图 7.3　面向连接的套接字工作流程

(1) 服务器首先启动，通过调用 socket()建立一个套接字。

(2) 调用 bind()将该套接字和本地网络地址联系在一起。

(3) 调用 listen()使套接字做好侦听的准备，并规定它的请求队列的长度。

(4) 调用 accept()来接收连接。

(5) 客户在创建套接字后，可调用 connect()和服务器建立连接。

(6) 连接一旦建立，客户机和服务器之间就可以通过调用 read()和 write()来发送和接收数据。

(7) 待数据传送结束后，双方均可调用 close()关闭套接字，中断连接。

注意：在创建套接字后，一般需要将套接字与计算机 IP 地址、传输层端口号相关联，这个过程称为绑定。一个套接字起码要使用一个确定的 3 元组网络地址信息，才能使它在网络中唯一地被标识。

为简化套接字编程，MFC 定义了两个套接字类：CAsyncSocket、CSocket。CAsyncSocket 类在低层次上对 Windows Sockets API 进行了封装，其成员函数和 Windows Sockets API 函数直接相对应。一个 CAsyncSocket 对象就代表了一个套接字。而 CSocket 继承于 CAsyncSocket 类，是对 Windows Sockets API 的高级封装。

7.2.2 CAsyncSocket 类

CAsyncSocket 类直接派生于 CObject 类，称为异步套接字对象。由于 CAsyncSocket 类的构造函数不带参数，需要调用起成员函数 Create 来创建底层的套接字句柄，决定套接字对象的具体特性，并绑定它的地址。

Create 函数原型如下：

```
BOOL  Create( UINT nSocketPort=0,
    Int nSocketType = SOCK_STREAM,
    Long Ievent=FD_READ|FD_WRITE|FD_OOB|FD_ACCEPT|FD_CONNECT|FD_CLOSE,
    LPCTSTR lpszSocketAddress = NULL );
```

表 7-3 列出了 Create 函数 4 个参数的涵义。

表 7-3　Create 成员函数的参数

参　　数	涵　　义
nSocketPort	选择一个已知端口，否则 Windows 自动设置为 0
nSocketType	Socket 类型，为 SOCK_STREAM(流式)或 SOCK_DGRAM(数据报式)
Ievent	套接字对象可以接受并处理的网络事件
lpszSocketAddress	设置网址，例如 128.56.22.8

参数 Ievent 可以选用的 6 个符号常量是在 winsock.h 文件中定义的，它们代表 MFC 套接字对象可以接受并处理的 6 种网络事件。当事件发生时，套接字对象会收到相应的通知消息，并自动执行套接字对象响应的事件处理函数，见表 7-4。

表 7-4　CAsyncSocket 类的 6 种网络事件

事 件	涵 义	对应处理函数
FD_READ	通知有数据可读	OnReceive(int nErrorCode);
FD_WRITE	通知可以写数据	OnSend(int nErrorCode);
FD_ACCEPT	通知侦听套接字有连接请求可以接受	OnAccept(int nErrorCode);
FD_CONNECT	通知请求连接的套接字，连接的要求已被处理	OnConnect(int nErrorCode);
FD_CLOSE	通知套接字已关闭	OnClose(int nErrorCode);
FD_OOB	通知将有外带数据到达	OnOutOfBandData(int ErrorCode);

当上述网络事件发生时，MFC 做何处理呢？按照 Windows 消息机制，当某个网络事件发生时，MFC 框架把消息发送给相应的套接字对象，相当于给了该对象一个通知，告诉它某个重要的事件已经发生，接着自动调用该对象的事件处理函数。有时把这些函数称为套接字类的通知函数或回调函数。

需要注意的是，如果从 CAsyncSocket 类派生了自己的套接字类，则必须重载某些网络事件所对应的通知函数。

正常情况下，服务器端必须首先创建一个 CAsyncSocket 套接字对象，并调用它的 Create 成员函数创建底层套接字句柄。这个套接字对象专门用来侦听来自客户机的连接请求，所以称它为侦听套接字对象。

再调用侦听套接字对象的 Listen 函数，使侦听套接字对象开始侦听来自客户端的连接请求。Listen 函数的原型为：

```
BOOL  Listen( int  nConnectionBacklog = 5);
```

参数 nConnectionBacklog 的取值范围是 1～5，默认为 5。

CAsyncSocket 类的基本操作有以下几种。

1. 客户端请求连接到服务器端

在服务器端套接字对象已经进入侦听状态之后，客户应用程序可以调用 CAsyncSocket 类的 Connect 成员函数，向服务器发出一个连接请求。Connect 函数有两种原型：

```
BOOL Connect( LPCTSTR lpszHostAddress, UINT nHostPort );
BOOL Connect( const SOCKADDR* lpSockAddr, int nSockAddrLen );
```

如果调用成功则返回一个非 0 值，否则返回 0。调用结束返回时发生 FD_CONNECT 事件，MFC 框架会自动调用客户端套接字的 OnConnect 事件处理函数。

2. 服务器接受客户机连接请求

(1) 当 Listen 函数确认并接纳了一个客户端连接请求后，触发 FD_ACCEPT 事件，侦听套接字收到通知，MFC 框架自动调用侦听套接字的 OnAccept 事件处理函数。

一般需要重载 OnAccept 函数，再在其中调用侦听套接字对象的 Accept 函数。

(2) 创建一个新的空套接字对象，专门用来与客户端连接，并进行数据的传输，一般称为连接套接字，并作为参数传递给下一步的 Accept 成员函数。

(3) 调用侦听套接字对象的 Accept 成员函数。

3. 发送与接收流式数据

当服务器和客户机建立连接后，就可以在服务器端的连接套接字对象和客户端的套接字对象之间传输数据了。使用 CAsyncSocket 类的 Send 成员函数向流式套接字发送数据，使用 Receive 成员函数从流式套接字接收数据。

当发送缓冲区腾空时，会激发 FD_WRITE 事件，套接字得到通知，MFC 框架自动调用这个套接字对象的 OnSend 事件处理函数。一般会重载此函数，再在其中调用 Send 函数。

当有数据到达接收队列时，会激发 FD_READ 事件，套接字得到已经有数据到达的通知，MFC 框架自动调用这个套接字对象的 OnReceive 事件处理函数。一般也需重载这个函数，再在其中调用 Receive 函数来接收数据。在应用程序将数据取走之前，套接字接收的数据将一直保留在套接字的缓冲区中。

4. 关闭套接字

通信结束后需要及时关闭套接字，有两种方式。

(1) 使用 CAsyncSocket 类的 Close 成员函数：

```
virtual void Close( );
```

(2) 使用 CAsyncSocket 类的 ShutDown 成员函数，可以选择关闭套接字的方式。将套接字置为不能发送数据，或不能接收数据，或两者均不能的状态，代码如下：

```
BOOL  ShutDown( int  nHow = sends );
```

7.2.3 CSocket 类

CSocket 类是 CAsyncSocket 的派生类。创建 CSocket 对象时，首先要调用 CSocket 类的构造函数创建一个空的 CSocket 对象，再调用其 Create 成员函数，创建对象的底层套接字。

```
BOOL Create(
    UINT nSocketPort = 端口号,
    Int nSocketPort = SOCK_STREAM | SOCK_DGRAM,
    LPCTSTR lpszSocketAddress = 套接字所用的网络地址 );
```

CSocket 类使用基类 CAsyncSocket 的同名成员函数 Connect、Listen、Accept 来建立服务器和客户机套接字之间的连接，使用方法基本相同。

在创建 CSocket 类对象后，对于流式套接字，首先在服务器和客户机之间建立连接，然后使用 Send 函数、Receive 函数来发送和接收数据。

需要注意的是，CSocket 对象从不调用 OnConnect 和 OnSend 事件处理函数。

CSocket 类继承了 CAsyncSocket 类的许多成员函数，用法基本一致。CSocket 类的高级性主要表现在 3 个方面。

(1) CSocket 结合 CArchive 类来使用套接字。

(2) CSocket 管理了通信的许多方面，比如字节顺序问题和字符串转换问题。

(3) CSocket 类为 Windows 消息的后台处理提供了阻塞的工作模式。有关阻塞的概念读者可参阅相关文献资料，此处不再赘述。

因此，一般将 CSocket 与 CArchive、CSocketFile 类相结合，来发送和接收数据，这将使编程更为简单。

7.3　案例一：一个点对点的聊天程序

为了使读者更好地理解 Windows Socket 编程原理，掌握 MFC Socket 类的使用方法，下面具体创建一个具体案例，基于 C/S 模式，实现一个简单的点对点聊天程序。

7.3.1　创建客户端应用程序

(1) 启动 Visual C++集成环境，选择 File/New 菜单项，在弹出的 New 对话框中选择 Projects 选项卡，输入项目名称"SoketClient"，单击 OK 按钮。

在依次出现的 MFC AppWizard 的 4 个步骤中，需要注意的是在第 2 步的对话框(MFC AppWizards – Step 2 of 4)中，选中 Windows Sockets 复选框，表示应用程序将支持 WinSock 套接字，如图 7.4 所示。

其他步骤的设置与前面章节类似，不再一一详细描述，最后得到所建项目，如图 7.5 所示。

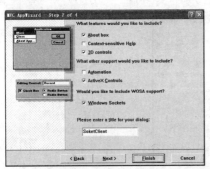
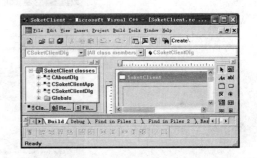

图 7.4　选中 Windows Sockets 复选框　　　图 7.5　创建的 SoketClient 工程框架

按图 7.6 所示的界面，为自动创建的对话框 IDD_SOKETCLIENT_DIALOG 添加若干个控件对象。

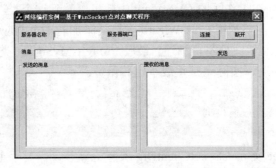

图 7.6　自动添加 IDD_SOKETCLIENT_DIALOG 对话框界面

然后按照表 7-5 设置对话框、文本框和按钮控件的 ID 或 Caption 属性。

表 7-5　对话框 IDD_SOKETCLIENT_DIALOG 中的控件属性

控 件 类 型	ID	Caption
对话框	IDD_SOKETCLIENT_DIALOG	网络编程实例——基于 WinSocket 点对点聊天程序_客户端
文本框	IDC_EDIT_SERVNAME	
文本框	IDC_EDIT_SERVPORT	
文本框	IDC_EDIT_MSG	
命令按钮	IDC_BUTTON_CONNECT	连接
命令按钮	IDC_BUTTON_CLOSE	断开
命令按钮	IDOK	发送
列表框	IDC_LIST_SENT	
列表框	IDC_LIST_RECEIVED	

(2) 设计自定义类 CMySocket。为了能够捕获并响应套接字事件(见表 7-4)，应从 CAsyncSocket 类派生出自己的套接字类，其目的是将套接字事件传递给指定对话框，以执行用户自己的事件处理函数。

选择 Insert/New Class 菜单项，弹出 New Class 对话框，如图 7.7 所示。

图 7.7　添加自己的套接字类

按图 7.7 设置相关选项，单击 OK 按钮，系统自动生成 CMySocket 类对应的 MySocket.h 和 MySocket.cpp 文件，在工作区的 ClassView 中就可以看到这个类。但此时该类还仅有框架，并无实质性内容，还需要利用 ClassWizard 为该类添加若干个响应消息的事件处理函数。

步骤与前面所学相同，此处不再细述。最后，可在 CMySocket 类的 MySocket.h 中看到这些事件处理函数的声明，实际上是重载了这些函数。

```
virtual void OnConnect(int nErrorCode);
virtual void OnClose(int nErrorCode);
virtual void OnReceive(int nErrorCode);
```

为了将 CMySocket 类和 CSoketClientDlg 类建立联系，需要手工添加一些代码。首先在 MySocket.h 文件的开头，添加 CSoketClientDlg 类的引用声明：

```
class CSoketClientDlg;
```

再在 MySocket.cpp 文件的开头添加包含文件说明：

```
#include "SoketClientDlg.h"
```

分别为 CMySocket 类添加一个成员函数和成员变量，见表 7-6。

表 7-6　添加的 CMySocket 类的成员函数和成员变量

名　　称	类　　型	访问类型	备　　注
m_pDlg	CSoketClientDlg*	private	是一个对话框类的指针
SetParent(CSoketClientDlg * pDlg);	void	public	

分别在 CMySocket 类的构造函数和析构函数中，添加 m_pDlg 成员变量的设置代码：

```
CMySocket::CMySocket()
{m_pDlg = NULL;}
CMySocket::~CMySocket()
{m_pDlg = NULL;}
```

再为函数 SetParent 和事件处理函数 OnConnect，OnClose 和 OnReceive 添加代码：

```
void CMySocket::SetParent(CSoketClientDlg *pDlg)
{m_pDlg=pDlg;}
void CMySocket::OnConnect(int nErrorCode)
{
    if (nErrorCode==0)  m_pDlg->OnConnect();
}
void CMySocket::OnClose(int nErrorCode)
{
    if (nErrorCode==0)  m_pDlg->OnClose();
}
void CMySocket::OnReceive(int nErrorCode)
{
    if (nErrorCode==0)  m_pDlg->OnReceive();
}
```

(3) 完善对话框类 CSoketClientDlg。首先按表 7-7 为对话框中的控件对象定义相应的成员变量。

表 7-7　为对话框类 CSoketClientDlg 中控件对象创建的变量

控件 ID	变 量 名 称	变 量 类 别	变 量 类 型
IDC_EDIT_SERVNAME	m_strServName	Value	CString
IDC_EDIT_SERVPORT	m_nServPort	Value	int
IDC_EDIT_MSG	m_strMsg	Value	CString
IDC_BUTTON_CONNECT	m_btnConnect	Control	CButton
IDC_LIST_SENT	m_listSent	Control	CListBox
IDC_LIST_RECEIVED	m_listReceived	Control	CListBox

再按照表 7-8 为对话框 IDD_SOKETCLIENT_DIALOG 中的 3 个按钮控件添加 BN_CLICKED(单击)事件的响应函数。

表 7-8　为对话框 IDD_SOKETCLIENT_DIALOG 中的控件对象添加事件响应函数

控 件 类 型	ID	消　息	函　数
命令按钮	IDC_BUTTON_CLOSE	BN_CLICKED	OnButtonClose
命令按钮	IDC_BUTTON_CONNECT	BN_CLICKED	OnButtonConnect
命令按钮	IDOK	BN_CLICKED	OnSendMsg

要保证 CSoketClientDlg 类和 CMySocket 类之间的正常通信，需要为 CSoketClientDlg 类添加一些成员，见表 7-9。

表 7-9　为 CSoketClientDlg 类添加 4 个成员

名　称	类　型	作　用	备　注
m_sConnectSocket	CMySocket	用来处理与服务器端连接的套接字	public 数据
OnClose();	void	用来处理与服务器端的通信	public 函数
OnConnect();	void		public 函数
OnReceive();	void		public 函数

由于在 CSoketClientDlg 类声明了一个 CMySocket 对象，因此要在 SoketClientDlg.h 中添加对于 MySocket.h 的包含命令，来获得对于套接字的支持：

```
#include  "MySocket.h"
```

同时在 CSoketClientDlg::OnInitDialog 函数中添加对于控件变量的初始化代码：

```
BOOL CSoketClientDlg::OnInitDialog()
{
  …
//初始化控件
  m_strServName="localhost";
  m_nServPort=1000;
  …
  m_sConnectSocket.SetParent(this);

return TRUE;  // return TRUE  unless you set the focus to a control
}
```

下面为 CSoketClientDlg 类添加成员函数的实现代码：

```
void CSoketClientDlg::OnButtonConnect()
{
  UpdateData(TRUE);
  GetDlgItem(IDC_BUTTON_CONNECT)->EnableWindow(FALSE);
  GetDlgItem(IDC_EDIT_SERVNAME)->EnableWindow(FALSE);
  GetDlgItem(IDC_EDIT_SERVPORT)->EnableWindow(FALSE);
  m_sConnectSocket.Create();
  m_sConnectSocket.Connect(m_strServName,m_nServPort);
```

```
}
void CSoketClientDlg::OnConnect()
{
    GetDlgItem(IDC_EDIT_MSG)->EnableWindow(TRUE);
    GetDlgItem(IDOK)->EnableWindow(TRUE);
    GetDlgItem(IDC_BUTTON_CLOSE)->EnableWindow(TRUE);
    m_listReceived.AddString("客户机收到了 onconnect 消息");
}
void CSoketClientDlg::OnSendMsg()
{
    int nLen;
    int nSent;
    UpdateData(TRUE);
    if (!m_strMsg.IsEmpty())
    {
        nLen=m_strMsg.GetLength();
        nSent=m_sConnectSocket.Send(LPCTSTR(m_strMsg),nLen);
        if (nSent!=SOCKET_ERROR)
        {
            m_listSent.AddString(m_strMsg);
            UpdateData(FALSE);
        }
        else
        {
            AfxMessageBox("信息发送错误！",MB_OK|MB_ICONSTOP);
        }
        m_strMsg.Empty();
        UpdateData(FALSE);
    }
}
void CSoketClientDlg::OnReceive()
{
    char *pBuf=new char[1025];
    int nBufSize=1024;
    int nReceived;
    CString strReceived;
    m_listReceived.AddString("客户机收到了 OnReceive 消息");
    nReceived=m_sConnectSocket.Receive(pBuf,nBufSize);
    if (nReceived!=SOCKET_ERROR)
    {
        pBuf[nReceived]=NULL;
        strReceived=pBuf;
        m_listReceived.AddString(strReceived);
        UpdateData(FALSE);
    }
    else
    {
        AfxMessageBox("信息接收错误！",MB_OK|MB_ICONSTOP);
    }
}
void CSoketClientDlg::OnClose()
{
    m_sConnectSocket.Close();
```

```
    GetDlgItem(IDC_EDIT_MSG)->EnableWindow(FALSE);
    GetDlgItem(IDOK)->EnableWindow(FALSE);
    GetDlgItem(IDC_BUTTON_CLOSE)->EnableWindow(FALSE);
    while (m_listSent.GetCount()!=0)
    m_listSent.DeleteString(0);
    while (m_listReceived.GetCount()!=0)
    m_listReceived.DeleteString(0);
    GetDlgItem(IDC_BUTTON_CONNECT)->EnableWindow(TRUE);
    GetDlgItem(IDC_EDIT_SERVNAME)->EnableWindow(TRUE);
    GetDlgItem(IDC_EDIT_SERVPORT)->EnableWindow(TRUE);
}
void CSoketClientDlg::OnButtonClose()
{
    OnClose();
}
```

7.3.2　创建服务器端程序 SocketServer

创建服务器程序 SocketServer 的步骤与创建客户端程序基本相同，简述如下。

(1) 使用 MFC AppWizard 创建服务器端应用程序框架 SocketServer。

注意：此处需要选中 Windows Sockets 复选框，否则得不到套接字的支持。

在对话框 IDD_SOKETSERVER_DIALOG 上放置若干控件对象，如图 7.8 所示。

图 7.8　服务器端程序主界面示意图

再按表 7-10 设置控件属性。注意与客户端程序界面略有差别。

表 7-10　对话框 IDD_SOKETSERVER_DIALOG 中的控件属性

控 件 类 型	ID	Caption
对话框	IDD_SOKETSERVER_DIALOG(默认)	网络编程实例——基于 WinSocket 点对点聊天程序_服务器
文本框	IDC_EDIT_SERVNAME	
文本框	IDC_EDIT_SERVPORT	
文本框	IDC_EDIT_MSG	
命令按钮	IDC_BUTTON_LISTEN	侦听
命令按钮	IDC_BUTTON_CLOSE	断开
命令按钮	IDOK	发送
列表框	IDC_LIST_SENT	
列表框	IDC_LIST_RECEIVED	

(2) 声明用户自定义类 CMySocket。用同样的方法与步骤声明服务器程序的自定义类 CMySocket。比较这两个 CMySocket 类的头文件 MySocket.h，可以发现基本类似，只是服务器程序的 CMySocket 类多了个成员函数 OnAccept。参阅下面的代码段：

```
class CSocketServerDlg;
class CMySocket : public CAsyncSocket
{
// Attributes
public:

// Operations
public:
    CMySocket();
    virtual ~CMySocket();

// Overrides
public:
    void SetParent(CSocketServerDlg* pDlg);
    // ClassWizard generated virtual function overrides
    //{{AFX_VIRTUAL(CMySocket)
    public:
    virtual void OnAccept(int nErrorCode);          //增加的成员函数
    virtual void OnClose(int nErrorCode);
    virtual void OnConnect(int nErrorCode);
    virtual void OnReceive(int nErrorCode);
    //}}AFX_VIRTUAL

    // Generated message map functions
    //{{AFX_MSG(CMySocket)
    // NOTE - the ClassWizard will add and remove member functions here.
    //}}AFX_MSG

    // Implementation
protected:
private:
    CSocketServerDlg* m_pDlg;
};
```

相应地，在 MySocket.cpp 中添加 OnAccept(int nErrorCode)的实现代码：

```
void CMySocket::OnAccept(int nErrorCode)
{
    if (nErrorCode==0)
        m_pDlg->OnAccept();
}
```

(3) 完善对话框类 CSocketServerDlg。按表 7-11 为对话框中的控件对象定义相应的成员变量。

表 7-11　为对话框 IDD_SOKETSERVER_DIALOG 中的控件设置变量

控件 ID	变量名称	变量类别	变量类型
IDC_EDIT_SERVNAME	m_strServName	Value	CString
IDC_EDIT_SERVPORT	m_nServPort	Value	int
IDC_EDIT_MSG	m_strMsg	Value	CString
IDC_BUTTON_LISTEN	m_btnListen	Control	CButton
IDC_LIST_SENT	m_listSent	Control	CListBox
IDC_LIST_RECEIVED	m_listReceived	Control	CListBox

再按照表 7-12 为对话框 IDD_SOKETSERVER_DIALOG 中的 3 个按钮控件添加 BN_CLICKED 事件的响应函数。

表 7-12　为对话框 IDD_SOKETSERVER_DIALOG 中的控件对象添加事件响应函数

控件类型	ID	消息	函数
命令按钮	IDC_BUTTON_CLOSE	BN_CLICKED	OnButtonClose
命令按钮	IDC_BUTTON_LISTEN	BN_CLICKED	OnButtonListen
命令按钮	IDOK	BN_CLICKED	OnSendMsg

要保证 CSocketServerDlg 类和 CMySocket 类之间的正常通信，需要为 CSocketServerDlg 类添加一些成员，见表 7-13。

表 7-13　为 CSocketServerDlg 类添加 6 个成员

名称	类型	作用	备注
m_sConnectSocket	CMySocket	用来处理与服务器端连接的套接字	public 数据
m_sListenSocket	CMySocket	侦听	
OnClose();	void		
OnConnect();	void	用来处理与服务器端的通信	public 函数
OnReceive();	void		
OnAccept()	void		

在 CSocketServerDlg 对话框类的 SocketServerDlg.h 中添加包含命令：

```
#include "MySocket.h"
```

在 CSocketServerDlg 对话框类的 SocketServerDlg.cpp 中添加对于控件变量的初始化代码：

```
BOOL CSocketServerDlg::OnInitDialog()
{
    …
    //初始化控件
    m_strServName="localhost";
    m_nServPort=1000;
    …
    m_sConnectSocket.SetParent(this);
    m_sListenSocket.SetParent(this);
    return TRUE;
}
```

下面为 CsocketServerDlg 类的成员函数添加实现代码：

```cpp
void CSocketServerDlg::OnButtonListen()
{
    UpdateData(TRUE);
    GetDlgItem(IDC_BUTTON_LISTEN)->EnableWindow(FALSE);
    GetDlgItem(IDC_EDIT_SERVNAME)->EnableWindow(FALSE);
    GetDlgItem(IDC_EDIT_SERVPORT)->EnableWindow(FALSE);
    m_sListenSocket.Create(m_nServPort);//连接端口并创建
    m_sListenSocket.Listen();//侦听
}

void CSocketServerDlg::OnButtonClose()
{
    OnClose();
}
void CSocketServerDlg::OnSendMsg()
{
    int nLen;                          //消息的长度
    int nSent;                         //以发送消息的长度
    UpdateData(TRUE);
    if (!m_strMsg.IsEmpty())
    {
        nLen=m_strMsg.GetLength();         //获取消息的长度
        nSent=m_sConnectSocket.Send(LPCTSTR(m_strMsg),nLen);//发送消息
        if (nSent!=SOCKET_ERROR)
        {
            m_listSent.AddString(m_strMsg);
            UpdateData(FALSE);
        }
        else
        {
            AfxMessageBox("信息发送错误！",MB_OK|MB_ICONSTOP);
        }
        m_strMsg.Empty();                  //清除
        UpdateData(FALSE);
    }
}
void CSocketServerDlg::OnClose()
{
    m_listReceived.AddString("服务器收到了 OnClose 消息");
    m_sConnectSocket.Close();
    GetDlgItem(IDC_EDIT_MSG)->EnableWindow(FALSE);
    GetDlgItem(IDOK)->EnableWindow(FALSE);//botton send
    GetDlgItem(IDC_BUTTON_CLOSE)->EnableWindow(FALSE);
    while (m_listSent.GetCount()!=0)
        m_listSent.DeleteString(0);
    while (m_listReceived.GetCount()!=0)
        m_listReceived.DeleteString(0);
}
void CSocketServerDlg::OnConnect()
```

```
{
    GetDlgItem(IDC_EDIT_MSG)->EnableWindow(TRUE);
    GetDlgItem(IDOK)->EnableWindow(TRUE);//botton send
    GetDlgItem(IDC_BUTTON_CLOSE)->EnableWindow(TRUE);
    m_listReceived.AddString("服务器收到了 onconnect 消息");
}
void CSocketServerDlg::OnReceive()
{
    char *pBuf=new char[1025];
    int nBufSize=1024;
    int nReceived;
    CString strReceived;
    m_listReceived.AddString("服务器收到了 OnReceive 消息");
    nReceived=m_sConnectSocket.Receive(pBuf,nBufSize);//接收消息
    if (nReceived!=SOCKET_ERROR)
    {
    pBuf[nReceived]=NULL;                   //目的是实现转换类型
    strReceived=pBuf;
    m_listReceived.AddString(strReceived);
    UpdateData(FALSE);
    }
    else
    {
    AfxMessageBox("信息接收错误！",MB_OK|MB_ICONSTOP);
    }
}
void CSocketServerDlg::OnAccept()
{
    m_listReceived.AddString("服务器收到了 OnAccept 消息");
    m_sListenSocket.Accept(m_sConnectSocket);
    GetDlgItem(IDC_EDIT_MSG)->EnableWindow(TRUE);
    GetDlgItem(IDOK)->EnableWindow(TRUE);
}
```

至此，客户端和服务器端应用程序基本设计完成，下面需要集中调试这两个程序。

若不具备网络调试环境，也可以在同一台计算机上运行服务器和客户端程序，如图 7.9 所示。

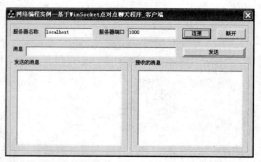

图 7.9   运行结果——初始状态

此时，可以将服务器名称设置为 localhost，端口设置为 1000。

首先单击服务器端的"侦听"按钮，然后单击客户端的"连接"按钮，向服务器发出连接申请，服务器收到 OnAccept 后，若连接成功，则发回 OnConnect 信息，如图 7.10 所示。

图 7.10　运行结果——连接请求

接下来双方就可以通过"发送"按钮互发消息，进入聊天状态了，如图 7.11 所示。

图 7.11　运行结果——聊天状态

聊天结束后，单击"断开"按钮即可关闭连接，中断聊天了。

本例的要点是如何从 CAsyncSocket 类派生出自己的 CMySocket 类，核心是理解套接字与 MFC 框架的关系，熟悉各种消息的传递过程，以及如何实现网络事件处理函数。

7.4　WinInet 编程

WinInet 是 Windows Internet 扩展应用程序高级编程接口，是专为开发具有 Internet 功能的客户端应用程序而提供的，以帮助实现并简化对 HTTP、FTP 和 Gopher 等常用 Internet 协议的访问，从而使 Internet 成为任何应用程序密不可分的一部分。使用 WinInet 可以在较高层面上开发 Internet 客户端应用程序，无需处理 WinSock、TCP/IP 和特定 Internet 协议的细节问题。WinInet 为所有这 3 种协议提供了一组一致的函数，并采用常用的 Win32 API 接口。该一致性使得当基础协议改变(例如从 FTP 改为 HTTP)时所需做的代码改动减到最小。

WinInet 有两种形式：一是 WinInet API，包含一个 C 语言的函数集(Win32 Internet Functions)；二是 MFC WinInet 类，是对前者的面向对象的封装，MFC 将 WinInet 封装在一

个标准的、易于使用的类集合中。在实际使用中，可以通过直接调用 Win32 函数或使用 MFC WinInet 类编写 WinInet 客户端应用程序。如果要编写 Internet 服务器应用程序，则最好使用 MFC Internet 服务器 API (ISAPI) 扩展。

7.4.1　WinInet API 简介

由于一个 Internet 客户端程序的基本目标是通过 Internet 协议访问网络服务器，并可以随机存取服务器上的信息。因此，从本质上说，WinInet 就是一组通用网络编程接口(WinInet API)。WinInet API 的函数原型定义在 Wininet.h 头文件中，对应的函数实现在 Wininet.lib 库文件中。要想成功地编译使用 WinInet API 的应用程序，一般需要编译系统的 include 目录中有 Wininet.h 头文件，library 目录中必须有 Wininet.lib 库文件。

WinInet API 是一个庞大的函数库，包含了对 3 大协议的全面支持，这里仅以创建 FTP 客户端应用程序所为例，表 7-14 列出了一些必须的函数。

表 7-14　用于 FTP 客户端的常见 WinInet API

函　　数	作　　用
HINTERNET FtpFindFirstFile(IN HINTERNET hFtpSession, 　IN LPCSTR lpszSearchFile, 　OUT LPWIN32_FIND_DATA lpFindFileData, IN DWORD dwFlags,IN DWORD dwContext);	搜索 FTP 服务器上的文件和目录
BOOL InternetFindNextFile(IN HINTERNET hFind, 　OUT LPVOID lpvFindData);	搜索下一个文件或目录
BOOL FtpGetCurrentDirectory(IN HINTERNET hFtpSession, 　OUT LPSTR lpszCurrentDirectory, 　IN OUT LPDWORD lpdwCurrentDirectory);	获取 FTP 服务器的当前目录
BOOL FtpCreateDirectory(IN HINTERNET hFtpSession, 　IN LPCSTR lpszDirectory);	创建服务器上的新目录
BOOL FtpDeleteFile(IN HINTERNET hFtpSession, IN LPCSTR lpszFileName);	删除 FTP 服务器中的指定文件
BOOL FtpRemoveDirectory(IN HINTERNET hFtpSession, IN LPCSTR lpszDirectory);	删除服务器上的指定目录
(1) 使用 InternetOpenURL 和 InternetReadFile 函数 (2) 使用 FtpOpenFile 和 InternetReadFile 函数 (3) 使用 FtpGetFile 函数	下载 FTP 服务器中的文件,有 3 种方法
(1) 使用 FtpOpenFile 和 InternetWriteFile 函数 (2) 使用 FtpPutFile 函数	向 FTP 服务器上传文件，有两种方法
BOOL FtpRenameFile(IN HINTERNET hFtpSession, 　IN LPCSTR lpszExisting, 　IN LPCSTR lpszNew);	重命名 FTP 服务器上的文件或目录

更多的内容，读者可参阅 Microsoft 公司定期发布的 MSDN 文档或其他文献资料。

7.4.2　认识 MFC WinInet 类

虽然 WinInet API 函数帮助用户在不熟悉 TCP/IP 或 Windows Sockets 的情况下，仍可直接使用 WinSock 或 TCP/IP 协议在套接字级别上进行编程，但 MFC WinInet 类则使从 Internet 上访问 HTTP、FTP 或 Gopher 协议变得更加容易，无需直接对 WinSock 或 TCP/IP 编程即可使用 HTTP、FTP 和 Gopher 协议，从 HTTP、FTP 或 Gopher 服务器读取信息像从硬盘读取文件一样容易。

MFC WinInet 类是对 WinInet API 函数的高度封装，在充分继承对 HTTP、FTP 和 Gopher 协议的访问功能的基础上，将 HTTP、FTP 及 Gopher 等 Internet 协议抽象为高级别的 API，对所有 WinInet API 函数按其应用类型进行分类和打包，以面向对象的形式，向用户提供的一个更高层次上的更容易使用的统一的编程接口，提供了一条使应用程序支持 Internet 的快捷的、直接的途径。MFC WinInet 类簇如图 7.12 所示。

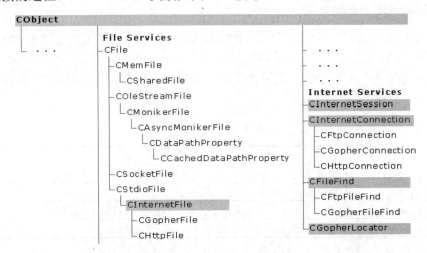

图 7.12　WinInet 类的结构图

MFC WinInet 类在 Afxinet.h 包含文件中定义，使用时需在应用程序中添加如下语句：

```
#include<afxinet.h>
```

1. CInternetSession 类

MFC 将 Internet 会话作为 CInternetSession 类的对象来实现。CInternetSession 类直接继承自 CObject 类，封装了 HINTERNET 会话根句柄，并把使用根句柄的 API 函数，如 OpenURL、InternetConnect 等封装为它的成员函数。CInternetSession 类用来建立与某个 Internet 服务器的会话。每一个 Internet 客户端应用程序的基础都是 Internet 会话。使用此类可以创建一个 Internet 会话或几个同时进行的会话。

需要注意的是，还可以向代理服务器描述连接，如果应用程序所使用的 Internet 连接必须保持一段时间，则可以在 CWinApp 类中创建相应的 CInternetSession 成员。

表 7-15 列出了 CInternetSession 类常用的成员函数。

表 7-15　CInternetSession 类常用成员函数

函　数	功　能
QueryOption	提供一个可能的错误检测判断
SetOption	设置 Internet 会话的选项
OpenURL	设置 URL，并对其进行分析
GetFtpConnection	打开一个 FTP 会话并进行连接
GetHttpConnection	打开 HTTP 服务器并进行连接
GetGopherConnection	打开 Gopher 服务器并进行连接
EnableStatusCallback	建立异步操作的状态回调
ServiceTypeFromHandle	通过 Internet 句柄返回服务器类型
GetContext	获取 Internet 和应用程序会话句柄
Close	关闭 Internet 连接

2. CInternetConnection 类

若要与服务器通信，需有一个 CInternetConnection 对象和 CInternetSession 对应。CInternetConnection 类还包括 CFtpConnection、CHttpConnection 和 CGopherConnection 这 3 个派生类，见表 7-16。这些类帮助用户管理与 Internet 服务器的连接，同时还提供一些函数完成和响应与服务器的通信事务。

表 7-16　连接类集

类　名	作　用
CInternetConnection	用于管理与 Internet 服务器的连接
CHttpConnection	管理与 HTTP 服务器的连接
CFtpConnection	用于管理与 FTP 服务器的连接，可以对服务器上的文件和目录进行直接操作
CGopherConnection	管理与 Gopher 服务器的连接

需要注意的是，这些调用中的每一个都是特定于协议类型的；这些调用不打开服务器上的文件读取或写入，如果要读取或写入数据，必须以一个单独的步骤打开文件。

3. CInternetFile 类

包括 CInternetFile 类及其派生类 CHttpFile 和 CGopherFile 类，广义地说，还可包含 CFileFind 类及其派生类 CFtpFileFind、CGopherFileFind 类，见表 7-17。CFileFind 类直接继承于 CObject 类，这些类实现对本地和远程系统上的文件的搜索、定位及存取工作。

表 7-17　文件类集

类　名	作　用
CInternetFile	允许对使用 Internet 协议的远程系统中的文件进行操作
CGopherFile	为在 Gopher 服务器上进行文件检索和读取操作提供支持
CHttpFile	提供对 HTTP 服务器上的文件进行操作的支持
CFindFile	对文件检索提供支持
CFtpFileFind	为在 FTP 服务器上进行的文件检索操作提供支持
CGopherFileFind	为在 Gopher 服务器上进行的文件检索操作提供支持

需要注意的是，对于大多数 Internet 会话，CInternetSession 对象与 CInternetFile 对象一起"携手"工作，即对 Internet 会话必须创建 CInternetSession 的实例；而如果 Internet 会话读取或写入数据，必须创建 CInternetFile(或其子类 CHttpFile 或 CGopherFile)的实例。

创建 CInternetFile 对象有两种方法。

(1) 调用 CInternetSession::OpenURL 函数建立服务器连接，返回的是 CStdioFile。这是最简单的读取数据的方法，首先分析用户提供的通用资源定位器 (Uniform Resource Locator，URL)，打开与该 URL 指定的服务器的连接，并返回只读的 CInternetFile 对象。CInternetSession::OpenURL 函数不特定于某个协议类型，即同样的调用对任何 FTP、HTTP 或 Gopher 的 URL 都适用。CInternetSession::OpenURL 函数甚至对本地文件也适用(注意，此时返回的 CStdioFile 而不是 CInternetFile)。

(2) 如果使用 GetFtpConnection、GetGopherConnection 或 GetHttpConnection 类来建立服务器连接，则必须分别调用 CFtpConnection::OpenFile、CGopherConnection::OpenFile 或 CHttpConnection::OpenRequest 函数，分别返回的是 CInternetFile、CGopherFile 或 CHttpFile。

显然，根据所创建的是基于 OpenURL 的一般 Internet 客户端，还是使用 GetConnection 函数之一的协议特定的客户端，实现 Internet 客户端应用程序的步骤是不同的。

4. CGopherLocator 类

在从 Gopher 服务器中获取信息之前，必须先获得该服务器的定位器，而 CGopherLocator 类的主要功能就是从 Gopher 服务器中得到定位并确定定位器的类型。

5. CInternetException 类

CInternetException 类代表 MFC WinInet 类的成员函数在执行时所发生的错误或异常。

7.4.3 使用 WinInet 类编程的基本操作

若在 Internet 客户端执行一些基本操作，如读取文件等，一般需要首先执行某些前提准备操作，例如必须先建立 Internet 连接等。表 7-18 列出了针对 FTP 协议所能执行的一些基本操作，同时注明了在执行这些操作之前所必须做的一些准备工作。

表 7-18 FTP 基本操作

操　作	前提准备及工作流程
建立 FTP 连接	(1) 创建 CInternetSession 作为此 Internet 客户端应用程序的基础 (2) 调用 CInternetSession::GetFtpConnection 函数 (3) 创建 CFtpConnection 对象
查找第一个资源	(1) 建立 FTP 连接 (2) 创建 CFtpFileFind 对象 (3) 调用 CFtpFileFind::FindFile 函数
枚举所有可用资源	(1) 查找第一个文件 (2) 调用 CFtpFileFind::FindNextFile 函数，直到它返回 FALSE
打开 FTP 文件	(1) 建立 FTP 连接 (2) 调用 CFtpConnection::OpenFile 函数 (3) 创建并打开 CInternetFile 对象

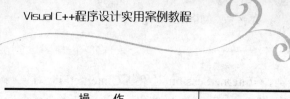

续表

操　作	前提准备及工作流程
读取 FTP 文件	(1) 打开有读访问权的 FTP 文件 (2) 调用 CInternetFile::Read 函数
写入 FTP 文件	(1) 打开有写访问权的 FTP 文件 (2) 调用 CInternetFile::Write 函数
获取服务器上客户端的当前目录	(1) 建立 FTP 连接 (2) 调用 CFtpConnection::GetCurrentDirectory 函数
设置服务器上的客户端目录	(1) 建立 FTP 连接 (2) 调用 CFtpConnection::SetCurrentDirectory 函数

7.5 案例二：FTP 客户端程序设计

下面再使用 MFC WinInet 类编写一个 FTP 客户端应用程序的例子。首先编写 FtpClient 程序，可以实现基本的 FTP 客户端功能，能登录 FTP 服务器，显示登录客户目录下的文件和目录名，能从该目录中选择下载服务器的文件，也能向服务器上传文件。

7.5.1 创建应用程序的 MFC 框架

(1) 创建一个 SDI 工程项目 FtpClient。按照前面章节的操作步骤，参数选默认值即可。

(2) 添加两个对话框：CG_IDD_MYDIALOGBAR、IDD_SERV_FORMVIEW。

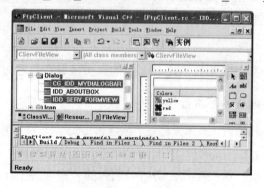

图 7.13　添加两个对话框资源

其中 CG_IDD_MYDIALOGBAR 的界面设置如图 7.14 所示。

| 服务器: | 用户名 | 密码: | 端口: | 连接 | 下载 | 上传 |

图 7.14　CG_IDD_MYDIALOGBAR 的界面布局

主要控件的属性设置见表 7-19。

表 7-19　CG_IDD_MYDIALOGBAR 对话框控件属性

控件类型	ID	其　他
编辑框	IDC_FTPNAME	
编辑框	IDC_FTPUSER	
编辑框	IDC_FTPPASSWORD	ES_PASSWORD(密码属性)

续表

控 件 类 型	ID	其　他
按钮	IDC_QUICKCONNECT	
按钮	IDC_But_DownLoad	
按钮	IDC_But_UpLoad	

在 CMainFrame 类中添加本对话框中 IDC_QUICKCONNECT、IDC_But_UpLoad 两个按钮的 BN_CLICKED 事件响应函数：

```
void CMainFrame::OnButUpLoad();
void CMainFrame::OnFtpConnect();
```

同样，按图 7.15 设置对话框 IDD_SERV_FORMVIEW 的界面。

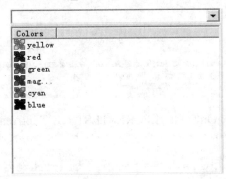

图 7.15　IDD_SERV_FORMVIEW 对话框的界面布局

主要控件的属性设置见表 7-20。

表 7-20　IDD_SERV_FORMVIEW 对话框控件属性

控 件 类 型	ID	其　他
组合框	IDC_SERV_DIR	
列表视图控件	IDC_SERV_FILE	Styles/View : Report，如图 7.16 所示

按图 7.16 设置列表控件 IDC_SERV_FILE 的 View 属性。

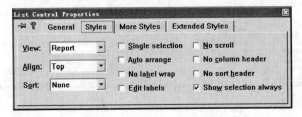

图 7.16　设置 Report 视图

7.5.2　设计 CFtpInfoView 类

为了更好地优化程序结构与完善功能，这里自定义两个类：CFtpInfoView 和 CServFileView。自定义类的操作步骤与前面所述类似，具体信息设置见表 7-21。

表 7-21　两个自定义类的信息设置

类　名	基　类	作　用
CFtpInfoView	CEditView	显示、保存操作信息
CServFileView	CFormView	文件搜索、上传、下载等 FTP 服务器操作

现在得到的自定义类是两个空类，不能实现任何预期的功能，还需要不断填充相关数据成员或成员函数。下面首先设计 CFtpInfoView 类。

(1) 添加一个数据成员和消息响应函数：

```cpp
class CFtpInfoView : public CEditView
{
…
protected:
    CFont m_NewFont;
    …
protected:
    afx_msg LRESULT OnFtpOpInfo(WPARAM wParam,LPARAM lParam);
    DECLARE_MESSAGE_MAP()
};
```

(2) 修改 CFtpInfoView::OnCreate(LPCREATESTRUCT lpCreateStruct)函数，设置某种特定字体显示接收到的操作信息。

```cpp
int CFtpInfoView::OnCreate(LPCREATESTRUCT lpCreateStruct)
{
    if (CEditView::OnCreate(lpCreateStruct) == -1)
        return -1;
    m_NewFont.CreatePointFont(90,"Arial",NULL); // 创建字体 GDI 对象
    GetEditCtrl().SetFont(&m_NewFont,true);      // 设置字体
    return 0;
}
```

(3) 设计消息响应函数 OnFtpOpInfo，以接收并显示 FTP 服务器操作信息。

```cpp
class CFtpInfoView : public CEditView
{
…
protected:
    //{{AFX_MSG(CFtpInfoView)
    afx_msg int OnCreate(LPCREATESTRUCT lpCreateStruct);
    //}}AFX_MSG
    afx_msg LRESULT OnFtpOpInfo(WPARAM wParam,LPARAM lParam);
    DECLARE_MESSAGE_MAP()
};
```

在宏中设置消息映射关系：

```cpp
BEGIN_MESSAGE_MAP(CFtpInfoView, CEditView)
//{{AFX_MSG_MAP(CFtpInfoView)
ON_WM_CREATE()
//}}AFX_MSG_MAP
ON_MESSAGE(WM_RECORDFTPINFO,CFtpInfoView::OnFtpOpInfo)
```

END_MESSAGE_MAP()

函数的具体实现代码如下：

```
LRESULT CFtpInfoView::OnFtpOpInfo(WPARAM wParam,LPARAM lParam)
{
    CEdit& edit=GetEditCtrl();
    CString str=(LPCTSTR)lParam;
    int nLine=edit.GetLineCount();
    int nStart=edit.LineIndex(nLine);
    edit.SetSel(nStart,str.GetLength()+nStart);
    edit.ReplaceSel("\r\n"+str);
    return 0L;
}
```

使用时首先声明一个 CFtpInfoView 类的全局对象：

```
CFtpInfoView* pFtpInfoView;
```

全局变量 pFtpInfoView 用于视图与应用程序框架及其他视图通信。

再在 CFtpInfoView::OnCreate 函数中添加如下代码：

```
CFtpInfoView::OnCreate(LPCREATESTRUCT lpCreateStruct)
{
    …
    pFtpInfoView = this;
    …
}
```

在需要的地方调用如下语句即可：

```
pFtpInfoView->SendMessage(WM_RECORDFTPINFO,0,(LPARAM)(LPCTSTR)szFtpInfo);
```

其中 szFtpInfo 为要传送的 CString 类型数据。

7.5.3　完善 CFtpClientApp 类

在 CFtpClientApp 类中设置 8 个全局变量，以实现不同类之间的数据共享或数据通信：

```
class CFtpClientApp : public CWinApp
{
    …
public:
    //全局变量
    char szAppName[256];
    char szFtpName[256];
    char szFtpUser[20];
    char szFtpPassword[20];
    char szFtpDirectory[MAX_PATH];
    int  nPort;
    int  nCount;
    CFtpConnection* pConnection;      //定义连接对象指针变量
    …
};
```

7.5.4 完善 CMainFrame 类

(1) 声明两个对象。首先在头文件中声明 CFtpClientApp 类的公有对象 myApp：

```
public:
    CFtpClientApp *myApp;
```

通过 myApp 可以访问在 CFtpClientApp 声明的公有(全局)变量。

可以在 CMainFrame 类的构造函数中初始化 myApp：

```
CMainFrame::CMainFrame()
{
    myApp=(CFtpClientApp*)AfxGetApp();
}
```

再声明一个 m_wndMyDialogBar 对象：

```
protected:
    CDialogBar m_wndMyDialogBar;
```

(2) 修改 OnCreate 函数：

```
int CMainFrame::OnCreate(LPCREATESTRUCT lpCreateStruct)
{
    …
    if (!m_wndMyDialogBar.Create(this, CG_IDD_MYDIALOGBAR,
    CBRS_TOP | CBRS_TOOLTIPS | CBRS_FLYBY | CBRS_HIDE_INPLACE,
    CG_ID_VIEW_MYDIALOGBAR))
    {
        TRACE0("出现错误，返回！\n");
        return -1;            // fail to create
    }
    m_wndMyDialogBar.EnableDocking(CBRS_ALIGN_TOP | CBRS_ALIGN_BOTTOM);
    EnableDocking(CBRS_ALIGN_ANY);
    DockControlBar(&m_wndMyDialogBar);
    m_wndMyDialogBar.SetDlgItemText(IDC_FTPPORT,"21");
    m_wndMyDialogBar.SetDlgItemText(IDC_FTPNAME,"127.0.0.1");
    m_wndMyDialogBar.SetDlgItemText(IDC_FTPUSER,"yyy");
    m_wndMyDialogBar.SetDlgItemText(IDC_FTPPASSWORD,"3276991");
    return 0;
}
```

首先通过 m_wndMyDialogBar.Create 函数：

```
m_wndMyDialogBar.Create(this, CG_IDD_MYDIALOGBAR,
    CBRS_TOP | CBRS_TOOLTIPS | CBRS_FLYBY | CBRS_HIDE_INPLACE,
    CG_ID_VIEW_MYDIALOGBAR))
```

将 m_wndMyDialogBar 对象和对话框 CG_IDD_MYDIALOGBAR 联系起来，再通过 m_wndMyDialogBar 对象的 SetDlgItemText 成员来初始化 CG_IDD_MYDIALOGBAR 对话框中的 4 个编辑框内容。

(3) 修改 OnCreateClient 函数实现分割视图：

```
BOOL CMainFrame::OnCreateClient(LPCREATESTRUCT lpcs,
    CCreateContext* pContext)
{
    {
        if(!m_wndSplitter1.CreateStatic(this,2,1))  //分割成上、下两个视图
            return FALSE;
        if(!m_wndSplitter1.CreateView(0,0,RUNTIME_CLASS(CFtpInfoView),
            CSize(300,100),pContext))    //上面的视图用 CFtpInfoView 填充
            return FALSE;
        m_wndSplitter1.SetRowInfo(1,180,0);
        if(!m_wndSplitter1.CreateView(1,0,RUNTIME_CLASS(CServFileView),
            CSize(375,180),pContext))//上面的视图用 CServFileView 填充
            return FALSE;
        return TRUE;
    }
}
```

编译并运行程序，将显示如图 7.17 所示的结果。

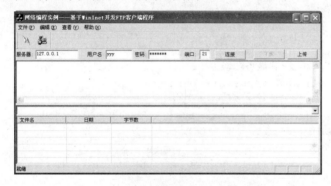

图 7.17 FTP 客户端程序初步运行结果

(4) 添加一般成员函数 GetFtpValue 来获取信息：

```
void CMainFrame::GetFtpValue(CComboBoxEx* pCombo)
{
    CString str;
    strcpy(myApp->szAppName,AfxGetAppName());                      //获取应用程序名
    m_wndMyDialogBar.GetDlgItemText(IDC_FTPPASSWORD,str); //获取密码
    strcpy(myApp->szFtpPassword,str);
    m_wndMyDialogBar.GetDlgItemText(IDC_FTPNAME,str);        //获取 FTP 名
    strcpy(myApp->szFtpName,str);
    m_wndMyDialogBar.GetDlgItemText(IDC_FTPPORT,str);        //获取端口号
    int i=atoi(str);
    myApp->nPort=i;
    pCombo->GetWindowText(str);
    strcpy(myApp->szFtpDirectory,str);
    m_wndMyDialogBar.GetDlgItemText(IDC_FTPUSER,str);        //获取用户名
    strcpy(myApp->szFtpUser,str);
}
```

(5) 设计"连接"事件响应函数。该函数用于登录 FTP 服务器，下面函数的编译实现过程可参阅前面讲解的知识加以理解。

```
void CMainFrame::OnFtpConnect()
{
    GetFtpValue(&(pServView->m_ctServDir));
    CInternetSession* pSession;                 //定义会话对象指针变量
    CString strFileName;
    CString szFtpInfo;
    pSession=new CInternetSession(               // 创建 Internet 会话类对象
        myApp->szAppName,1,PRE_CONFIG_INTERNET_ACCESS);
    myApp->pConnection=NULL;                     //初始化
    szFtpInfo="正在连接";
    szFtpInfo+=myApp->szFtpName;
    szFtpInfo+="服务器......";
    pFtpInfoView->SendMessage(WM_RECORDFTPINFO,0,
        (LPARAM)(LPCTSTR)szFtpInfo);             //向 CFtpInfoView 类传送信息
    // 试图建立与指定 FTP 服务器的连接
    try
    {
        myApp->pConnection=pSession->GetFtpConnection(myApp->szFtpName,
            myApp->szFtpUser,myApp->szFtpPassword,myApp->nPort);
        szFtpInfo=myApp->szFtpName;
        szFtpInfo+="服务器已连上，用户";
        szFtpInfo+=myApp->szFtpUser;
        szFtpInfo+="登录成功!\n\r";
        pFtpInfoView->SendMessage(WM_RECORDFTPINFO,0,
        (LPARAM)(LPCTSTR)szFtpInfo);
    }
    catch(CInternetException* e)  // 无法建立连接，进行错误处理
    {
        e->Delete();
        myApp->pConnection=NULL;
        szFtpInfo=myApp->szFtpName;
        szFtpInfo+="服务器未接上!";
        pFtpInfoView->SendMessage(WM_RECORDFTPINFO,0,
            (LPARAM)(LPCTSTR)szFtpInfo);
        return ;
    }
    pServView->ListServerFile(); //调用 CServFileView 类中的
                                 //ListServerFile 函数搜索 FTP 服务器中的文件
}
```

此处调用 CServFileView 类中的 ListServerFile 函数搜索 FTP 服务器中的文件。到这里还未编写该函数的实现代码，因此可以将该行注释掉。

需要注意的是，此处不宜使用 PostMessage 函数来代替 SendMessage 函数。若用多线程设计，则可以使用 PostMessage 函数，读者可参阅相关文献。

再次编译并运行程序，显示如图 7.18 所示的结果。

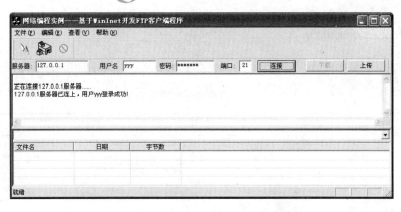

图 7.18　FTP 客户端程序再次运行结果

(6) 编写"上传"按钮事件代码：

```
void CMainFrame::OnButUpLoad()
{
    CString strSourceName;
    CString strDestName;
    CFileDialog dlg(TRUE,"","*.*");                //定义文件对话框对象变量
    if (dlg.DoModal()==IDOK)
    {
        strSourceName=dlg.GetPathName();//获得待上传的本地机文件路径和文件名
        strDestName=dlg.GetFileName();
        if(Upload (strSourceName,strDestName)) //调用 Upload 函数上传文件
            AfxMessageBox("上传成功!",MB_OK|MB_ICONINFORMATION);
        else
            AfxMessageBox("上传失败!",MB_OK|MB_ICONSTOP);
    }
        else                         //文件选择有错误
        AfxMessageBox("请选择文件!",MB_OK|MB_ICONSTOP);
}
```

这里调用了 Upload 函数实现具体的文件上传任务：

```
BOOL CMainFrame::Upload(CString strSName, CString strDName)
{
    if (myApp->pConnection!=NULL)
        if(!myApp->pConnection->PutFile(strSName,strDName))
            return FALSE;
    return TRUE;
}
```

函数 PutFile 的原型如下：

```
BOOL PutFile( LPCTSTR pstrLocalFile,
   LPCTSTR pstrRemoteFile,
   DWORD dwFlags = FTP_TRANSFER_TYPE_BINARY,
   DWORD dwContext = 1 );
```

如果传送成功则返回非 0 值，否则返回 0。具体可参阅有关文献资料。

7.5.5　设计 CServFileView 类

（1）添加私有数据成员，表 7-22 列出了 CServFileView 类添加的私有成员。

表 7-22　CServFileView 类添加的私有成员

名　　称	类　　型	作　　用
myApp	CFtpClientApp	访问公共变量
m_bHaveDotFlag	BOOL	判断是否有点标记
m_ctServImageList	CImageList	图标列表
FILE_FTP_INFO	typedef struct	文件信息
FILE_COUNT_INFO	typedef struct	下载文件时选择文件的信息

（2）设置控件变量。将 IDD_SERV_FORMVIEW 对话框中的两个控件对应设置两个 Control 型变量，参数设置见表 7-23。

表 7-23　CServFileView 类添加的控件变量

变 量 名	类　　型
m_ctServFile	CListCtrl
m_ctServDir	m_ctServDir

（3）添加 3 个消息映射。首先在 CServFileView 类的定义体内添加以下 3 个语句：

```
class CServFileView : public CFormView
{
…
protected:
  // Generated message map functions
  //{{AFX_MSG(CServFileView)
  afx_msg void OnSize(UINT nType, int cx, int cy);
  afx_msg void OnDblclkServFile(NMHDR* pNMHDR, LRESULT* pResult);
  //}}AFX_MSG
  afx_msg LRESULT OnInsertServFile(WPARAM wParam,LPARAM lParam);
  afx_msg LRESULT OnSetServRedrawFlag(WPARAM wParam,LPARAM lParam);
  afx_msg LRESULT OnSetServDirectoryDisplay(WPARAM wParam,LPARAM lParam);
  afx_msg void OnButDownLoad();
  DECLARE_MESSAGE_MAP()…
};
```

再在其对应的 CPP 文件中创建对应的映射表：

```
BEGIN_MESSAGE_MAP(CServFileView, CFormView)
 //{{AFX_MSG_MAP(CServFileView)
     ON_WM_SIZE()
     ON_NOTIFY(NM_DBLCLK, IDC_SERV_FILE, OnDblclkServFile)
     //}}AFX_MSG_MAP
     ON_MESSAGE(WM_SETFILE,CServFileView::OnInsertServFile)
     ON_MESSAGE(WM_SETREDRAWFLAG,CServFileView::OnSetServRedrawFlag)
```

```
ON_MESSAGE(WM_SETDIRECTORYDISPLAY,
    CServFileView::OnSetServDirectoryDisplay)
ON_BN_CLICKED(IDC_But_DownLoad, OnButDownLoad)
END_MESSAGE_MAP()
```

3 个消息的具体涵义及映射关系见表 7-24。

表 7-24　3 个消息映射关系

消　息	函　数	作　用
WM_SETFILE	OnInsertServFile	添加文件
WM_SETREDRAWFLAG	OnSetServRedrawFlag	显示文件列表
WM_SETDIRECTORYDISPLAY	OnSetServDirectoryDisplay	显示路径信息

接下来就可以编写对应的消息响应函数了。

```
LRESULT CServFileView::OnInsertServFile(WPARAM wParam,LPARAM lParam)
{
    FILE_FTP_INFO* pInfo=(FILE_FTP_INFO*)wParam;
    CString str=pInfo->szFileName;
    if(str=="."||str==".."){
        m_bHaveDotFlag=TRUE;
        return 0L;
    }
    OnInsertFile(&m_ctServFile,(LPVOID)pInfo,lParam);
    return 0L;
}
LRESULT CServFileView::OnSetServRedrawFlag(WPARAM wParam,LPARAM lParam)
{
    if(m_bHaveDotFlag)
    {
        CString str="..";
        int iIcon=DIRECTORYICON;
        m_ctServFile.InsertItem(0,str,iIcon);
        m_ctServFile.SetItemData(0,DIRECTORYICON);
        m_bHaveDotFlag=FALSE;
    }
    m_ctServFile.Invalidate();
    m_ctServFile.SetRedraw();
    return 0L;
}
LRESULT CServFileView::OnSetServDirectoryDisplay(WPARAM wParam,
    LPARAM lParam)
{
    FILE_FTP_INFO* pInfo=(FILE_FTP_INFO*)lParam;
    CString str;
    str=myApp->szFtpDirectory;
    m_ctServDir.SetWindowText(str);
    m_ctServDir.Invalidate();
    return 0L;
}
```

(4) 事件响应函数的设计。下面在 CServFileView 类中声明 3 个事件响应函数，需要注意的是，这些事件响应函数均对应于其他的对话框中的某些控件对象，见表 7-25。

表 7-25 声明 CServFileView 类的 3 个事件响应函数

事　件	响 应 函 数	对 应 控 件	作　用
大小变化	OnSize	IDD_SERV_FORMVIEW 对话框	使得界面控件大小自动适应变化
列表控件双击	OnDblclkServFile	IDD_SERV_FORMVIEW 对话框的 IDC_SERV_FILE	服务器文件列表进入下一级或返回上一级
按钮单击	OnButDownLoad	CG_IDD_MYDIALOGBAR 对话框的 IDC_But_DownLoad 按钮	下载选择的文件或文件夹

具体实现代码如下：

```
void CServFileView::OnSize(UINT nType, int cx, int cy)
//OnSize()实现两个控件适时变化
{
    if(m_ctServDir.m_hWnd)
        m_ctServDir.SetWindowPos(this,0,0,cx,0,SWP_NOZORDER|SWP_NOMOVE);
    if(m_ctServFile.m_hWnd)
    {
        m_ctServFile.ShowWindow(SW_HIDE);
        m_ctServFile.SetWindowPos(this,0,0,cx,cy-25,
            SWP_NOZORDER|SWP_NOMOVE);
        m_ctServFile.ShowWindow(SW_SHOW);
    }
}
void CServFileView::OnDblclkServFile(NMHDR* pNMHDR, LRESULT* pResult)
{
    NMLVDISPINFO* pLocInfo=(NMLVDISPINFO*)pNMHDR;
    CString str,buf;
    str.Format("%d",pLocInfo->item);
    if(str=="-1")
    return;
    int nItem=atoi(str);
    DWORD dwFlag=m_ctServFile.GetItemData(nItem);
    if(dwFlag==FILEICON)
    return;
    m_ctServDir.GetWindowText(str);
    if(str!="/")
    str+="/";
    str+=m_ctServFile.GetItemText(nItem,0);
    m_ctServDir.SetWindowText(str);
    m_ctServDir.Invalidate();
    ::SendMessage(AfxGetApp()->m_pMainWnd->m_hWnd,
        WM_COMMAND,IDC_QUICKCONNECT,0);
    *pResult = 0;
}
```

　　OnButDownLoad 函数考虑了当用户选择多行下载时的情况，所以设置了一个保存选择情况的动态数组 pFileCount：

```
void CServFileView::OnButDownLoad()
{
    FILE_COUNT_INFO* pFileCount;
    CString str;
    int i=0;
    POSITION iPos;
    if(myApp->szFtpDirectory!=0)
        myApp->pConnection->
            SetCurrentDirectory((LPCTSTR)myApp->szFtpDirectory);
    CString tempyyy;
    myApp->pConnection->GetCurrentDirectory(tempyyy);
    strcpy(myApp->szFtpDirectory,tempyyy);
    i=m_ctServFile.GetSelectedCount();
    pFileCount=new FILE_COUNT_INFO[i];              //动态数组
    m_ctServDir.GetWindowText(str);
    strcpy(myApp->szFtpDirectory,str);
    myApp->nCount=i;
    iPos=m_ctServFile.GetFirstSelectedItemPosition();
    for(int j=0;j<i;j++)
    {
        int nItem=m_ctServFile.GetNextSelectedItem(iPos);
        m_ctServFile.GetItemText(nItem,0,pFileCount[j].fileName,255);
        pFileCount[j].ufileFlag=m_ctServFile.GetItemData(nItem);
    }
    //定义了一个文件对话框对象变量
    CFileDialog dlg(FALSE,"",pFileCount[0].fileName);
    if (dlg.DoModal()==IDOK)                         //激活文件对话框
    {
        if (Download((LPVOID)pFileCount,dlg.GetPathName()))//调用函数下载文件
            AfxMessageBox("下载成功！",MB_OK|MB_ICONINFORMATION);
        else
            AfxMessageBox("下载失败！",MB_OK|MB_ICONSTOP);
    }
    else
    {
        AfxMessageBox("请写入文件名！",MB_OK|MB_ICONSTOP);
    }
}
```

　　具体调用了 Download 函数实现下载工作。

　　(5) 再为 CServFileView 类定义一些普通成员函数，以实现指定功能，见表 7-26。

表 7-26　声明 CServFileView 类的成员函数

函　数　名	作　　用
Download(LPVOID lParam,CString Desfilename)	下载文件
GetFileIcon(CString& fileName,int* iIcon,int* iIconSel)	读取图标

续表

函 数 名	作 用
ListServerFile()	文件搜索
OnInsertFile(CListCtrl* pListCtrl,LPVOID pIn,LPARAM lParam)	显示搜索到的文件
PreReceiveFile(CString &str, CString &strFtp)	下载文件夹
SetFileColumns(CListCtrl* pListCtrl)	设置列标框列标头
SetServImageList(UINT nBitmapID)	设置文件图标

其中的 GetFileIcon、SetFileColumns 和 SetServImageList 等函数主要实现界面，这里不做赘述，有兴趣的读者可以参阅相应光盘资料或网络博客。下面是文件检索及下载的函数实现代码：

```cpp
void CServFileView::ListServerFile()//FTP 上文件搜索并列表显示
{
    m_ctServFile.DeleteAllItems();
    BOOL bContinue;
    CString szFile,szFtpInfo;
    DWORD dwLength=MAX_PATH;
    if(myApp->szFtpDirectory!=0)
        myApp->pConnection->SetCurrentDirectory((LPCTSTR)myApp->
            szFtpDirectory);
    CString tempyyy;
    myApp->pConnection->GetCurrentDirectory(tempyyy);
    strcpy(myApp->szFtpDirectory,tempyyy);
    ::SendMessage(pServView->m_hWnd,WM_SETDIRECTORYDISPLAY,0,0);
    if(myApp->pConnection==NULL) return;
    SendMessage(WM_SETDIRECTORYDISPLAY,0,0);//在组合框中及时显示 FTP 目录
    szFtpInfo="正在查找文件......";
    pFtpInfoView->SendMessage(WM_RECORDFTPINFO,0,
        (LPARAM)(LPCTSTR)szFtpInfo);
    FILE_FTP_INFO* pInfo=new(FILE_FTP_INFO);
    CFtpFileFind pFileFind(myApp->pConnection);  //定义文件查询对象指针变量
    bContinue=pFileFind.FindFile(_T("*")); // 查找服务器上当前目录的任意文件
    if (!bContinue)                        // 如果一个文件都找不到，结束查找
    {
        if (GetLastError()  == ERROR_NO_MORE_FILES)
        {
            AfxMessageBox("目录为空，没有多余的内容");
            goto end;
        }
        else
        {
            szFtpInfo="文件查找出错，退回，请查明原因";
            pFtpInfoView->SendMessage(WM_RECORDFTPINFO,0,
                (LPARAM)(LPCTSTR)szFtpInfo);
            goto end;
        }
        pFileFind.Close();
        return;
```

```
    }
    while(bContinue)
    {
        bContinue = pFileFind.FindNextFile();
        strcpy(pInfo->szFileName,pFileFind.GetFileName());//获取文件名
        CTime timetemp;
        pFileFind.GetLastWriteTime(timetemp);   //获取最后一次更改时间
        CString str=timetemp.Format("%x");
        strcpy(pInfo->szFileDate,str);
        if (pFileFind.IsDirectory())
        {
            strcpy(pInfo->szFileSize,"");
            pInfo->nType=DIRECTORYICON;            //文件夹图标
        }
        else
        {
            CString str;
            DWORD i=pFileFind.GetLength(); //获取文件大小
            if(i>1024)
            {
                str.Format("%ld",i/1024);
                str+="KB";
            }
            else
                str.Format("%ld",i);
            strcpy(pInfo->szFileSize,str);
            pInfo->nType=FILEICON;            //文件图标
        }
        SendMessage(WM_SETFILE,(WPARAM)pInfo,(LPARAM)SERVFILE);
    }
    SendMessage(WM_SETREDRAWFLAG,0,0);
end:
    szFtpInfo="查找文件结束。";
    pFtpInfoView->SendMessage(WM_RECORDFTPINFO,0,
        (LPARAM)(LPCTSTR)szFtpInfo);
    pFileFind.Close();
    delete pInfo;
}
```

　　CFtpFileFind 类封装了对于 FTP 服务器的文件检索操作。它们的基类是 CFileFind 类。创建了连接对象后，可以进一步创建文件检索类对象，并使用该对象的方法实现对服务器的文件检索。

　　一般直接调用 CFtpFileFind 类的构造函数创建该类的对象实例,并将前面所创建的 FTP 连接对象指针作为参数。构造函数的原型如下：

```
CFtpFileFind(
    CFtpConnection* pConnection,        // 连接对象指针
    DWORD dwContext = 1);               // 表示此操作的环境值
```

例如：

```
CFtpFileFind* pFileFind;
pFileFind = new CFtpFileFind(pConnection);
```

使用 CFtpFileFind 类的 FindFile 成员函数可以在 FTP 服务器上或本地缓冲区中找到第一个符合条件的对象，其原型如下：

```
virtual BOOL FindFile(
    LPCTSTR pstrName = NULL,              // 指定要查找的文件路径，可以使用通配符
    DWORD dwFlags = INTERNET_FLAG_RELOAD);  // 从哪里检索
```

FindNextFile 函数用于继续进行 FindFile 调用的文件检索操作。

```
virtual BOOL FindNextFile();
```

在上一步的基础上，反复地调用 FindNextFile 成员函数，可以找到所有符合条件的对象，直到函数返回 FALSE 为止。每查到一个对象，随即调用 GetFileURL 成员函数，可以获得已检索到的对象的 URL。

```
CString GetFileURL() const;
```

CFtpFileFind 类本身定义的成员函数只有上面几个。但是由于它是从 CFileFind 类派生的，它继承基类 CFileFind 的许多成员函数，可以进行各种文件检索相关的操作。

```
void CServFileView::OnInsertFile(CListCtrl* pListCtrl, //显示文件信息
    LPVOID pIn,LPARAM lParam)
{
    FILE_FTP_INFO*pInfo=(FILE_FTP_INFO*)pIn;
    LVITEM  lvIt;
    int iIcon,nItem;
    if(pInfo->nType==DIRECTORYICON)      nItem=0;
    else    nItem=pListCtrl->GetItemCount();
    CString fileName=pInfo->szFileName;;
    if((int)lParam==LOCFILE)    GetFileIcon(fileName,&iIcon);
    else iIcon=pInfo->nType;
    lvIt.mask=LVIF_TEXT|LVIF_IMAGE|LVIF_PARAM;
    lvIt.iImage=iIcon;
    lvIt.lParam=pInfo->nType;
    lvIt.pszText=pInfo->szFileName;
    lvIt.iSubItem=0;
    lvIt.iItem=nItem;
    int iPos=pListCtrl->InsertItem(&lvIt);
    lvIt.mask=LVIF_TEXT;
    lvIt.iItem=iPos;
    lvIt.pszText=pInfo->szFileDate;
    lvIt.iSubItem=1;
    pListCtrl->SetItem(&lvIt);
    lvIt.pszText=pInfo->szFileSize;
    lvIt.iSubItem=2;
    pListCtrl->SetItem(&lvIt);
}
```

　　此时可以编译并运行程序，输入要连接的 FTP 服务器的地址、用户名和密码等信息，单击"连接"按钮，将在上端的视图中显示客户、服务器的操作信息，而在下端的列表视图中显示所连接的 FTP 服务器上的文件及目录信息，如图 7.19 所示。

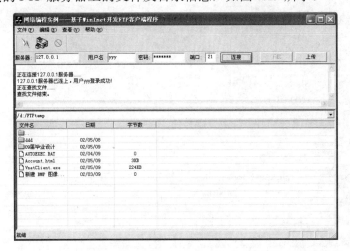

图 7.19　FTP 客户端程序运行结果——连接及文件搜索

　　需要注意的是，根据 7.1 节的介绍，FTP 的端口号一般特别分配为 21，因此可以不需输入。

```cpp
BOOL CServFileView::Download(LPVOID lParam,  //下载文件
        CString Desfilename)
{
    BOOL Result;
    CString szFtpInfo;
    FILE_COUNT_INFO* pInfo=(FILE_COUNT_INFO*)lParam;
    CString OldLoc=Desfilename;
    CString OldFtp=myApp->szFtpDirectory;
    for(int i=0;i<myApp->nCount;i++)
    {
        CString str=OldLoc;
        CString strFtp=OldFtp;
        CString DirName=pInfo[i].fileName;
        if(pInfo[i].ufileFlag==FILEICON)//如果是文件
        {
            szFtpInfo="正在下载";
            szFtpInfo+=DirName+"......";
            pFtpInfoView->SendMessage(WM_RECORDFTPINFO,0,
                (LPARAM)(LPCTSTR)szFtpInfo);
            if(myApp->pConnection->GetFile(DirName,Desfilename))
            {
                szFtpInfo="下载";
                szFtpInfo+=DirName;
                szFtpInfo+="完毕!";
                pFtpInfoView->SendMessage(WM_RECORDFTPINFO,0,
                    (LPARAM)(LPCTSTR)szFtpInfo);
```

```
                continue;
            }
            else
            {
                szFtpInfo="下载";
                szFtpInfo+=DirName;
                szFtpInfo+="出错,退出查找原因!";
                pFtpInfoView->SendMessage(WM_RECORDFTPINFO,0,
                    (LPARAM)(LPCTSTR)szFtpInfo);
                return FALSE;
            }
        }
        else                    //如果是文件夹
        {
            if(strFtp.Right(1)=='/')
                strFtp+=DirName;
            else
                strFtp+="/"+DirName;
            if(Result=PreReceiveFile(str,strFtp))
                continue;
            else
            {
                AfxMessageBox("下载有错,请查明原因!");
                return FALSE;
            }
        }
    }
    szFtpInfo="文件下载结束!";
    pFtpInfoView->SendMessage(WM_RECORDFTPINFO,0,
        (LPARAM)(LPCTSTR)szFtpInfo);
    delete[] pInfo;
    return TRUE;
}
```

当选中某文件时,"下载"按钮可用,单击该按钮,弹出"另存为"对话框,要求设定下载后的文件名及存储目录,如图 7.20(a)所示。

单击"保存"按钮,开始下载,如果顺利下载结束,最后显示"下载成功"提示信息,如图 7.20(b)所示。

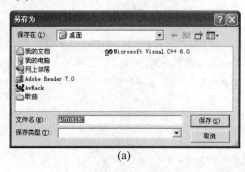

(a)

(b)

图 7.20 FTP 客户端程序运行结果

对于服务器上的文件夹的下载略显复杂，下面是具体的实现代码：

```
BOOL CServFileView::PreReceiveFile(CString &str, CString &strFtp)
{
    CString szFtpInfo;
    BOOL result=false;
    DWORD dwSize=MAX_PATH;
    CString lpBufferFtp,tFile;
    if(myApp->pConnection==NULL)
        return FALSE;
    myApp->pConnection->SetCurrentDirectory((LPCTSTR)strFtp);
    CString tempyyy;
    myApp->pConnection->GetCurrentDirectory(tempyyy);
    strcpy(myApp->szFtpDirectory,tempyyy);
    ::CreateDirectory(str,NULL);
    ::SetCurrentDirectory(str);
    CFtpFileFind pFileFind(myApp->pConnection); //定义文件查询对象指针变量

    BOOL bContinue;
    bContinue=pFileFind.FindFile(_T("*")); // 查找服务器上当前目录的任意文件
    if (!bContinue)                        //  如果一个文件都找不到，结束查找
    {
        pFileFind.Close();
        result=TRUE;
        goto end;
    }
    while(bContinue)
    {
        bContinue = pFileFind.FindNextFile();
        tFile=pFileFind.GetFileName();      //获取文件名
        if(tFile=="."||tFile==".."||pFileFind.IsHidden())
            continue;
        if (pFileFind.IsDirectory())
        {
            pFileFind.Close();
            if(!(result=PreReceiveFile(str+"\\"+tFile,
                strFtp+"/"+tFile)))
            {
                AfxMessageBox("文件下载出错，返回!");
                goto end;
            }
        }
        else
        {
            szFtpInfo="正在下载";
            szFtpInfo+=tFile+"......";
            pFtpInfoView->SendMessage(WM_RECORDFTPINFO,0,
                (LPARAM)(LPCTSTR)szFtpInfo);
            result=(myApp->pConnection->
                GetFile(tFile,tFile))?TRUE:FALSE;
            if(!result)
```

```
        {
            AfxMessageBox("文件下载出错, 返回!");
            goto end;
        }
    }
}
result=TRUE;
end:
pFileFind.Close();
return result;
}
```

可见，下载文件夹是用递归算法实现的。算法本身并不复杂，但需要理解递归的对象和过程。读者要仔细阅读，可画出流程图以帮助学习。

若需要上传文件至 FTP 服务器，则单击"上传"按钮，弹出图 7.21 所示的对话框。

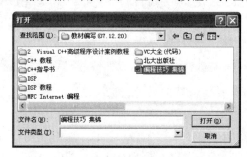

图 7.21　FTP 客户端程序运行结果——上传文件

选择要上传的文件后，单击"打开"按钮，开始上传。若传输过程出错，将显示相应的提示信息。

本 章 总 结

Internet 的飞速发展带来了程序设计领域、设计理念、设计理论、设计技术和设计工具的巨大变化，基于 Internet 环境进行网络应用程序的设计已成为时尚和必需。Internet 编程包括 Internet 服务器端程序设计和 Internet 客户端程序设计两部分，主要设计 HTTP 协议、FTP 协议和 Gopher 文件传输协议等。

网络应用程序的最终目标是要实现网络资源间的共享，而共享的基础就是必须能够通过网络轻松地传递各种信息。因此，网络编程的根本任务是首先解决网间进程通信的问题，然后才能在通信的基础上开发各种应用功能。而网间进程通信必须解决网间进程的标识、如何与网络协议栈连接、多重协议的识别及不同的通信服务等问题。其中最重要的就是进程间的标识。端口是 TCP/IP 协议应用层进程与传输层协议实体间的通信接口，称为运输层地址。端口概念的引入成功地解决了通信进程间的标识难题。

常用的网络模式有 P2P 模式、FS 模式、C/S 模式、B/S 模式等 4 类，其中 C/S 模式是构筑所有网络应用的基础，网络应用进程通信时，普遍采用 C/S 交互模式。在 C/S 模式中，客户端是主动出击的一方，而服务器总是处于被动服务的地位。客户机与服务器的实质是两个软件实体,它们之间的通信是虚拟的,是概念上的,实际的通信要借助下层的网络协议栈来进行。客户软件平时存于本地计算机,完成其他常规工作,在打算通信时主动向远地服务器发起通信请求,成为临时客户,能访问所需的多种服务。客户软件在某一时刻只能与一个远程服务器进行主动通信。而服务器软件是一种专门用来提供某种服务的程序,系统启动时自动调用,连续运行,可同时处理多个远地客户的请求,但只提供一种服务。

Visual C++提供 3 种网络编程方式:一是基于 Windows Sockets(套接字)规范,二是使用网络编程接口(Win32 Internet,WinInet),三是运用因特网服务器应用编程接口(Internet Server Application Programming Interface,ISAPI)。

套接字是对网络中不同主机上应用进程之间进行双向通信的端点的抽象,是实现网络通信的基石。一个套接字就是网络上进程通信的一端,提供了应用层进程利用网络协议栈交换数据的机制。为简化套接字网络编程,Microsoft MF 提供了 CAsyncSocket、CSocket 两个套接字类和一个相关类 CSocketFile,在不同的层次上对 Windows Socket API 函数进行了封装。

WinInet 是 Windows Internet 扩展应用程序高级编程接口,是专为开发具有 Internet 功能的客户端应用程序而提供的,以帮助实现并简化对 HTTP、FTP 和 Gopher 等常用 Internet 协议的访问,从而使 Internet 成为任何应用程序密不可分的一部分。使用 WinInet 可以在较高层面上开发 Internet 客户端应用程序,无需处理 WinSock、TCP/IP 和特定 Internet 协议的细节问题。MFC WinInet 类在充分继承对 HTTP、FTP 和 Gopher 协议的访问功能的基础上,将 HTTP、FTP 及 Gopher 等 Internet 协议抽象为高级别的 API,对所有 WinInet API 函数按其应用类型进行分类和打包,以面向对象的形式,向用户提供的一个更高层次上的更容易使用的统一的编程接口,提供了一条使应用程序支持 Internet 的快捷的、直接的途径。

习　　题

1. 简述程序、进程与线程的区别与联系。
2. 查阅资料,简述硬件地址、IP 地址与端口地址的区别与联系。
3. 以 FTP 为例,说明 C/S 网络模式的基本原理与工作流程。
4. 什么是套接字?查阅文献说明流式套接字的数据报套接字区别与联系。
5. 分析下面代码的功能。

```
void CSoketClientDlg::OnSendMsg()
{
    int nLen,nSent;
    UpdateData(TRUE);
    if (!m_strMsg.IsEmpty())
    {
        nLen=m_strMsg.GetLength();
        nSent=m_sConnectSocket.Send(LPCTSTR(m_strMsg),nLen);
        if (nSent!=SOCKET_ERROR)
        {
            m_listSent.AddString(m_strMsg);
            UpdateData(FALSE);
```

```
        }
    else
        AfxMessageBox("信息发送错误！",MB_OK|MB_ICONSTOP);
    UpdateData(FALSE);
    }
}
```

若要发送图片文件，该如何修改代码？

6．仔细阅读案例一点对点聊天程序，修改代码实现多点聊天。

7．若要显示从 FTP 上下载文件的进度，该如何修改案例二的实现代码？

第 8 章

多媒体应用程序设计

教学目标

本章主要介绍多媒体程序设计的基本概念、信息处理的基本方法，包括文本控制、图形绘制、图像显示与声音播放等。通过学习，要求掌握文本显示的方法与技巧、图形绘制函数的应用、DIB 位图的结构与显示处理、WAVE 波形声音的格式与播放技术等，熟悉在 Visual C++环境下编写多媒体应用程序的基本过程，进而探讨多媒体信息处理的前沿研究成果，为进一步的深入学习打下扎实的基础。

知识结构

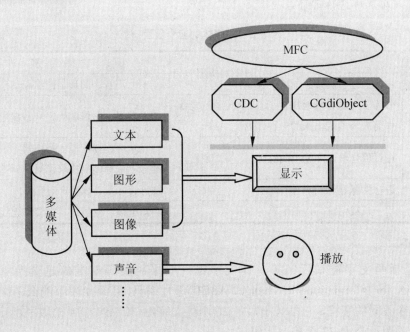

引言

Microsoft Windows 视窗操作系统之所以始终雄霸 PC 领域，除了其独一无二的漂亮界面外，其无可比拟的多媒体信息处理性能也起到了推波助澜的作用。Visual C++作为与 Windows 结合最为紧密的软件开发工具，其对多媒体性能的支持也是全面而周到的。PC 的迅猛发展，Internet 的无孔不入，使得多媒体概念已渗入到生活的方方面面。购置一台计算机，配置简单的光驱、音响、话筒等，就可轻松拥有一台简易的多媒体计算机，可以播放音乐、影碟，甚至收看电视节目。不过，硬件配置再完美的计算机，如果没有安装合适的软件系统也是枉然。目前，市场上可以购买到各种款式的多媒体软件，如豪杰、金山等。不过，看别人的东西总是觉得很神秘，如果能亲自动手编写一款实用的多媒体软件，无疑是令人心驰神往的。为此，本章将带领读者从基础概念入手，循序渐进，逐步学会使用 Visual C++编写简单的图形绘制、图像显示及声音播放等多媒体应用程序。

8.1 概　　述

8.1.1 多媒体概念

简单地说，媒体就是信息的载体，例如语音、音乐、报纸、电视、书籍、文件、电话、邮件等都是媒体。而根据国际电信联盟(International Telecommunication Union, ITU)的建议，可从 5 个层面对媒体进行描述，见表 8-1。

表 8-1　媒体的五个层面

名　　称	作　　用	举　　例
感觉媒体	由人类感官直接感知的一类媒体	文本、声音、图形、图像和动画等
表示媒体	为了能更有效地加工、处理和传输感觉媒体而人为构造出来的一种媒体	文本编码、图像编码、声音编码等
显示媒体	进行信息输入和输出的媒体	显示屏、打印机、扬声器等输出媒体 键盘、鼠标、扫描仪、触摸屏等输入媒体
存储媒体	进行信息存储的媒体	硬盘、光盘、软盘、磁带等
传输媒体	用于承载信息、传输信息的媒体	同轴电缆、双绞线、光缆和无线电链路等

1. 文本

文本包括西文字符和汉字等。西文字符一般采用美国标准信息交换码(American Standard Code for Information Interchange，ASCII)进行编码，用 1 个字节的低 7 位(最高位为 0)表示 128 个不同的字符，包括大小写各 26 个英文字母，0～9 共 10 个数字，33 个通用运算符和标点符号，以及 33 个控制代码。

汉字相对西文字符而言数量比较巨大，为了与 ASCII 码兼容，规定一个汉字国标码用两个字节表示，且只用字节低 7 位，最高位为 0。由于国标码每个字节的最高位都是 0，与 ASCII 码会产生混淆，因此，在计算机内部汉字全用机内码表示，即将国标码的两个字节

的最高位均设定为 1。

2. 声音

声音是指在人们听觉范围内的语言、音乐、噪声等音频信息。人的耳朵对于声音的感知频率范围约在 20 Hz～20 kHz 之间。低于 20 Hz 的声波为次声波，高于 20 kHz 的声波称为超声波。音调、音强和音色称为声音的三要素。其中，音调与声波的频率相关，频率高则音调高，频率低则音调低。音调高时声音尖锐，俗称高音；音调低时声音沉闷，俗称低音。音强取决于声波的幅度，振幅高时音强强，振幅低时音强弱。音色则由叠加在声音基波上的谐波所决定。一个声波上的谐波越丰富，音色越好。

音频文件的格式有很多种，常用的有 6 种，见表 8-2。

表 8-2 常见音频文件格式

格　　式	涵　　义
CD	音质最好的音频格式，忠于原声，可在CD机、播放软件上播放
WAVE	文件较大，多用于存储简短的声音片段
MPEG	压缩比高，音质基本不失真，目前使用最多
MIDI	目前最成熟的音乐格式，记录的不是乐曲本身，而是一些描述乐曲演奏过程的指令
WMA	比MPEG压缩比更大，适合在网络上在线播放
VOC	波形音频文件

3. 图形/图像

随着人类的进步，科学技术的发展，人们对信息处理和信息交流的要求越来越高。由于图像具有直观、形象、易懂和信息量大等特点，因此成为人们日常生活、生产中接触最多的信息种类。近年来，图像信息的处理和传输无论是在理论研究还是在实际应用方面都取得了长足的进展。尤其是计算机技术的应用、遥感技术和数字通信的发展、计算机网络的普及以及微电子芯片密度的增加，对数字图像信息技术的发展起了关键性的推动作用；而数字图像信息技术的发展又反过来促进和加速了上述各项技术的发展。

1) 图形、图像的概念

所谓图形，是指由点、线、面、体等几何要素和明暗、灰度(亮度)、色彩等非几何要素构成的，从现实世界中抽象出来的带有灰度、色彩及形状的图或形。图形有鲜明的外部轮廓线条，如直线、圆、圆弧、矩形、任意曲线、图表、楼房、汽车、街道等。而图像是当光辐射能量到物体上，经过它的反射或透射，或由发光物体本身发出的光能量，在人的视觉器官中所重现出的物体的视觉信息。例如照片、电影、电视、图画等都属于图像的范畴。

图像按其亮度等级的不同，可以分成二值图像(只有黑白两种亮度等级)和灰度图像(有多种亮度等级)两种。按其色调不同，可分为无色调的灰度(黑白)图像和有色调的彩色图像两种。按其内容的变化性质不同，有静态图像和活动图像之分。而按其所占空间的维数的不同，又可分为平面的二维图像和立体的三维图像等。

2) 图形、图像的表达方式

图形和图像都可以由计算机通过一定的算法程序生成出来。在计算机中，表达图形图像有两种方法：矢量图法和位图法。

矢量图是指用一系列计算机指令来表示一幅图，如画点、画线、画圆等。这种方法实际上是以数学方法来描述一幅图，然后变成许许多多的数学表达式，再经过编程后，用语言来表达。在计算显示图时，往往能看到画图的过程。矢量图有许多优点。例如，当需要管理每一小块图像时，矢量图法非常有效；目标图像的移动、缩小/放大、旋转、复制、属性的改变(如线条变宽/变细、颜色的改变)也很容易做到；可以把相同的或类似的图当做图的构造块，并把它们存到图库中，这样不仅可以加速画的生成，而且可以减小矢量图文件的大小。然而，当图变得很复杂时，计算机就要花费很长的时间去执行绘图指令。此外，对于一幅复杂的彩色照片(例如一幅真实世界的彩照)，恐怕很难用数学来描述，因而不能用矢量图法表示，而要采用位图法来表示。

位图法与矢量图法大不相同，它是把一幅彩色图分成许许多多的像素，组成一个矩阵点阵，每个像素用若干个二进制位来指定该像素的颜色、亮度和属性。因此一幅图由许许多多描述每个像素的数据组成，这些数据通常称为图像数据，而这些数据作为一个文件来存储，这种文件又称为图像文件。如要画或者编辑位图，则可用类似于绘制矢量图的软件工具。

位图又可分为与设备有关的位图(Device-Dependent Bitmap，DDB)和与设备无关的位图(Device-Indepentent Bitmap，DIB)，两者有不同的用途，见表 8-3。

表 8-3　DDB 位图和 DIB 位图

类　　型	特　　征	备　　注
DDB	依赖于具体设备，颜色模式必须与输出设备相一致；在 256 色以下的位图中存储的像素值是系统调色板的索引，其颜色依赖于系统调色板	要么在视频内存中，要么在系统内存中
DIB	与设备无关。256 色以下的 DIB 拥有自己的颜色表，像素的颜色独立于系统调色板	可用来永久性保存图像

位图的获取通常用扫描仪，以及摄像机、录像机、激光视盘与视频捕捉卡一类设备，通过这些设备可以把模拟的图像信号变成数字图像数据。

位图文件占据的存储器空间比较大。影响位图文件大小的因素主要有两个，即图像分辨率和像素深度。分辨率越高，也就是组成一幅图的像素越多，图像文件就越大；像素深度越深，也就是表达单个像素的颜色和亮度的位数越多，图像文件就越大。而矢量图文件的大小则主要取决于图的复杂程度。

矢量图与位图相比，显示位图文件比显示矢量图文件要快；矢量图侧重于"绘制"、去创造，而位图偏重于"获取"、去"复制"。矢量图和位图之间可以用软件进行转换。由矢量图转换成位图采用光栅化技术，这种转换也相对容易；由位图转换成矢量图用跟踪技术，这种技术在理论上讲是容易的，但在实际中很难实现，对于复杂的彩色图像尤其如此。

值得注意的是，虽然这两种生成图的方法不同，但显示结果几乎没有什么差别。

3) 图像文件格式

图像文件在计算机中的表示格式有多种，如 BMP、PCX、TIF、TGA、GIF、IPG 等，一般数据量比较大。对于图像，主要考虑分辨率(屏幕分辨率、图像分辨率和像素分辨率)、图像灰度以及图像文件的大小等因素。常见的图像文件格式有 6 种，见表 8-4。

表 8-4　图像文件格式

格　式	简　介
BMP	标准位图格式，最大色深为24b，既可不压缩存储，也可压缩存储
JPEG	真彩色图像格式，可人为控制图像压缩程度，提高压缩率
GIF	针对彩色图像，高压缩比，支持颜色多达256色，用于图像文件的网络传输
TIF	支持高达24位全彩色的图像，移植性高，占用空间大，图像质量好
DXF	作为AutoCAD中的ASCII绘图交换文件格式
MPEG	运动图像压缩算法的国际标准，压缩效率高，质量好，有统一标准格式，兼容性相当好

4. 视频

若干有联系的图像按一定的频率连续播放，便形成了视频。当计算机对视频信号进行数字化时，就必须在规定的时间内完成量化、压缩和存储等工作。视频文件的格式有.avi、.mpg、.mov 等。对于视频颜色空间的表示可以有 R、G、B(红、绿、蓝)三维彩色空间，Y、U、V(Y 为亮度，U、V 为色差)，H、S、I(色调、饱和度、强度)等多种方法，可以通过坐标变换相互转换。视频的主要参数有帧速、数据量和图像质量等。

8.1.2　图形设备接口

任何图形(图像在某种程度上也可看做为图形)的显示输出都离不开图形设备接口(Graphic Device Interface，GDI)，使用 GDI 绘制的图形具有设备无关性，操作系统屏蔽了硬件设备的差异，用户编程时无需考虑特殊的硬件设置，因而在屏幕窗口内绘图与在打印机上绘图是相似的，具有"所见即所得"的性质。利用 GDI 开发图形程序，可以使得程序员专注于程序的开发，而不必考虑底层的硬件问题。

不过，GDI 并不直接完成图形绘制工作，它提供一种独立于设备的仲裁机制，接收应用程序通过 GDI 函数发来的请求，经过翻译之后将这些请求传送给相应的设备驱动程序，再由设备驱动程序驱动相应的硬件设备，完成与具体硬件有关的输出，如图 8.1 所示。

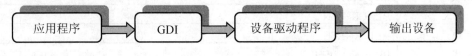

图 8.1　GDI 绘图过程

基于 Windows 环境使用 GDI 实现绘图，一般需要具备两个要素：设备描述表和绘图工具。如果把程序员比做画家，那么设备描述表就是画布，绘图工具就是画家手中的画笔、画刷、调色板等工具。

1. 设备描述表

设备描述表就是窗口的客户区，提供绘图的场地和环境。每个窗口对象都提供了一个设备环境(Device Context，DC)，是应用程序与外部设备之间的桥梁，如图 8.2 所示。

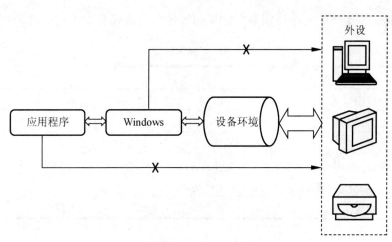

图 8.2　设备环境桥梁作用示意图

设备环境的本质是结构体，包含背景色等区域窗口信息，见表 8-5。

表 8-5　设备环境的属性

属　　性	默　认　值
背景色	WHITE
背景模式	OPAQUE
位图	NONE
画刷	WHITE BRUSH
画刷起始	(0, 0)
剪裁域	DISPLAY SURFACE
颜色调色板	DEFAULT PALETTE
当前笔的位置	(0, 0)
绘图模式	R2_COPYPEN
字体	SYSTEM_FONT
字符间距	0
映像模式	MM_TEXT
画笔	BLACK_PEN
多边形填充模式	ALTERNATE
缩放模式	BLACKONWHITE
文本颜色	BLACK
视图范围	(1, 1)
视图原点	(0, 0)
窗口范围	(1, 1)
窗口原点	(0, 0)

Windows 系统为每个窗口建立了一个 PAINTSTRUCT 结构，代码如下：

```
Typedef struct tagPAINTSTRUCT
{
    HDC hdc;                    //设备环境句柄
```

```
        BOOL fErase;              //一般取真值，表示擦除无效矩形的背景
        RECT rcPaint;             //无效矩形标识
        BOOL fRestore;            //系统保留
        BOOL fIncUpdate;          //系统保留
        BYTE rgbReserved[16];     //系统保留
    }PAINTSTRUCT;
```

该结构中包含了包围无效区域的一个最小矩形的结构 RECT，包含了无效矩形的左上角和右下角的坐标。应用程序可以根据这个无效矩形执行刷新操作。

获取设备环境是应用程序输出图形的先决条件，常用的两种方法是调用 BeginPaint 或 GetDC 函数。

应用程序响应 WM_PAINT 消息进行图形刷新时，通过调用 BeginPaint 函数获取设备环境。由 BeginPaint 函数获取的设备环境要用 EndPaint 函数释放。

如果绘图工作并不是由 WM_PAINT 消息驱动的，则调用 GetDC 函数获取设备环境。而由 GetDC 函数获取的设备环境必须用 ReleaseDC 函数释放。

表 8-6 列出了这两个函数的区别。

表 8-6　函数 BeginPaint 和 GetDC 的比较

项　目　＼　函　数	BeginPaint	GetDC
适用场合	由 WM_PAINT 消息驱动的图形刷新	非 WM_PAINT 消息驱动也可以
操作区域	无效区域	整个客户区
释放设备环境所用函数	EndPaint	ReleaseDC

设备描述表是设备环境的属性集合，与特定的显示设备相关。设备描述表提供了一套默认的绘图工具，在 Windows 下，对所有绘图功能的调用都是通过设备描述表来进行的。

2. 绘图工具

绘图工具有时也称为绘图对象，使用它们可以在 Windows 设备环境中绘制具有各种效果的图形。任何一个画家，不论他的技艺有多么高超，若没有绘图工具，都无法在画布上画图。当设备环境所提供的默认绘图工具不能满足需求时，就需要修改绘图工具，达到绘制丰富多彩图形的目的。Windows 的绘图工具包括画笔、画刷、字体、位图、调色板和区域。在 MFC 中这些绘图工具被封装到相应的类中。

8.1.3　映像模式

1. 逻辑坐标与设备坐标

在 Windows 应用程序中，只要进行绘图，就要使用 GDI 坐标系统。Windows 提供了几种映像模式，每一种映像都对应着一种坐标系。在 GDI 绘制函数中，使用的是一种逻辑坐标，当将结果输出到某个物理设备上时，需要将逻辑坐标转换成设备坐标。

(1) 逻辑坐标。逻辑坐标与设备无关，是内存中虚拟的坐标，一般一个像素为一个逻辑单位。逻辑坐标是实现"所见即所得"的基础，设计人员只要使用合适的映射模式，并不需要考虑面向何种设备。

(2) 设备坐标。图形输出时，Windows 要将逻辑坐标映射为设备坐标。在所有的设备坐标系统中，单位以像素点为准，水平值从左到右增大(正方向向右)，垂直值从上到下增大(正方向向下)。Windows 中包括了 3 种设备坐标以满足各种需要，见表 8-7。

表 8-7　Windows 的 3 种设备坐标

坐 标 名 称	包 含 区 域	坐 标 原 点
工作区坐标	应用程序的客户区域	客户区域左上角
窗口坐标	一个程序的整个窗口，包括标题条、菜单、滚动条和窗口框等	窗口左上角
屏幕坐标	包括整个屏幕	屏幕左上角

当在 Windows 窗口中绘图时，绘图的坐标原点在屏幕的左上角，任何物体在屏幕上定位都要参考这个坐标原点。在笛卡儿坐标系统中这个点被定义为坐标原点(0，0)，水平坐标轴的正方向是从该点出发向右延伸的，垂直坐标轴的正方向是从该点出发向下延伸的，如图 8.3 所示。

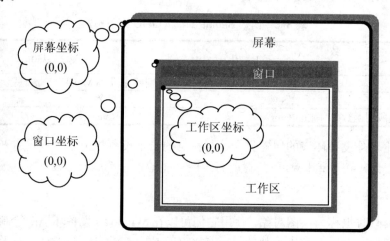

图 8.3　Windows 的 3 种设备坐标系

有时为了程序设计的方便，习惯上将逻辑坐标所在的坐标系称为窗口，对应程序员在逻辑坐标系上设定的区域，是一个虚拟区域，它可以被激活、失效、在屏幕上移动和改变大小等。对应地，将设备坐标所在的坐标系称为视口，对应程序员在实际输出设备上设定的区域。窗口依赖于逻辑坐标，可以是像素点、毫米或其他尺度。这一点需牢记，这对于理解下面的有关内容至关重要。

2. 坐标映射

映像模式定义了 Windows 如何将 GDI 函数中指定的逻辑坐标映射为设备坐标，如何将逻辑单位转化为设备的度量单位以及设备的 x 方向和 y 方向，用户可在一个统一的逻辑坐标系中操作而不必考虑输出设备的坐标系情况。常用的映像模式见表 8-8。

表 8-8　常见的 8 种映像模式

映 像 模 式	一个逻辑单位映射为	坐标系设定	备　注
MM_ANISOTROPIC	系统确定	Optional	按照窗口和视口的坐标比例进行映射，即各向同性
MM_HIENGLISH	0.001inch	Y 上，X 右	
MM_HIMETRIC	0.01mm	Y 上，X 右	
MM_ISOTROPIC	系统确定	Optional，但 x 轴和 y 轴的单位此例为 $1:1$	将窗口中的对称图形映射到视口时仍为对称图形，即各向异性
MM_LOENGLISH	0.01inch	Y 上，X 右	
MM_LOMETRIC	0.1mm	Y 上，X 右	
MM_TEXT	一个像素	Y 下，X 右	默认的映像模式
MM_TWIPS	1/1440inch	Y 上，X 右	

应用程序可获取设备环境的当前映像模式，并根据需要设置映像模式。

设置设备环境的映像模式可使用 SetMapMode 函数，其原型如下：

```
int SetMapMode( HDC hdc, int fnMapMode);
```

其中参数 hdc 用来标识设备环境，参数 fnMapMode 为映像模式的整型标识符，可以取表 8-8 中给出的 8 个值中的一个。在设置了映像模式之后，直到下一次设置映像模式之前，Windows 一直使用这种映像模式。在设置了映像模式之后，就规定了逻辑单位的大小和增量的方式。

如果想要获取当前设备环境的映像模式，可用 GetMapMode 函数，其函数原型如下：

```
int GetMapMode( HDC hdc);
```

若调用成功，则返回一个映像模式值；否则返回 0。

如要设置窗口区域，可用 SetWindowExtEx 函数，原型如下：

```
BOOL SetWindowExtEx(
    HDC hdc,          //设备环境句柄
    int nXExtent,     //以逻辑单位表示的新窗口区域的 X
    int nYExtent,     //以逻辑单位表示的新窗口区域的 Y
    LPSIZE lpSize     //保存旧窗口区域尺寸的 SIZE 结构地址
);
```

若要设置视口区域，则使用 SetViewportExtEx 函数，其函数原型如下：

```
BOOL SetViewportExtEx(
    HDC hdc,          //设备环境句柄
    int nXExtent,     //以物理设备单位表示的新视口区域的 X
    int nYExtent,     //以物理设备单位表示的新视口区域的 Y
    LPSIZE lpSize     //保存旧视口区域尺寸的 SIZE 结构地址
);
```

不同的映像模式决定了设备坐标和逻辑坐标之间的转换关系，也就是两种坐标系统在相互转换时，逻辑单位和设备单位之间的某种比例关系。这里需要说明的是，在 Windows 中，只有对需要设备环境句柄做参数的 GDI 函数，映像模式才会起作用。

8.1.4 三基色与调色板

现代医学研究表明，人眼的视觉感受主要来源于色彩的频率、色调、饱和度和亮度。基于这样的视觉机理，人们提出一种假设，即人眼视网膜上的锥状细胞应该有 3 种类型：红敏细胞、绿敏细胞和蓝敏细胞。顾名思义，它们对不同色光的亮度感觉有强烈的选择性。3 种光敏细胞对光的综合感应形成了人们主观上对光的颜色和亮度的感应。3 种光敏细胞对光的感觉一致，主观上光的彩色感觉(色度和亮度)就相同。那么选择哪 3 种基本颜色呢？选择的基本原则是：获得方法简单，色度稳定且准确，能配出尽可能多的颜色。为此，国际照明委员会规定了 R、G、B 这 3 种光为基色，并规定了基色单位当量： R 为红光，波长为 700.0nm，基色单位当量为 1；G 为绿光，波长为 546.1nm，基色单位当量为 4.5907；B 为蓝光，波长为 435.8 nm，基色单位当量为 0.0601。当量是指用指定三基色配出标准白光时，RGB 三基色的光的比例，这里为 1：4.5907：0.0601。

三色系数的比例决定所配彩色光的颜色，它们的数值决定所配彩色光的亮度。RGB 也称为颜色 F 的三基色分量或三基色坐标。表 8-9 列出了常见颜色的 RGB 组合值。

表 8-9　常见颜色的 RGB 组合值

要素组成 颜色	R	G	B
红	255	0	0
蓝	0	255	0
绿	0	0	255
黄	255	255	0
紫	255	0	255
青	0	255	255
白	255	255	255
黑	0	0	0
灰	128	128	128

根据常识，彩色图像要比黑白图像大得多。原因是彩色图像的颜色属性需要较大的存储空间。以 RGB 模型的真彩色图像为例，由于每个像素需要 24 位，一幅 640×480 的真彩色图像需要约 1MB 的视频内存。由于数据量大增，显示真彩色会使系统的整体性能迅速下降。为了解决这个问题，使用调色板来限制颜色的数目。调色板实际上是一个有 256 个表项的 RGB 颜色表，颜色表的每项是一个 24 位的 RGB 颜色值。使用调色板时，在视频内存中存储的不是 24 位颜色值，而是调色板的 4 位或 8 位的索引。这样一来，显示器可同时显示的颜色被限制在 256 色以内，对系统资源的耗费大大降低了。图 8.4 显示了调色板的工作原理。

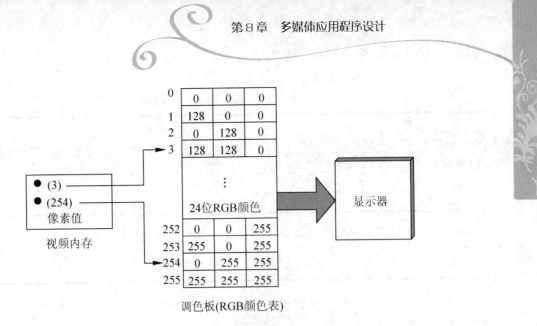

图 8.4　调色板的工作原理

　　每个设备环境都拥有一个逻辑调色板,默认逻辑调色板只有 20 种保留颜色,因此需要创建新的逻辑调色板,并选入到设备环境中,实现到系统调色板中,此时 Windows 将会建立一个调色板映射表,GDI 函数绘图时会查询该映射表,把像素值从逻辑调色板的索引转换成系统调色板的索引,见表 8-10。

表 8-10　创建和使用调色板

调　用　函　数	功　　　能	函数返回值
HPALETTE CreatePalette(CONST LOGPALETTE *lplgpl);	创建逻辑调色板	逻辑调色板句柄
HPALETTE SelectPalette(HDC hdc, HPALETTE hpal, BOOL bForceBackground);	把逻辑调色板选入到要使用它的设备环境中	之前的逻辑调色板
UINT RealizePalette(HDC hdc);	把逻辑调色板实现到系统调色板中	被实现的数目

　　在调用 GDI 函数绘图时,Windows 用 COLORREF 数据类型来表示颜色,并提供了 3 个宏来构建 3 种不同的 COLORREF 数据:

```
COLORREF RGB(BYTE bRed,BYTE bGreen,BYTE bBlue);          //RGB 引用
COLORREF PALETTEINDEX(WORD wPaletteIndex);              //调色板索引引用
COLORREF PALETTERGB(BYTE bRed,BYTE bGreen,BYTE bBlue);  //调色板 RGB 引用
```

8.1.5　MFC 对 GDI 的封装

　　为便于用户在 Windows 下编写基于 GDI 的应用程序,Mircosoft MFC 对设备描述表和绘图工具这两个要素进行了全面封装,这就是 CDC 类和 CGdiObject 类。

　　1. CDC 类

　　CDC 类定义了设备描述表对象,提供在显示器、打印机或 Windows 客户区绘图的方法。CDC 封装了使用设备环境的 GDI 函数,所有的绘图操作都直接或间接运用了 CDC 的成员函数。从 CDC 类派生出 4 个子类,见表 8-11。

表 8-11　CDC 类的 4 个派生类

派 生 类	涵 义
CPaintDC	仅在 WM_PAINT 消息需要响应时才起作用，通常在 OnPaint 响应函数中使用
CClientDC	CClientDC 类只能在客户区绘图
CWindowDC	CWindowDC 允许在显示器的任意位置绘图，坐标原点在整个窗口的左上角
CMetaFileDC	创建一个元文件，可看做是一个屏幕设备，但其实它是一个磁盘文件

CDC 类提供了两个数据成员 m_hDC 和 m_hAttribDC，见表 8-12。

表 8-12　CDC 数据成员

成 员 名 称	涵 义
m_hDC	CDC 对象使用的输出设备环境
m_hAttribDC	CDC 对象使用的属性设备环境

由于 CDC 类是 GDI 编程的重要基础，表 8-13 列出了 CDC 中常用的成员函数。

表 8-13　CDC 类常用的成员函数

函 数 名	涵 义	备 注
CreateDC	为指定设备创建设备环境	初始化函数
CreateCompatibleDC	创建内存设备环境，与另一个设备环境匹配	
DeleteDC	删除 CDC 对象对应的 Windows 设备环境	
GetSafeHdc	返回输出设备环境 m_hDC	设备环境函数
SelectObject	选择笔等 GDI 绘图对象	颜色和颜色调色板函数
SelectStockObject	选择 Windows 提供的预定义的笔、画刷或字体	
SelectPalette	选择逻辑调色板	
RealizePalette	把当前逻辑调色板中的调色板入口映射到系统调色板	
GetBkColor	获取当前背景色	绘图属性函数
SetBkColor	设置当前背景色	
GetBkMode	获取背景模式	
SetBkMode	设置背景模式	
GetPolyFillMode	获取当前多边形填充模式	
SetPolyFillMode	设置多边形填充模式	
GetROP2	获取当前绘图模式	
SetROP2	设置当前绘图模式	
GetStretchBltMode	获取当前位图拉伸模式	
SetStretchBltMode	设置位图拉伸模式	
GetTextColor	获取当前文本颜色	
SetTextColor	设置文本颜色	
GetMapMode	获取当前映射模式	映射函数
SetMapMode	设置当前映射模式	

函 数 名	涵 义	备 注
GetCurrentPosition	获取笔的当前位置(以逻辑坐标表示)	线输出函数
MoveTo	移动当前位置	
LineTo	从当前位置到一点画直线，但不包括那个点	
Arc	画一段椭圆弧	
ArcTo	画一段椭圆弧。除了更新当前位置以外，与 Arc 类似	
AngleArc	画一条线段和圆弧，把当前位置移到圆弧终点	
GetArcDirection	向设备环境返回当前圆弧方向	
SetArcDirection	设备圆弧和矩形函数要用到的绘图方向	
PolyDraw	画一组线段和 Bezier 样条	
PolyPolyline	画多组相连线段	
PolylineTo	画一条或多条直线，并把当前位置移到最后一条直线的终点	
FillRect	用指定画刷填充给定矩形	简单绘图函数
InvertRect	反转矩形内容	
FillSolidRect	用实颜色填充矩形	
Draw3DRect	绘制三维矩形	
Chord	绘制椭圆弧	椭圆和多边形函数
Ellipse	绘制椭圆	
Pie	绘制饼形图	
Polygon	绘制多边形，包含由线段连接的一个或多个点	
PolyPolygon	创建使用当前多边形填充模式的两个或多个多边形	
Polyline	绘制多边形，包含连接指定点的一组线段	
Rectangle	使用当前笔绘制矩形，用当前画刷填充	
RoundRect	使用当前笔绘制圆角矩形，用当前画刷填充	
PatBlt	创建位特征	位图函数
BitBlt	从指定设备环境复制位图	
StretchBlt	把位图由源矩形和设备移动到目标矩形，必要时拉伸或压缩位图以适合目标矩形的维数	
GetPixel	获取指定点像素的 RGB 颜色值	
SetPixel	设置指定点像素为最接近指定色的近似值	
TextOut	用当前选取的字体在指定位置写字符串	文本函数
ExtTextOut	用当前选取的字体在矩形区域写字符串	
DrawText	在指定矩形内绘制格式化文本	
GetTextAlign	获取文本对齐标记	
SetTextAlign	设置文本对齐标记	

在由 AppWizard 创建的 MFC 应用程序中，View 类的 OnDraw 成员函数是一个处理图形的关键虚函数，它带有一个指向设备环境对象的指针 pDC，MFC 的绘图大多都是通过 pDC 这个指针来加以访问的。

2. CGdiObject 类

Windows 的绘图工具包括画笔、画刷、字体和调色板等。MFC 将这些绘图工具封装到相应的 CGdiObject 类中，并由之派生出 6 个子类，见表 8-14。

表 8-14　CGdiObject 类的 6 个派生类

派 生 类	简　　介
CFont	封装有 GDI 字体，建立和控制"字体"对象，可选择设备描述表的当前字体
CPen	封装有 GDI 画笔，建立和控制"画笔"对象，可选择设备描述表的当前画笔
CBrush	封装有 GDI 画刷，建立和控制"刷子"对象，可选择设备描述表的当前画刷
CBitmap	封装有 GDI 位图，建立和控制"位图"对象，提供了一个操作位图的接口
CPalette	封装有 GDI 调色板，是应用程序和彩色输出设备如显示器之间的接口，建立和控制调色板对象
CRgn	封装 GDI 区域，建立和控制 GDI 绘图设备区域对象，用于操作窗口内的椭圆区域或多边形区域

在 Windows 应用程序中，CDC 与 CGdiObject 类共同工作，协同完成绘图工作。使用绘图工具类 CGdiObject 及其派生的方法及流程如图 8.5 所示。

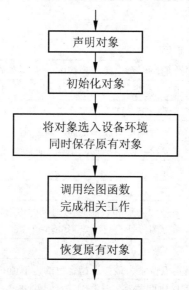

图 8.5　CDC 与 CGdiObject 类协同工作流程

例如，下面的代码演示了如何使用画笔类 CPen：

```
CPen NewPen;                                    //声明一个笔对象
if( NewPen.CreatePen(i, 1, RGB(0,0,0)))
{
    pOldPen = pDC->SelectObject(&NewPen);
    pDC->MoveTo(100,10+i*20);
    pDC->LineTo(350,10+i*20);                   //用新创建的笔画直线
    pDC->SelectObject(pOldPen);                 //恢复设备描述表中原有的笔
```

```
}
else
{
    AfxMessageBox("不能创建笔!");              //给出错误提示
    return;
}
```

8.2　文　本　处　理

从本质上说，在 Windows 下，屏幕上显示的任何东西都可看成是图形。在开发基于 GDI 的 Windows 程序时，要绘制各种各样的图形，如文本、点、线、矩形、位图等。而文本含有 3 个方面的内容，即符号、符号的字型和字体、在数据传送和操作管理中的符号编码。本节将通过一个实例介绍如何编写文本输出的控制程序。

8.2.1　选择文本字体

字体描述了所要显示的文本大小、类型和外形。字体分为物理字体和逻辑字体。物理字体是为特殊设备设计的，是设备相关的；而逻辑字体是设备无关的，可以精确标度。

Visual C++提供了丰富的字体控制功能，不仅可以使用 Windows 提供的字体，还可以自己创建字体，最大限度地满足了用户对复杂文本的输出要求。

1. 使用系统字体

Windows 系统提供了一些库存字体，对于大多数应用程序，使用库存字体即可完成基本的文本输出功能。要想使用库存字体，需要使用 CDC 的成员函数 SelectStockObject 来完成。SelectStockObject 函数的原型如下：

```
virtual CGdiObject* SelectStockObject( int nIndex );
```

参数 nIndex 指明预定义对象的类别。表 8-15 列举了几种常见的 Windows 字体。

表 8-15　Windows 提供的常用字体

字 体 名 称	说　　　明
ANSI_FIXED_FONT	基于 Windows 字符集的固定字宽的字体，通常使用 Courier 字体
ANSI_VAR_FONT	基于 Windows 字符集的变宽字体，通常使用 Ms Sans Serif 字体
DEVICE_DEFAULT_FONT	特定设备的默认字体。对于不同的设备，字体宽度可能不同
OEM_FIXED_FONT	在 DOS 窗口使用的字体，又称终端字体，是一种固定宽度的字体
SYSTEM_FONT	系统字体，是基于 Windows 字符集的变宽字体。系统使用该字体来显示窗口的标题、菜单和对话框中的文本
DEFAULT_GUI	当前 GUI 的默认字体
SYSTEM	Windows 提供的可变宽度的字体

例如执行下列语句：

```
SelectStockObject(SYSTEM_FONT);
```

将把 SYSTEM_FONT 选入设备环境。对显示器而言，SYSTEM_FONT 是默认字体。

2. 使用自定义逻辑字体

逻辑字体与设备无关，使用通用术语来描述一个字符的宏观特性，因而不能描述微观特性，没有足够的信息来显示字体，仅是从应用的角度描述一个字体。当使用逻辑字体来描述需要的文本时，GDI 将根据逻辑字体的描述选配最接近的物理字体进行输出。

创建自定义字体并不是创建一种新的字体，而是创建一种逻辑字体，再由字体映射器按逻辑字体给出的字体特性选择与之匹配的物理字体。

要创建字体，首先要声明一个 CFont 对象来表示逻辑字体，然后初始化 CFont 对象。常见的初始化方法有以下几种。

(1) 用 CFont 的成员函数 CreatePointFont 直接创建逻辑字体，函数原型为：

```
BOOL CreatePointFont( int nPointSize, LPCTSTR lpszFaceName, CDC* pDC = NULL );
```

其中，字体的高度由参数 nPointSize 指定，它以 1/10 点数为一个单位。例如，如该值为 120，则字体的高度为 12 点(1 点=0.013837inch)，字体的名称由参数 lpszFaceName 指定。下面为使用该函数的典型代码：

```
CClientDC dc(this);                        //声明客户区设备环境变量 dc
CFont font;                                //声明逻辑字体变量 font
font.CreatePointFont(120, "Arial", &dc);   //初始化逻辑字体 font
font.DeleteObject();                       //删除所建立的字体
```

(2) 用 CFont 的成员函数 CreateFont 直接创建逻辑字体，函数原型为：

```
BOOL  CreateFont(
    int nHeight,              //字体高度
    int nWidth,               //字符平均宽度
    int nEscapement,          //文本行角度
    int nOrientation,         //字符角度
    int nWeight,              //字符粗细度
    BYTE bItalic,             //斜体
    BYTE bUnderline,          //下划线
    BYTE cStrikeOut,          //删除线
    BYTE nCharSet,            //字符集
    BYTE nOutPrecison,        //字体输出结果和要求的匹配程度
    BYTE nClipPrecison,       //如何裁剪落于裁剪区之外的字符
    BYTE nQuality,            //字体属性匹配的精确程度
    BYTE nPitchAnFamily,      //字体间距和字体簇
    BYTE lpszFacename         //字体名称
);
```

该函数按指定特征创建字体，所涉及参数较多。

(3) 用 CFont 的成员函数 CreateFontIndirect 创建逻辑字体，函数原型如下：

```
BOOL CreateFontIndirect(const LOGFONT* lpLogFont );
```

参数 lpLogFont 是一个 LOGFONT 结构指针，用以设置逻辑字体的特征。

LOGFONT 结构定义如下：

```
typedef struct tagLOGFONT {
    LONG lfHeight;
    LONG lfWidth;
    LONG lfEscapement;
    LONG lfOrientation;
    LONG lfWeight;
    BYTE lfItalic;
    BYTE lfUnderline;
    BYTE lfStrikeOut;
    BYTE lfCharSet;
    BYTE lfOutPrecision;
    BYTE lfClipPrecision;
    BYTE lfQuality;
    BYTE lfPitchAndFamily;
    TCHAR lfFaceName[LF_FACESIZE];
} LOGFONT;
```

当使用完毕，必须先将创建的这种 Cfont 对象选出设备环境，然后将其删除。

8.2.2 设置文本属性

1. 设置文本颜色

调用 SetTextColor 函数来设置文本的颜色：

```
virtual COLORREF SetTextColor( COLORREF crColor );
```

参数 crColor 用于指定新的文本颜色。例如要将文本颜色设为红色，可以用以下语句：

```
SetTextColor(RGB(255,0,0));                    //设置文本为红色
```

若要获取获取当前文本颜色，可使用 GetTextColor 函数。

2. 设置文本背景色

默认情况下，文本背景颜色是白色。可以使用 SetBkColor 函数来设置新的背景颜色。例如要将背景颜色设为红色，可以用以下语句：

```
SetBkColor(RGB(255,0,0);
```

3. 控制文本背景色

在设备描述表中有两项可以影响背景：一个是背景色，另一个是背景模式。背景模式可以为透明的(Transparent)或不透明的(Opaque)，默认为不透明的。当背景模式为不透明时，按背景颜色的值填充字符的空余部分，如果背景模式为透明的，将不用背景颜色填充，保留屏幕上原来的颜色。

背景模式可用函数 SetBkMode 来设置，它设置当前的背景模式并返回原来的背景模式，该函数的原型为：

```
int SetBkMode(int nBkMode);
```

参数 nBkMode 指定背景模式，其值可以是 OPAQUE 或者 TRANSPARENT，如果值为 OPAQUE，则显示时背景都改变为当前背景颜色。如果值为 TRANSPARENT，则不改变背景颜色，此时任何 SetBkColor 函数调用都无效，默认的背景模式为 OPAQUE。

4. 设置文本排列方式

文本的排列方式控制文本和给定点的相对位置。在一个图形中加字符说明时，常常知道一个字符串的某一个边界，如左边界不应超过某个位置，或右边界不应超过某个位置，或显示的几行字符串的中心点对齐等。利用 SetTextAlign 函数就能方便地实现这种控制。

```
UINT SetTextAlign (UINT nFlags);
```

其中，参数 nFlags 为文本的对齐方式，其值见表 8-16。

表 8-16　文本排列方式

标　志　值	涵　　义
TA_BASELINE	将点同所选字体的基线对齐
TA_CENTER	将点同边界矩形的水平中心对齐
TA_LEFT	将点同边界矩形的左边线对齐
TA_RIGHT	将点同边界矩形的右边线对齐
TA_TOP	将点同边界矩形的顶线对齐
TA_BOTTOM	将点同边界矩形的底线对齐
TA_UPDATECP	更新 X 坐标，新 X 坐标为输出文本右边界
TA_NOUPDATECP	不更新当前坐标，这是默认选择

8.2.3　文本输出

有两个函数可以实现文本输出，除了前面已经学过的 TextOut 函数外，常见的还有 ExtTextOut 函数，该函数的原型为：

```
BOOL ExtTextOut
{
    int x, int y;                    //输出的位置
    UINT nOptions;                   //指定矩形的类型
    LPCRECT lpRect;                  //输出的字符的矩形区域
    const CString& str;              //输出的字符
    LPINT lpDxWidths ;               //字符间距
};
```

该函数用来在一个给定的矩形 lpRect 区域内输出字符串 str。

在上述参数中，nOptions 主要设置矩形的类型，可以为 ETO_OPAQUE 和 ETO_CLIPPED 两个值的一个或两个组合；lpDxWidths 是一个指向整数数组的指针，此数组中存放以逻辑单位表示的字符间的距离，第 n 个数代表第 n 个和 $n+1$ 个字符之间的距离，该参数为 NULL 时，则按默认值处理。

8.3 案例一：控制字体显示

设计一个实例，用以说明如何使用 CDC 类显示字体。

(1) 创建一个 SDI 项目工程 FontExp。

(2) 在自动生成的 CFontExpView 类的 OnDraw 函数中添加如下代码：

```cpp
void CFontExpView::OnDraw(CDC* pDC)
{
    CFontExpDoc* pDoc = GetDocument();
    ASSERT_VALID(pDoc);
    CFont m_Font;                                //声明逻辑字体变量 m_Font
    CFont* pOldFont;
    CString caption="Hello World!";
    pDC->SelectStockObject(SYSTEM_FONT);         //选择系统字体
    pDC->SetTextAlign(TA_LEFT);                  //设置文本的对齐方式为"左线对齐"
    pDC->SetBkMode(TRANSPARENT);                 //设置背景模式为不透明
    pDC->SetTextColor(RGB(255,0,0));             //设置文本颜色为红色
    pDC->SetBkColor(RGB(0,0,255));               //设置文本背景颜色为蓝色
    pDC->TextOut(50,50,caption);                 //输出文本
    m_Font.CreatePointFont(200, "华文彩云");
    //由 CreatePointFont 函数直接创建一种逻辑字体
    pOldFont = pDC->SelectObject(&m_Font);       //将新建的字体 m_Font 选入设备环境
    pDC->SetTextColor(RGB(255,255,255));
    char*caption1="您好,河海大学的博士朋友们! ";
    pDC->ExtTextOut(50,100,ETO_OPAQUE,CRect(50,90,
        380, 150), caption1, strlen(caption1), NULL);
                                                 //在指定的矩形内不透明显示文本
    pDC->SelectObject(pOldFont);                 //恢复系统先前的字体
}
```

编译并运行程序，显示如图 8.6 所示的结果。

图 8.6　文本输出演示效果图

8.4　图　形　绘　制

前面已经介绍过，狭义地说，图形就是由点、线、面、体等几何要素构成的图或形，如直线、圆、圆弧、矩形、任意曲线等。

8.4.1 绘图函数

表 8-17 列出了部分有关绘图的函数。

表 8-17　CDC 常用绘图函数

函 数 名	涵　义
SetPixel	设置指定点像素为最接近指定色的近似值
MoveTo	移动当前位置
LineTo	从当前位置到一点画直线，但不包括那个点
Arc	画一段椭圆弧
ArcTo	画一段椭圆弧。除了更新当前位置以外，这个函数与 Arc 类似
Chord	绘制椭圆弧(椭圆和一条线段相交围成的闭合图形)
AngleArc	画一条线段和圆弧，把当前位置移到圆弧终点
Polyline	绘制多边形，包含连接指定点的一组线段
Polygon	绘制多边形，包含由线段连接的一个或多个点(顶点)
PolylineTo	画一条或多条直线，并把当前位置移到最后一条直线的终点
PolyPolygon	创建使用当前多边形填充模式的两个或多个多边形，多边形可以相互分开或叠加
FillRect	用指定画刷填充给定矩形
Ellipse	绘制圆、椭圆
Pie	绘制饼形图
Rectangle	使用当前笔绘制矩形，用当前画刷填充
RoundRect	使用当前笔绘制圆角矩形，用当前画刷填充

1. 画点与画线

1) 画点 SetPixel

SetPixel 函数用来在指定位置上绘制一个特定的像素点，其原型为：

```
COLORREF SetPixel( POINT point, COLORREF crColor );
```

其中，参数 point 指定所绘制的点，参数 crColor 指定画点所用的颜色。

例如，若要在屏幕的(100，100)处画一个红色点，则可描述为：

```
pDC-> SetPixel(CPoint(100,100),RGB(255,0,0));
```

2) 画直线 LineTo

LineTo 函数用来从当前坐标位置向指定坐标点画一条直线，且后一个坐标点在画线完成后自动变成当前绘图位置。该函数原型为以下两种形式：

```
BOOL LineTo( int x, int y );
BOOL LineTo( POINT point );
```

如果直线已画好，函数返回 TRUE，否则返回 FALSE。

3) 画折线 PolyLine

PolyLine 函数用于画一条折线，它的原型如下：

```
BOOL Polyline( LPPOINT lpPoints, int nCount );
```

其中参数 lpPoints 是指向类型为 POINT 的折线顶点数组的指针，或 Cpoint 对象。而参数 nCount 则指定折线顶点数组中的顶点数目，不小于 1。

4) 画弧线

使用 CDC 的成员函数 Arc 和 ArcTo，可以用默认的笔画一段不填充的椭圆弧。函数的原型如下：

```
BOOL Arc( int x1, int y1, int x2, int y2, int x3, int y3, int x4, int  y4 );
BOOL Arc( LPCRECT lpRect, POINT ptStart, POINT ptEnd );
BOOL ArcTo( int x1, int y1, int x2, int y2, int x3, int y3, int x4, int  y4 );
BOOL ArcTo( LPCRECT lpRect, POINT ptStart, POINT ptEnd );
```

这两个函数画弧成功返回非 0，否则返回 0，函数中各参数的含义见表 8-18。

表 8-18　画弧线函数 Arc 的参数

参　　数	涵　　义
$x1$，$y1$	包围弧的矩形的左上角 x、y 坐标
$x2$，$y2$	包围弧的矩形的右下角 x、y 坐标
$x3$，$y3$	弧的起点 x、y 坐标
$x4$，$y4$	弧的终点 x、y 坐标
lpRect	表示围绕弧的矩形，可以是 LPRECT 或 CRect 对象
ptStart	表示弧的起点的 CPoint 或 POINT 对象，该点不必精确地位于弧上
PtEnd	表示弧的终点的 CPoint 或 POINT 对象，该点不必精确地位于弧上

画线时的当前位置可以通过 MoveTo 函数设定，函数的原型有如下两种形式：

```
CPoint MoveTo( int x, int y );
CPoint MoveTo( POINT point );
```

函数返回值为 MoveTo 函数执行前的当前位置。

2. 绘制封闭图形

Windows 提供了 Rectangle、Ellipse、RoundRect、Chord、Pie 等 5 个函数用来绘制并填充图形。这些函数不仅使用画笔来绘制封闭图形的轮廓，还使用画刷来填充封闭图形内的区域。其中，背景模式和绘图模式共同决定着如何绘制轮廓线，绘图模式决定着如何填充内部区域。

1) 画矩形 Rectangle

使用 CDC 的成员函数 Rectangle，可以绘制一个矩形。函数原型为：

```
BOOL Rectangle( int x1, int y1, int x2, int y2 );
BOOL Rectangle( LPCRECT lpRect );
```

参数(x1，y1)为指定矩形的左上角逻辑 x 与 y 坐标；参数(x2，y2)为指定矩形右下角的逻辑 x 与 y 坐标。参数 lpRect 为一个矩形结构的指针，LPCRECT 类型，用它来表示矩形的 4 个角。LPCRECT 的定义如下：

```
typedef struct tagRECT {
    LONG left;
    LONG top;
    LONG right;
    LONG bottom;
} RECT;
```

2) 画椭圆或圆 Ellipse

Ellipse 函数使用当前笔绘制一个用当前画刷填充的椭圆或圆。其函数原型如下：

```
BOOL Ellipse(int x1, int y1, int x2, int y2 );
BOOL Ellipse( LPCRECT lpRect );
```

所画椭圆高度为 $y2-y1$，宽度为 $x2-x1$。在该函数中，椭圆是由其外接矩形来确定的。外接矩形的中心与椭圆中心重合，矩形的长和宽和椭圆的长短轴相等。函数中的参数与画矩形的相仿，分别表示椭圆外接矩形的左上角和右下角坐标。

3) 画圆角矩形 RoundRect

RoundRect 函数可以用来绘制圆角矩形，其函数原型为：

```
BOOL RoundRect(int x1, int y1, int x2, int y2, int x3, int y3);
```

参数(x1，y1)为指定矩形的左上角位置的 x 与 y 坐标。参数(x2，y2)为指定矩形的右下角位置的 x 与 y 坐标。参数(x3，y3)用于定义矩形 4 个角上的边角内切椭圆的宽度和高度，值越大，圆角矩形的角就越明显。如果 $x3=x2-x1$，并且 $y3=y2-y1$，则所绘制的圆角矩形变为一个椭圆。

该函数所绘制的一个圆角矩形用当前的画刷来填充。

4) 画饼图扇形

饼图是一条弧和从弧的两个端点到中心的连线组成的图形。CDC 的成员函数 Pie 可用于画饼图，函数原型如下：

```
BOOL Pie( int x1, int y1, int x2, int y2, int x3, int y3, int x4, int y4 );
BOOL Pie( LPCRECT lpRect, POINT ptStart, POINT ptEnd );
```

该函数的参数与 Arc 函数的参数的含义相仿，只不过 Pie 函数画的是封闭图形，Arc 画的是非封闭图形。

5) 画弓形 Chord

弓形图是一条椭圆弧和连接该弧线两个端点的弦，并用当前的画刷来填充其内部区域的封闭图形。画弓形的函数为 Chord，Chord 函数原型如下：

```
BOOL Chord( int x1, int y1, int x2, int y2, int x3, int y3, int x4, int y4 );
```

该函数参数与 Pie 函数参数的含义相仿。

另外，绘图时需要恰当地设置绘图参数，才能达到各种绘图效果。常见绘图参数的设置函数见表 8-19。

表 8-19　设置绘图参数的函数

函　数　名	涵　　义
SetTextColor	设置文本颜色
GetTextColor	获取当前文本颜色
SetBkColor	设置当前背景色
GetBkColor	获取当前背景色
SetBkMode	设置背景模式
GetBkMode	获取背景模式
SetPolyFillMode	设置多边形填充模式
GetPolyFillMode	获取当前多边形填充模式
SetROP2	设置当前绘图模式
GetROP2	获取当前绘图模式
SetStretchBltMode	设置位图拉伸模式
GetStretchBltMode	获取当前位图拉伸模式
SetMapMode	设置当前映射模式
GetMapMode	获取当前映射模式
StretchBlt	把位图由源矩形和设备移动到目标矩形, 必要时拉伸或压缩位图以适合目标矩形的维数

8.4.2　绘图模式

　　画笔和画刷对点线的绘制和图形的填充起着很重要作用, 除此之外, 还有设备描述表中的绘图模式(又称光栅操作模式)。例如当绘制一条线段时, 该线段的颜色不仅取决于画笔的颜色, 而且也取决于该线段所在显示区域的颜色。

　　当 Windows 使用画笔画线时, 它实际上是在画笔像素和目标位置处原像素之间执行一种按位布尔运算, 称为光栅操作(Raster Operation), 简记为 ROP。由于画线操作只涉及两种像素(画笔像素和目标像素), 所以这种布尔运算又称为二元光栅操作(ROP2)。Windows 定义了 16 种 ROP2 码, 用来表示画笔像素和目标像素各种不同的组合方式, 见表 8-20。

表 8-20　绘图模式 ROP2 码

绘 图 模 式	涵　　义
R2_BLACK	像素最终颜色为黑色
R2_WHTTE	像素最终颜色为白色
R2_NOP	像素颜色没有变化, 还是原先目标像素颜色
R2_NOT	像素最终颜色为原来颜色的反色
R2_COPUPEN(默认)	像素最终颜色为当前画笔的颜色
R2_NOTCOPYPEN	像素最终颜色为当前画笔颜色的反色
R2_MERGEPEN	像素最终颜色为当前画笔颜色 P 和原来颜色 D 的逻辑或
R2_MERGEPENNOT	像素最终颜色为当前画笔颜色 P 和原来颜色反色 ~D 的逻辑或

续表

绘 图 模 式	涵　　义
R2_MASKPEN	像素最终颜色为当前画笔颜色 P 和原来 D 的逻辑与
R2_MASKPENNOT	像素最终颜色为当前画笔颜色 P 和原来反色 ~D 的逻辑与
R2_MERGENOTOPEN	像素最终颜色为当前画笔颜色 P 的反色和原来颜色的逻辑或
R2_MASKNOTPEN	像素最终颜色为当前画笔颜色的反色和原来颜色的逻辑与
R2_NOTMERGEPEN	像素最终颜色为 R2_MERGEPEN 结果的反色
R2_NOTMASKPEN	像素最终颜色为 R2_MASKPEN 结果的反色
R2_XORPEN	像素最终颜色为当前画笔颜色和原来颜色的异或结果
R2_NOTXORPEN	像素最终颜色为 R2_XORPEN 结果的反色

可以调用 CDC 的成员函数 SetROP2 改变绘图模式，函数原型如下：

```
int SetROP2(int nDrawMode);
```

参数 nDrawMode 指定所要求的绘图模式。

若要获知当前使用的绘图模式，则调用 GetROP2 函数，其原型如下：

```
int GetROP2() const;
```

8.5　案例二：绘制橡皮筋直线

下面的程序实现"橡皮筋"功能的直线绘制，即当按住鼠标左键时，准备绘制直线，当在屏幕移动鼠标时，在屏幕上画一条直线，该直线开始于原先按住鼠标左键的位置，终止于当前鼠标移动到的位置。随着鼠标的移动，该直线也在移动，但直线的起始点不动，类似于一个橡皮筋固定在一端，而在拉动它的另一端。

1) 生成应用程序框架

利用应用程序向导 MFC AppWizard(exe)创建一个单文档的应用程序框架 GidLine。

2) 完善 CGidLineView 类

首先为视图类 CGidLineView 添加 3 个数据成员，见表 8-21。

表 8-21　CGidLineView 类的数据成员

名　　称	类　　型	涵　　义
m_IsDrawing	bool	标记绘线开始，当该值为真时，代表开始画直线；为假时，代表停止画直线
m_StartPoint	CPoint	确定所画线的起始点
m_EndPoint	CPoint	确定所画线的终止点

再对成员变量 m_IsDrawing 进行初始化：

```
CGidLineView::CGidLineView()
{
    m_IsDrawing =false;              //开始不绘制直线
}
```

添加 3 个鼠标响应函数，见表 8-22。

表 8-22　CGidLineView 事件响应函数

消　　息	涵　　义	响 应 函 数
WM_LBUTTONDOWN	按鼠标左键	OnLButtonDown
WM_MOUSEMOVE	鼠标移动	OnMouseMove
WM_LBUTTONUP	鼠标左键弹起	OnLButtonUp

相关代码如下：

```
void CGidLineView::OnLButtonDown(UINT nFlags, CPoint point)
{
    m_IsDrawing=true;                        //开始绘制直线
    m_StartPoint=m_EndPoint=point;           //开始画线时起始点与终止点重合
    CView::OnLButtonDown(nFlags, point);
}
void CGidLineView::OnMouseMove(UINT nFlags, CPoint point)
{
    CClientDC dc(this);                      //构造一个客户设备环境 dc
    if (m_IsDrawing)
    {
        dc.SetROP2(R2_NOTXORPEN);    //设置绘图模式为 R2_NOTXORPEN
        dc.MoveTo(m_StartPoint);     //移动到起始点
        dc.LineTo(m_EndPoint);       //从点 m_StartPoint 画线到
                                     //点 m_EndPoint
                                     //即删除旧线
        dc.MoveTo(m_StartPoint);     //移动到起始点
        dc.LineTo(point);            //从点 m_StartPoint 画线到当前的
                                     //鼠标位置 point
        m_EndPoint=point;            //改变终止点为当前的鼠标位置 point
    }
    CView::OnMouseMove(nFlags, point);
}
void CGidLineView::OnLButtonUp(UINT nFlags, CPoint point)
{
    m_IsDrawing=false;               //停止绘制直线
    CView::OnLButtonUp(nFlags, point);
}
```

编译并运行程序，显示结果如图 8.7 所示。

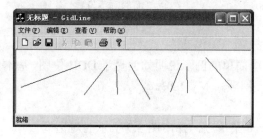

图 8.7　绘图演示效果图

按住鼠标左键不放，移动鼠标，出现若隐若现的线条，当释放鼠标左键后，即出现固定的直线。

8.6 位图操作

在 8.1 节介绍过，图像有两种格式：矢量图格式和位图格式。本节仅介绍位图格式的基本概念和简单应用。

8.6.1 与设备有关的位图 DDB

DDB 位图与设备无关，由继承于 CGdiObject 类的 CBitmap 类封装了 DDB，如图 8.8 所示。

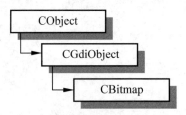

图 8.8 CBitmap 类派生途径

CBitmap 类提供了几个函数用来创建 DDB，见表 8-23。

表 8-23 Cbitmap 类常用成员函数

函　　数	涵　　义
BOOL LoadBitmap(UINT nIDResource)	从资源中载入一幅位图，若成功返回 TRUE
int GetBitmap(BITMAP* pBitMap);	获得与 DDB 有关的信息

GetBitmap 函数的参数 pBitMap 指向一个 BITMAP 结构。BITMAP 结构的定义为：

```
typedef struct tagBITMAP {
    int     bmType;          //图类型，当为逻辑位图时，必须为 0
    int     bmWidth;         //位图的宽度
    int     bmHeight;        //位图的高
    int     bmWidthBytes;    //每一扫描行所需的字节数，应是偶数
    BYTE    bmPlanes;        //色平面数
    BYTE    bmBitsPixel;     //色平面的颜色位数
    LPVOID  bmBits;          //指向存储像素阵列的数组
} BITMAP;
```

【例 8.1】下面举一个简单的例子说明如何显示 DDB 位图，基本步骤与图 8.5 所述类似。

(1) 创建一个 SDI 工程项目 MyDDB。

(2) 创建位图资源。

选择"Insert/Resource 菜单项，弹出图 8.9 所示的对话框。

在左侧的 Resource type 列表框中选择 Bitmap 选项，单击 New 按钮，插入一个空白位图，如图 8.10 所示。

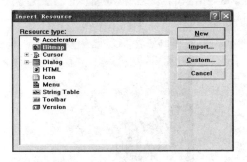

图 8.9　选择 Bitmap 选项，插入位图资源　　　图 8.10　插入空白位图资源 IDB_BITMAP1

此时可以用 Windows 自带的画图软件打开一个位图文件，例如 lena 图像，全选该图像区域，将其复制到内存；再双击 IDB_BITMAP1 进入资源编辑状态，将复制的 lena 图像粘贴到创建的空白位图中，如图 8.11 所示。

(3) 完善 CMyDDBView::OnDraw(CDC* pDC)函数：

```
void CMyDDBView::OnDraw(CDC* pDC)
{
    CMyDDBDoc* pDoc = GetDocument();
    ASSERT_VALID(pDoc);
    CBitmap bitmap,*oldBmp;
    BITMAP bmpInfo;
    int bmWidth,bmHeight;
    CDC dcMemory;
    bitmap.LoadBitmap(IDB_BITMAP1);              //1 装入资源
    dcMemory.CreateCompatibleDC(pDC);           //2 创建内存设备环境
    oldBmp=dcMemory.SelectObject(&bitmap);
    bitmap.GetBitmap(&bmpInfo);                  //获取位图的尺寸
    bmWidth=bmpInfo.bmWidth;
    bmHeight=bmpInfo.bmHeight;
    pDC->BitBlt(100,100,bmWidth,bmHeight,&dcMemory,0,0,SRCCOPY);
    dcMemory.SelectObject(oldBmp);              //使位图 bitmap 脱离设备环境
}
```

首先声明必须的对象，如 bitmap 、dcMemory、bmpInfo 等。

第 1 步：调用位图的 LoadBitmap 函数装载位图资源。

第 2 步：调用 CDC 对象的 CreateCompatibleDC 函数创建内存设备环境。

第 3 步：调用 CDC 对象的 SelectObject 函数将上述 DDB 选入所创建的内存设备环境中。

第 4 步：调用 BitBlt 或 StretchBlt 函数将 DDB 从内存设备环境中输出到窗口设备环境中。

第 5 步：调用 SelectObject 函数，重新把原来的 DDB 选入到内存设备环境中。

编译并运行程序，显示图 8.12 所示的结果。

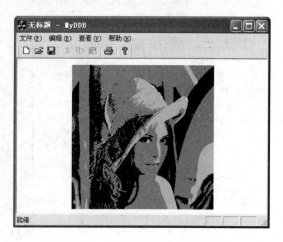

图 8.11　复制位图到资源 IDB_BITMAP1 中　　　　图 8.12　在视图中显示 DDB 位图

8.6.2　与设备无关的位图 DIB

前面介绍过，DIB 不依赖于具体设备，因此可用来永久性保存位图图像。DIB 一般是以*.bmp 文件的形式保存在磁盘中的。下面首先介绍 BMP 位图的图像格式。

1. BMP 文件结构

BMP 位图实际上是一个像素值阵列，存储在一个字节数组中，每一个像素的位数可以是 1、4、8 或 24。例如，单色位图的字节数组中的每一位代表一个像素，16 色位图的字节数组中每一个字节存储两个像素，256 色的位图每一个字节存储一个像素，而真彩色位图中每个像素用 3 个字节来表示。在 256 色以下的位图中存储的像素值实际上是调色板索引，在真彩色位图中存储的则是像素的 RGB 颜色值。

BMP 文件可看成由 3 部分构成：文件头 BITMAPFILEHEADER、位图信息 BITMAPINFO 和数据点阵，如图 8.13 所示。

1) 文件头 BITMAPFILEHEADER

每一种图像文件均有一个文件头，在文件头之后才是图像数据。文件头的内容由制作该图像文件的公司决定，一般包括文件类型、文件大小等。文件头 BITMAPFILEHEADER 是一个结构体。

```
typedef struct tagBITMAPFILEHEADER {
    WORD    bfType;
    DWORD   bfSize;
    WORD    bfReserved1;
    WORD    bfReserved2;
    DWORD   bfOffBits;
} BITMAPFILEHEADER;
```

BITMAPFILEHEADER		bfType
		bfSize
		bfReserved1
		bfReserved2
		bfOffBits
BITMAPINFO	BITMAPINFOHEADER	biSize
		biWidth
		biHeight
		biPlanes
		biBitCount
		biCompression
		biSizeImage
		biXPelsPerMeter
		biYPelsPerMeter
		biClrUsed
		biClrImportant
	RGBQUAD	rgbBlue
		rgbGreen
		rgbRed
		rgbReserved
数据点阵		

图 8.13　BMP 位图结构

在 Windows 3.0 及以上版本的操作系统的位图文件中，位图文件头结构名称为 BITMAPFILEHEADER，表示符号为 bmfh。位图文件头包含有关于文件类型、文件大小、存放位置等的信息，其结构成员的定义见表 8-24。

表 8-24　BITMAPFILEHEADER 结构成员

成　员	类　型	涵　义
bfType	WORD	说明文件的类型。该值必须是 BM
bfSize	DWORD	说明文件的大小，以字节为单位
bfReserved1	WORD	保留，必须设置为 0
bfReserved2	WORD	保留，必须设置为 0
bfOffBits	DWORD	说明从文件头开始到实际的图像数据之间字节的偏移量

这个结构的长度是固定的，为 14 个字节(WORD 为无符号 16 位二进制整数，DWORD 为无符号 32 位二进制整数)。

2) 位图信息 BITMAPINFO

BITMAPINFO 结构由位图信息头结构和彩色表结构两部分组成。BITMAPINFO 结构具有如下形式：

```
typedef struct tagBITMAPINFO{
    BITMAPINFOHEADER bmiHeader;        //说明 BITMAPINFOHEADER 结构
    RGBQUAD          bmiColors[1];     //彩色表 RGBQUAD 结构的阵列
} BITMAPINFO;
```

(1) 位图信息头。信息头 bmiHeader 说明 Bitmap 的信息头结构，包含有位图文件的大小、压缩类型和颜色格式等信息。不同版本的 Windows 系统具有不同的信息头结构。BITMAPINFOHEADER 的具体定义为：

```
typedef struct tagBITMAPINFOHEADER{
    DWORD  biSize;
    LONG   biWidth;
    LONG   biHeight;
    WORD   biPlanes;
    WORD   biBitCount;
    DWORD  biCompression;
    DWORD  biSizeImage;
    LONG   biXPelsPerMeter;
    LONG   biYPelsPerMeter;
    DWORD  biClrUsed;
    DWORD  biClrImportant;
} BITMAPINFOHEADER;
```

其中各个成员的涵义见表 8-25。

表 8-25　BITMAPINFOHEADER 结构成员

成　员	类　型	涵　义
biSize	DWORD	BITMAPINFOHEADER 结构的字节数
biWidth	LONG	图像的宽度，以像素为单位
biHeight	LONG	图像的高度，以像素为单位
biPlanes	WORD	为目标设备位面数，其值将总是被设为 1
biBitCount	WORD	每个像素的比特数，其值为 0、1、4、8、16、24 或 32
biCompression	DWORD	图像数据压缩的类型
biSizeImage	DWORD	图像的大小，以字节为单位
biXPelsPerMeter	LONG	水平分辨率，用像素/米表示
biYPelsPerMeter	LONG	垂直分辨率，用像素/米表示
biClrUsed	DWORD	位图实际使用的彩色表中的颜色索引数
biClrImportant	DWORD	对图像显示有重要影响的颜色索引数目，如果是 0，表示都重要

(2) 颜色索引表结构名称为 RGBQUAD，定义如下：

```
typedef struct tagRGBQUAD {
    BYTE   rgbBlue;          //蓝色分量
    BYTE   rgbGreen;         //绿色分量
```

```
    BYTE      rgbRed;                    //红色分量
    BYTE      rgbReserved;               //保留，必须设置为 0
} RGBQUAD;
```

颜色索引表即前面所讲的调色板，允许计算机把要记录的颜色处理成一张表中的某个数字。当计算机需要显示颜色时，计算机即查找索引表内的颜色。

需要注意的是，真彩色图像是不需要调色板的，即在 BITMAPINFOHEADER 后直接是位图数据。

3) 图像数据点阵

在位图文件头、位图信息头、位图颜色表之后，便是位图的主体部分：位图数据。根据不同的位图，位图数据所占据的字节数也是不同的。比如，对于 8 位位图，每个字节代表了一个像素；对于 16 位位图，每两个字节代表了一个像素；对于 24 位位图，每 3 个字节代表了一个像素；对于 32 位位图，每 4 个字节代表了一个像素。图像的每一行像素点由表示图像像素的连续的字节组成，每一行的字节数取决于图像的颜色数目和用像素点数表示的图像宽度。像素点行可以是由底向上存储的，这就是说，点阵中的第一个字节表示位图左下角的像素，而最后一个字节表示位图右上角的像素。这时通常意义的坐标原点在图像的左下角。像素点行也可以是由顶向下存储的，这时通常意义的坐标原点在图像的左上角。具体参见 BITMAPINFOHEADER 结构的 biHeight 成员。同时，每一扫描行的字节数必须是 4 的整倍数，也就是按 DWORD 对齐的。如果不是，则需要补齐。

对于用到调色板的位图，图像数据就是该像素颜色在调色板中的索引值，而对于真彩色图像，图像数据就是实际的 R、G、B 值。

2. 设计自己的 DIB 类

由于 MFC 未提供相应的 DIB 类，用户在使用 DIB 时将面临繁重的 Windows API 编程任务。不过，可以在这些 API 函数的基础上，根据实际需要，编写自己的 DIB 类 CDIB。

下面是 CDIB 类的头文件 DIB.h：

```
#define BMP_HEADER_MARKER    ((WORD) ('M' << 8) | 'B')
class CDIB : public CObject
{
public:
    DECLARE_SERIAL(CDIB)
  //Construction and Destruction
    CDIB();
    ~CDIB();
  //Operations
    BOOL Read(CFile *pFile);              //读取图像
    BOOL Write(CFile *pFile);                    //写入图像
    void Serialize(CArchive &ar);                //序列化(串行化)
    void Draw(CDC *pDC, CPoint ptOrigin, CSize szImage);
private:                                    //显示图像
    BOOL MakePalette();                      //创建调色板
public:
  //Attributes
    int GetHeight() const;                    //获取图像高度
```

```
        int GetWidth() const;                    //获取图像宽度
        int GetPaletteSize() const;              //调色板大小
        DWORD GetImageSize() const;              //图像大小
        LPVOID GetColorTable() const;            //颜色表
        LPBITMAPINFOHEADER GetBMIH() const;      //位图信息头
private:
        LPBITMAPINFOHEADER  m_pBMIH;             //位图信息头
        LPBYTE              m_pBits;             //位图数据
        HPALETTE            m_hPalette;          //调色板句柄
};
```

下面是 CDIB 类的实现文件 DIB.cpp：

```
#include "stdafx.h"
#include "DIB.h"
```

首先声明串行化过程：

```
IMPLEMENT_SERIAL(CDIB, CObject, 0);
```

CDIB 类的构造函数和析构函数如下：

```
CDIB::CDIB()
{
    m_pBMIH = NULL;
    m_pBits = NULL;
    m_hPalette = NULL;
}
CDIB::~CDIB()
{
    if (m_pBMIH != NULL)
    {
        delete m_pBMIH;
        m_pBMIH = NULL;
    }
    if(m_pBits != NULL)m_pBits = NULL;
    if(m_hPalette != NULL)
        ::DeleteObject(m_hPalette);
}
```

下面的代码实现 BMP 图像的读取，包括读取文件头、信息头、调色板和图像数据等：

```
BOOL CDIB::Read(CFile *pFile)
{
    try
    {
        BITMAPFILEHEADER bmfh;
        //读取文件头
        int nCount = pFile->Read((LPVOID) &bmfh, sizeof(BITMAPFILEHEADER));
        if(bmfh.bfType != BMP_HEADER_MARKER)  //判断是否是 BMP 格式的位图
            throw new CException;
        // 计算信息头加上调色板的大小并分内存
```

```
        int nSize = bmfh.bfOffBits - sizeof(BITMAPFILEHEADER);
        m_pBMIH = (LPBITMAPINFOHEADER) new BYTE[nSize];
        nCount = pFile->Read(m_pBMIH, nSize);//读取信息头和调色板
        m_pBits = (LPBYTE) new BYTE[m_pBMIH->biSizeImage];
        nCount = pFile->Read(m_pBits, m_pBMIH->biSizeImage);
    }
    catch(CException* pe)
    {
        AfxMessageBox("Read error");
        pe->Delete();
        return FALSE;
    }
    MakePalette();                              //创建调色板
    return TRUE;
}
```

函数 Write(CFile *pFile)用于写入 BMP 图像文件：

```
BOOL CDIB::Write(CFile *pFile)
{
    BITMAPFILEHEADER bmfh;
    bmfh.bfType = BMP_HEADER_MARKER; //设置文件头中文件类型 0x424D="BM"
    // 计算信息头和调色板大小
    int nSizeHeader = sizeof(BITMAPINFOHEADER) +
            sizeof(RGBQUAD) * GetPaletteSize();
    bmfh.bfSize = sizeof(BITMAPFILEHEADER) +            //设置文件头信息
            nSizeHeader + GetImageSize();
    bmfh.bfReserved1 = 0;
    bmfh.bfReserved2 = 0;
    //计算偏移量=文件头大小+信息头大小+调色板大小
    bmfh.bfOffBits  = sizeof(BITMAPFILEHEADER)
            +sizeof(BITMAPINFOHEADER)
            + sizeof(RGBQUAD) * GetPaletteSize();
    try                                                 //进行写操作
    {
        pFile->Write((LPVOID) &bmfh, sizeof(BITMAPFILEHEADER));
        pFile->Write((LPVOID) m_pBMIH, nSizeHeader);
        pFile->Write((LPVOID) m_pBits, GetImageSize());
    }
    catch(CException* pe)
    {
        pe->Delete();
        AfxMessageBox("write error");
        return FALSE;
    }
    return TRUE;
}
```

下面几个函数用于获取位图信息，如调色板的大小等：

```
LPBITMAPINFOHEADER CDIB::GetBMIH() const      //获取信息头指针
{
```

```
         return m_pBMIH;
}
int CDIB::GetPaletteSize() const                  //计算调色板的大小
{
     int ret = 0;
     if(m_pBMIH->biClrUsed == 0)                  //调色板大小为2的biBitCount次方
     {
          switch(m_pBMIH->biBitCount)
          {
          case 1:
               ret = 2;
               break;
          case 4:
               ret = 16;
               break;
          case 8:
               ret = 256;
               break;
          case 16:
          case 24:
          case 32:
               ret = 0;
               break;
          default:
               ret = 0;
          }
     }
     else                                          // 调色板的大小为实际用到的颜色数
          ret = m_pBMIH->biClrUsed;
     return ret;
}
DWORD CDIB::GetImageSize() const                  //图像的大小
{
     ASSERT(m_pBMIH != NULL);
     return m_pBMIH->biSizeImage;
}
LPVOID CDIB::GetColorTable() const                //获取颜色表指针
{
     ASSERT(m_pBMIH != NULL);
     return (LPVOID) (m_pBMIH + sizeof(BITMAPINFOHEADER));
}
int CDIB::GetWidth() const
{
     ASSERT(m_pBMIH != NULL);
     return m_pBMIH->biWidth;
}
int CDIB::GetHeight() const
{
     ASSERT(m_pBMIH != NULL);
     return m_pBMIH->biHeight;
}
```

下面重载串行化 Serialize(CArchive &ar)函数，代码如下：

```
void CDIB::Serialize(CArchive &ar)
{
    if(ar.IsStoring())
        Write(ar.GetFile());
    else Read(ar.GetFile());
}
```

显示位图时需要创建调色板，下面是创建调色板的函数：

```
BOOL CDIB::MakePalette()
{
    // 如果不存在调色板，则返回 FALSE
    if(GetPaletteSize() == 0)
        return FALSE;
    if(m_hPalette != NULL)
        ::DeleteObject(m_hPalette);
    // 给逻辑调色板分配内存
    LPLOGPALETTE pLogPal = (LPLOGPALETTE) new char[2 * sizeof(WORD)
        + GetPaletteSize() * sizeof(PALETTEENTRY)];
    // 设置逻辑调色板的信息
    pLogPal->palVersion =   0x300;
    pLogPal->palNumEntries = GetPaletteSize();
    // 复制 DIB 中的颜色表到逻辑调色板
    LPRGBQUAD pDibQuad = (LPRGBQUAD) GetColorTable();
    for(int i = 0; i < GetPaletteSize(); ++i)
    {
        pLogPal->palPalEntry[i].peRed = pDibQuad->rgbRed;
        pLogPal->palPalEntry[i].peGreen = pDibQuad->rgbGreen;
        pLogPal->palPalEntry[i].peBlue = pDibQuad->rgbBlue;
        pLogPal->palPalEntry[i].peFlags = 0;
        pDibQuad++;
    }
    m_hPalette = ::CreatePalette(pLogPal); // 创建调色板
    delete pLogPal;                        // 删除临时变量并返回 TRUE
    return TRUE;
}
```

最后编写位图图像的显示函数，代码如下：

```
void CDIB::Draw(CDC *pDC, CPoint ptOrigin, CSize szImage)
{
    if(m_pBMIH == NULL) return;           // 如果信息头为空，返回 FALSE
    if(m_hPalette!=NULL)                   // 如果使用调色板，则将调色板选入设备环境
        ::SelectPalette(pDC->GetSafeHdc(),m_hPalette,TRUE);
    pDC->SetStretchBltMode(COLORONCOLOR);       // 设置显示模式
    // 在设备的 ptOrigin 位置上画出大小为 szImage 的图像
    ::StretchDIBits(pDC->GetSafeHdc(),
            ptOrigin.x, ptOrigin.y,         //起始点
            szImage.cx,szImage.cy,          //长和宽
            0, 0, m_pBMIH->biWidth, m_pBMIH->biHeight,
```

```
        m_pBits, (LPBITMAPINFO) m_pBMIH,
        DIB_RGB_COLORS, SRCCOPY);
}
```

StretchDIBits 函数用于显示位图，其函数原型如下：

```
int StretchDIBits
(
    HDC hdc,                        //设备环境句柄
    int XDest,                      //目标矩形的左上角的 X 坐标
    int YDest,                      //目标矩形的左上角的 Y 坐标
    int nDestWidth,                 //目标矩形的宽度
    int nDestHeight,                //目标矩形的高度
    int XSrc,                       //源矩形的左上角的 X 坐标
    int YSrc,                       //源矩形的左上角的 Y 坐标
    int nSrcWidth,                  //源矩形的宽度
    int nSrcHeight,                 //源矩形的高度
    CONST VOID *lpBits,             //位图点阵的起始地址
    CONST BITMAPINFO *lpBitsInfo,   //位图信息的起始地址
    UINT iUsage,                    //色彩标志
    DWORD dwRop                     //光栅模式
);
```

其中 iUsage 有两种取值，即 DIB_PAL_COLORS 和 DIB_RGB_COLORS，一般取 DIB_RGB_COLORS。

光栅模式设置参数 dwRop 可以取 15 种值，见表 8-26。

表 8-26　常用的光栅模式代码

ROP 码	涵　义
BLACKNESS	输出黑色
DSTINVERT	反转目的位图
MERGECOPY	用与操作把图案(Pattern)与源位图融合起来
MERGEPAINT	用或操作把反转的源位图与目的位图融合起来
NOTSRCCOPY	把源位图反转然后复制到目的地
NOTSRCERASE	用或操作融合源和目的位图，然后再反转
PATCOPY	把图案复制到目的位图中
PATINVERT	用异或操作把图案与目的位图相融合
PATPAINT	用或操作融合图案和反转的源位图，然后用或操作把结果与目的位图融合
SRCAND	用与操作融合源位图和目的位图
SRCCOPY	把源位图复制到目的位图
SRCERASE	先反转目的位图，再用与操作将其与源位图融合
SRCINVERT	用异或操作融合源位图和目的位图
SRCPAINT	用或操作融合源位图和目的位图
WHITENESS	输出白色

这里仅需原样显示位图图像，所以取 SRCCOPY 值。

8.7　案例三：显示 DIB 位图

下面使用刚刚创建的 CDIB 类具体设计一个显示 BMP 位图的例程。

(1) 首先新建一个 SDI 项目工程 MyDIB。

(2) 加载 CDIB 类到 MyDIB 工程中。选择"Project/Add to Project/Files 菜单项，弹出图 8.14 所示的对话框。

图 8.14　向现有项目添加 CDIB 类

按图 8.14 所示选取 DIB.h 和 DIB.cpp 文件，单击 OK 按钮，返回 Visual C++设计界面。

(3) 在 CMyDIBApp 类中重载 OnFileOpen 事件响应函数。

① 改 CMyDIBApp 头文件：

```
class CMyDIBApp : public CWinApp
{
    …
    // Implementation
    //{{AFX_MSG(CMyDIBApp)
    afx_msg void OnAppAbout();
    afx_msg void OnFileOpen();                  //添加的代码
    // NOTE - the ClassWizard will add and remove member functions here.
    //    DO NOT EDIT what you see in these blocks of generated code !
    //}}AFX_MSG
    DECLARE_MESSAGE_MAP()
};
```

② 修改 CMyDIBApp 的实现文件，完善消息映射机制：

```
BEGIN_MESSAGE_MAP(CMyDIBApp, CWinApp)
    //{{AFX_MSG_MAP(CMyDIBApp)
    ON_COMMAND(ID_APP_ABOUT, OnAppAbout)
    ON_COMMAND(ID_FILE_OPEN, OnFileOpen)    //添加的消息映射
        // NOTE - the ClassWizard will add and remove mapping macros here.
        //    DO NOT EDIT what you see in these blocks of generated code!
    //}}AFX_MSG_MAP
    // Standard file based document commands
    ON_COMMAND(ID_FILE_NEW, CWinApp::OnFileNew)
```

```
    ON_COMMAND(ID_FILE_OPEN, CWinApp::OnFileOpen)
    // Standard print setup command
    ON_COMMAND(ID_FILE_PRINT_SETUP, CWinApp::OnFilePrintSetup)
END_MESSAGE_MAP()
```

具体编写 OnFileOpen 函数，代码如下：

```
void CMyDIBApp::OnFileOpen()
{
    CString strFilter = "位图文件 (*.bmp)|*.bmp|All Files (*.*)|*.*||";
    CFileDialog FileDlg(TRUE, "*.bmp", NULL,
            OFN_HIDEREADONLY | OFN_OVERWRITEPROMPT, strFilter);
    if (FileDlg.DoModal() == IDOK)
        OpenDocumentFile(FileDlg.m_ofn.lpstrFile);
}
```

(4) 完善 CMyDIBDoc 类。首先在 MyDIBDoc.h 的开头添加如下代码：

```
class CDIB;
```

再声明一个私有数据成员：

```
private:
    CDIB *m_pBmp;
```

并在类的构造函数和析构函数中对此成员进行处理：

```
CMyDIBDoc::CMyDIBDoc()
{
    m_pBmp = new CDIB;
}
CMyDIBDoc::~CMyDIBDoc()
{
    if(m_pBmp != NULL){
        delete m_pBmp;
        m_pBmp = NULL;}
}
```

重载 Serialize 函数，代码如下：

```
void CMyDIBDoc::Serialize(CArchive& ar)
{
    m_pBmp->Serialize(ar);
}
```

再添加一个公有成员函数 GetImage，代码如下：

```
CDIB* CMyDIBDoc::GetImage()
{
    return m_pBmp;
}
```

(5) 完善 CMyDIBView 类。主要是重载 OnDraw 函数，代码如下：

```
void CMyDIBView::OnDraw(CDC* pDC)
{
    CMyDIBDoc* pDoc = GetDocument();
    ASSERT_VALID(pDoc);
    //获得 BMP 指针
    CDIB *pBmp = pDoc->GetImage();
    if(pBmp->GetBMIH() != NULL)
    {
        CSize szDisplay;
        szDisplay.cx = pBmp->GetWidth();
        szDisplay.cy = pBmp->GetHeight();
        pBmp->Draw(pDC,CPoint(0,0),szDisplay);
    }
}
```

此时可以编译并运行程序了，选择"文件/打开"菜单项，选择一个位图文件，结果如图 8.15 所示。

图 8.15　在视图中显示 DIB 位图文件

8.8　音　频　处　理

Windows 支持两种资源交互文件格式(Resource Interchange File Format，RIFF)的音频文件：MIDI 文件和波形音频 WAVE 文件，目前最常用的是 WAVE 文件。在进行声音编程处理以前，首先介绍一下 RIFF 格式和 WAVE 文件。

8.8.1　RIFF 格式

RIFF 可以看做是一种树状结构，其基本构成单位为"块"(Chunk)，它犹如树状结构中的节点。每个 Chunk 由"辨别码"(ID)、"数据大小"(Size)和"数据"(Data)所组成，如图 8.16 所示。

其中，辨别码用 4 个字符表示，如 RIFF、LIST 等，表示 Chunk "数据"的类型，指定块的标志 ID。如果一个程序不能识别"辨别码"，则将忽略由 Chunk"大小"所指定的 Chunk

"数据"和附加的数据；数据大小用 32 位无符号数值表示，表示 Chunk "数据"的长度和 Chunk "数据"后附加的数据长度，这一值还包括 Chunk "辨别码"和 Chunk "大小"所占用的空间；数据是指二进制数据，用来描述具体的声音信号，数据可以是固定长度也可以是可变长度。相对于 RIFF 文件起始位置，数据是"字对齐"的，这样可以提高数据访问速度。如果数据的字节长度为奇数，在数据后面要附加一个字节，以保持"字对齐"。

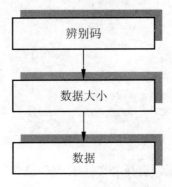

图 8.16　RIFF 结构示意图

　　一般而言，块与块不能相互嵌套。但有两种情况可以例外，即分别以 RIFF 及 LIST 为辨别码的 Chunk 可以包含子 Chunk。其中 RIFF 块的级别最高，它可以包括 LIST 块。RIFF 块和 LIST 块与其他块不同，RIFF 块的数据总是以一个指定文件中数据存储格式的 4 个字符码(称为格式类型)开始，如 WAVE 文件有一个 WAVE 的格式类型。LIST 块的数据总是以一个指定列表内容的 4 个字符码(称为列表类型)开始，例如扩展名为.avi 的视频文件就有一个 strl 的列表类型。

8.8.2　WAVE 文件格式

　　WAVE 文件是非常简单的一种 RIFF 文件，其格式类型为 WAVE，如图 8.17 所示。

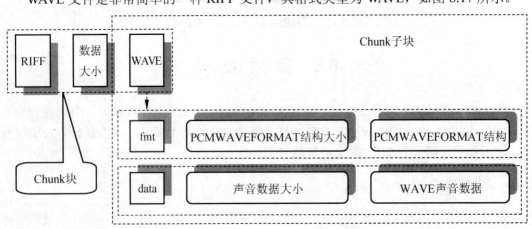

图 8.17　WAVE 文件结构示意图

　　RIFF 块包含两个子块，这两个子块的 ID 分别是 fmt 和 data。

1. fmt 子块

其中 fmt 子块由结构 PCMWAVEFORMAT 所组成，其子块的大小就是 sizeofof(PCMWAVEFORMAT)，数据组成就是 PCMWAVEFORMAT 结构中的数据。

PCMWAVEFORMAT 的定义如下：

```
typedef struct {
    WAVEFORMAT wf;                   //波形格式
    WORD       wBitsPerSample;       //WAVE 文件的采样大小，每个采样样本所需的位元数
} PCMWAVEFORMAT;
```

其中 WAVEFORMAT 结构的定义如下：

```
typedef struct {
    WORD wFormatTag;
    WORD nChannels;
    DWORD nSamplesPerSec;
    DWORD nAvgBytesPerSec;
    WORD nBlockAlign;
} WAVEFORMAT;
```

各个成员的涵义见表 8-27。

表 8-27　WAVEFORMAT 结构成员

成　　员	涵　　义
WFormatTag	记录声音格式代号，如 WAVE_FORMAT_PCM、WAVE_FORMAT_ADPCM 等
NChannels	记录声音的声道数
nSamplesPerSec	记录每秒采样数(采样率)
NAvgBytesPerSec	记录每秒的平均数据量
nBlockAlign	记录块的对齐单位

2. data 子块

data 子块包含真正的声音数据。Windows 定义了在 data Chunk 中数据的存放情形。对于单声道，例如 8 位单声道，每个样本数据由 8 位表示。而在多声道 WAVE 文件中，样本是交替出现的。如对于 8 位立体声，每个声道的数据由一个 8 位数据表示，且第一个 8 位数据表示 0 声道(左)数据，紧随其后的 8 位数据表示 1 声道(右)数据；而对于 16 位立体声，每个声道的数据由一个 16 位数据表示，且第一个 16 位数据表示 0 声道(左)数据，紧随其后的 16 位数据表示 1 声道(右)数据。

8.8.3　声音播放

操作声音文件即将 WAVE 文件打开，获取其中的声音数据，再根据需要进行相应的处理。

1. 使用简单的播放函数播放声音文件

Windows 提供了 3 个特殊的播放声音的高级音频函数：MessageBeep、PlaySound 和

sndPlaySound。这 3 个函数可以满足播放波形声音的一般需要，但它们播放的 WAVE 文件大小不能超过 100 KB，如果要播放较大的 WAVE 文件，则应该使用 MCI 服务。

1）MessageBeep 函数

该函数主要用来播放系统报警声音。该函数的声明为：

```
BOOL MessageBeep(UINT uType);
```

参数 uType 说明了告警级，见表 8-28。若成功，则函数返回 TRUE。

表 8-28　系统告警级

级　别	描　述
−1	从计算机的扬声器中发出蜂鸣声
MB_ICONASTERISK	播放由 SystemAsterisk 定义的声音
MB_ICONEXCLAMATION	播放由 SystemExclamation 定义的声音
MB_ICONHAND	播放由 SystemHand 定义的声音
MB_ICONQUESTION	播放由 SystemQuestion 定义的声音
MB_OK	播放由 SystemDefault 定义的声音

在开始播放后，MessageBeep 函数立即返回。如果该函数不能播放指定的报警声音，就播放 SystemDefault 定义的系统默认声音，如果连系统默认声音也播放不了，那么它就会在计算机的扬声器上发出嘟嘟声。默认时表 8-28 的 MB_系列声音均未定义。

例如，下面新建一个基于对话框的项目工程 MySound1，如图 8.18 所示。

需要注意的是，需要在程序中链接 Winmm.lib 库，如图 8.19 所示。

图 8.18　MySound1 项目主界面　　　　　图 8.19　链接 Winmm.lib 库

打开 Stdafx.h 文件：

```
#ifndef _AFX_NO_AFXCMN_SUPPORT
```

在语句的上一行顶头加入如下语句，包含头文件 Mmsystem.h：

```
#include < Mmsystem.h>
```

编写"播放"按钮的事件响应函数代码：

```
void CMySound1Dlg::OnButton1()
```

```
{
    MessageBeep(MB_ICONHAND);
}
```

编译并运行程序，单击"播放"按钮，会听到熟悉的嘟嘟声。

2）PlaySound 函数

MessageBeep 函数只能用来播放少数定义的声音，如果程序需要播放数字音频文件（*.wav 文件）或音频资源，就需要使用 PlaySound 或 sndPlaySound 函数。

PlaySound 函数的原型为：

```
BOOL PlaySound(LPCSTR pszSound, HMODULE hmod,DWORD fdwSound);
```

其中，参数 pszSound 用于指定要播放声音的字符串，可以是 WAVE 文件的名字，或是 WAV 资源的名字，或是内存中声音数据的指针，或是在系统注册表 WIN.INI 中定义的系统事件声音。如果该参数为 NULL，则停止正在播放的声音。

参数 hmod 是应用程序的实例句柄，当播放 WAV 资源时要用到该参数，否则它必须为 NULL。

参数 fdwSound 是标志的组合，见表 8-29。

表 8-29　播放标志

标　　志	涵　　义
SND_APPLICATION	用应用程序指定的关联来播放声音
SND_ALIAS	pszSound 参数指定了注册表或 WIN.INI 中的系统事件的别名
SND_ALIAS_ID	pszSound 参数指定了预定义的声音标识符
SND_ASYNC	用异步方式播放声音，PlaySound 函数在开始播放后立即返回
SND_FILENAME	pszSound 参数指定了 WAVE 文件名
SND_LOOP	重复播放声音，必须与 SND_ASYNC 标志一块使用
SND_MEMORY	播放载入到内存中的声音，此时 pszSound 是指向声音数据的指针
SND_NODEFAULT	不播放默认声音，若无此标志，则 PlaySound 在没找到声音时会播放默认声音
SND_NOSTOP	PlaySound 不打断原来的声音播放并立即返回 FALSE
SND_NOWAIT	如果驱动程序正忙，则函数就不播放声音并立即返回
SND_PURGE	停止所有与调用任务有关的声音。若参数 pszSound 为 NULL，就停止播放所有的声音，否则停止播放 pszSound 指定的声音
SND_RESOURCE	pszSound 参数是 WAVE 资源的标识符，这时要用到 hmod 参数
SND_SYNC	同步播放声音，在播放完后 PlaySound 函数才返回

假设在"D:\代码\多媒体编程\MySound1"目录下有一个名为"Windows XP 注销音.wav"的声音文件，可以用 PlaySound 函数直接播放该声音。相应的代码为：

```
PlaySound("D:\\代码\\多媒体编程\\MySound1\\Windows XP 注销音.wav",
          NULL,SND_ASYNC);
```

3）sndPlaySound 函数

函数 sndPlaySound 的功能与函数 PlaySound 的类似，但少了一个参数。函数的声明为：

```
BOOL sndPlaySound(LPCSTR lpszSound, UINT fuSound);
```

参数 lpszSound 与函数 PlaySound 的参数 PszSound 是一样的。参数 fuSound 是如何播放声音的标志,可以是 SND_ASYNC、SND_LOOP、SND_MEMORY、SND_NODEFAULT、SND_NOSTOP 和 SND_SYNC 的组合,这些标志的涵义与函数 PlaySound 的一样。

要用该函数播放 WAVE 文件,可按下面的方式调用:

```
sndPlaySound("D:\\代码\\多媒体编程\\MySound1\\Windows XP 注销音.wav",
              SND_ASYNC);
```

2. 将声音文件加入到程序资源中

在 Visual C++的程序设计中,可以利用各种标准的资源,如位图、菜单、对话框等。同时 Visual C++也允许用户自定义资源,因此可以将声音文件作为用户自定义资源加入到程序资源文件中,经过编译连接生成 EXE 文件,实现无.wav 文件的声音播放。

要实现作为资源的声音文件的播放,首先要在资源管理器中加入待播放的声音文件。

用户在 Resource View 中单击鼠标右键,在弹出的快捷菜单中选择 Import 菜单项,然后在打开的文件选择对话框中选择"Windows XP 注销音.wav"文件,如图 8.20 所示,则该文件就会被加入到 WAVE 资源中,如图 8.21 所示。

图 8.20　选择声音文件

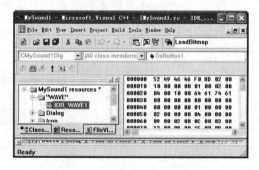

图 8.21　添加声音文件资源

此时可用下面的函数调用输出注销声音:

```
PlaySound(MAKEINTRESOURCE(IDR_WAVE1),AfxGetResourceHandle(),
          SND_ASYNC|SND_RESOURCE|SND_NODEFAULT|SND_LOOP);
```

其中,MAKEINTRESOURCE 用于将整数资源标识符转变为字符串,AfxGetResourceHandle 函数返回包含资源的模块句柄,SND_RESOURCE 是必需的标志。

或者简单一点,如下述语句也能实现同样的功能:

```
PlaySound((LPCTSTR)IDR_WAVE1, AfxGetInstanceHandle(),
          SND_RESOURCE | SND_ASYNC);
```

作为资源的声音文件的第二种播放方法是把资源读入内存后作为内存数据播放,具体步骤如下。

(1) 获得包含资源的模块句柄:

```
HMODULE hmod=AfxGetResourceHandle();
```

(2) 检索资源块信息:

```
HRSRC hSndResource=FindResource(hmod,MAKEINTRESOURCE(IDR_WAVE1),_T("WAVE"));
```

（3）装载资源数据并加锁：

```
HGLOBAL hGlobalMem=LoadResource(hmod,hSndResource);
LPCTSTR lpMemSound=(LPCTSTR)LockResource(hGlobalMem);
```

（4）播放声音文件：

```
sndPlaySound(lpMemSound,SND_MEMORY);
```

（5）释放资源句柄：

```
FreeResource(hGlobalMem);
```

8.8.4　MCI 基础

用 Windows 提供的 sndPlaySound 等 API 函数只能实现小型 WAV 文件的播放，但当 WAVE 文件大于 100 KB 时，系统就无法将声音数据一次性读入内存，该 sndPlaySound 函数就不能进行顺畅的播放了。为了解决这个问题，可以选择媒体控制接口(Media Control Interface，MCI)来播放声音文件。

MCI 向 Windows 程序提供了在高层次上控制媒体设备接口的能力，程序不必关心具体设备，就可以对激光唱机(CD)、视盘机、波形音频设备、视频播放设备和 MIDI 设备等媒体设备进行控制。对于程序员来说，可以把 MCI 理解为设备面板上的一排按钮，通过单击不同的按钮(发送不同的 MCI 命令)可以让设备完成各种功能，而不必关心设备的内部实现。

见表 8-30，Microsoft API 提供了 3 个常见的 MCI 函数来完成 WAVE 文件的相关操作。

表 8-30　MCI 常用函数

函　　数	涵义与功能
mciSendString	传送指令字符串给 MCI
mciGetErrorString	将 MCI 错误代码转换为字符串
mciSendCommand	发送命令消息给指定 MCI 设备

其中，mciSendString 函数的声明为：

```
MCIERROR mciSendString(
    LPCTSTR lpszCommand,          //MCI 命令字符串
    LPTSTR lpszReturnString,      //存放反馈信息的缓冲区
    UINT cchReturn,               //缓冲区的长度
    HANDLE hwndCallback           //回调窗口的句柄，一般为 NULL
);
```

所有的 MCI 命令字符串都是通过 mciSendString 函数传递给 MCI 的。

mciSendString 函数返回的错误码可以用 mciGetErrorString 函数进行分析，其声明如下：

```
BOOL mciGetErrorString(
    DWORD fdwError,               //返回的错误码
    LPTSTR lpszErrorText,         //接收描述错误的字符串的缓冲区
    UINT cchErrorText             //缓冲区的长度
);
```

下面的代码演示了如何使用 mciSendString 函数：

```
char buf[50];
MCIERROR mciError;
mciError=mciSendString("open cdaudio",buf,strlen(buf),NULL);
if(mciError)
{
    mciGetErrorString(mciError,buf,strlen(buf));
    AfxMessageBox(buf);
    return;
}
```

mciSendCommand 函数的原型如下：

```
MCIERROR mciSendCommand(
    MCIDEVICEID IDDevice,           //接收命令消息的 MCI 设备 ID
    UINT uMsg,                      //发送的 MCI 命令消息
    DWORD fdwCommand,               //命令的标志位
    DWORD dwParam                   //消息参数的结构体地址
);
```

参数 uMsg 为 MCI 命令消息。MCI 中常用的命令消息见表 8-31。

表 8-31　MCI 中常用的命令消息

命　　令	涵　　义
MCI_OPEN	打开设备
MCI_CLOSE	关闭设备
MCI_PLAY	播放
MCI_PAUSE	暂停
MCI_RESUME	继续
MCI_STOP	停止
MCI_RECORD	录音

参数 IDDevice 表示接收命令消息的 MCI 设备标识符，但对于 MCI_OPEN 消息一般不使用此参数。

若 mciSendCommand 函数调用成功，则返回零；否则，返回双字中的低字存放的错误信息。

可见，应用程序通过向 MCI 发送命令来控制媒体设备，MCI 命令接口分命令字符串(使用 mciSendString 函数)和命令消息(使用 mciSendCommand 函数)两种，两者具有相同的功能。命令字符串具有使用简单的特点，但是它的执行效率不如命令消息。

1．打开音频设备

在使用 MCI 播放声音文件时，首先要打开音频设备。格式如下：

```
MCIERROR mciSendCommand(MCIDEVICEID wDeviceID, MCI_OPEN,
    DWORD dwFlags, (DWORD) (LPMCI_OPEN_PARMS) lpOpen);
```

其中 lpOpen 参数为一个 MCI_OPEN_PARMS 结构的地址。MCI_OPEN_PARMS 结构定义如下：

```
typedef struct {
    DWORD        dwCallback;          //为发送 MM_MCINOTIFY 消息指定窗口句柄
    MCIDEVICEID  wDeviceID;           //打开的音频设备的 ID
    LPCSTR       lpstrDeviceType;     //设备类型
    LPCSTR       lpstrElementName;    //打开的声音文件名
    LPCSTR       lpstrAlias;
} MCI_OPEN_PARMS;
```

其中 lpstrDeviceType 成员可取表 8-32 中的值。

表 8-32　MCI 设备类型

设 备 类 型	描　　　述
animation	动画设备
cdaudio	CD 播放器
dat	数字音频磁带机
digitalvideo	某一窗口中的数字视频(不基于 GDI)
other	未定义的 MCI 设备
overlay	重叠设备(窗口中的模拟视频)
scanner	图像扫描仪
sequencer	MIDI 序列器
videodisc	视盘机
waveaudio	播放数字波形文件的音频设备

例如，定义一个 MCI_OPEN_PARMS 结构变量 OpenParms：

```
MCI_OPEN_PARMS OpenParms;
```

再设置该变量的必要的相应分量，例如：

```
OpenParms.wDeviceID = 0;
OpenParms.lpstrDeviceType = "waveaudio";
OpenParms.lpstrElementName = (LPCSTR) Filename;
```

下面是语句使用实例：

```
mciSendCommand (NULL,MCI_OPEN,MCI_WAIT|MCI_OPEN_TYPE|MCI_OPEN_TYPE_ID
    |MCI_OPEN_ELEMENT,(DWORD)(LPVOID) &OpenParms)
```

函数中的 MCI_OPEN_TYPE 参数说明设备类型名包含在 OpenParms 结构体中，而 MCI_OPEN_ELEMENT 参数说明要打开的文件名包含在 OpenParams 结构体中。参数 MCI_WAIT 说明当命令执行结束后函数才返回值。

该函数调用发送 MCI_OPEN 命令后，返回的参数 OpenParms 中的成员变量 wDeviceID 指明打开了哪个设备，一般可以将其赋给一个全局变量以备它用，例如：

```
MCIDEVICEID m_MCIDeviceID;
```

```
m_MCIDeviceID=OpenParms.wDeviceID;
```

2. 关闭音频设备

声音文件处理完毕后，需要关闭音频设备，格式如下：

```
MCIERROR mciSendCommand(MCIDEVICEID wDeviceID, MCI_CLOSE,
      DWORD dwFlags, (DWORD) (LPMCI_GENERIC_PARMS) lpClose);
```

参数 dwFlags 取 MCI_NOTIFY 或 MCI_WAIT，而参数 lpClose 是 MCI_GENERIC_PARMS 结构的地址。

MCI_GENERIC_PARMS 结构定义如下：

```
typedef struct {
    DWORD dwCallback;
} MCI_GENERIC_PARMS;
```

dwCallback 成员用于描述 MCI_NOTIFY 使用的一个窗体句柄。

也可以简单调用 mciSendCommand 函数关闭音频设备：

```
mciSendCommand (m_MCIDeviceID, MCI_CLOSE, NULL, NULL);
```

3. 播放

最基本的操作就是将文件中的声音数据播放出来。使用 mciSendCommand 函数的格式如下：

```
MCIERROR mciSendCommand(MCIDEVICEID wDeviceID, MCI_PLAY,
      DWORD dwFlags, (DWORD) (LPMCI_PLAY_PARMS ) lpPlay);
```

参数 lpPlay 是 MCI_PLAY_PARMS 结构的地址。MCI_PLAY_PARMS 结构定义如下：

```
typedef struct
{
    DWORD dwCallback;
    DWORD dwFrom;                            //表示播放的起点
    DWORD dwTo;                              //表示播放的终点
} MCI_PLAY_PARMS;
```

例如，下面的例句：

```
PlayParms.dwCallback=(long)GetSafeHwnd();
PlayParms.dwFrom=0;                         //设置播放位置从头开始
dwError=mciSendCommand(m_MCIDeviceID,MCI_PLAY,
      MCI_FROM|MCI_NOTIFY,(DWORD)(LPVOID)&PlayParms);
```

参数 MCI_FROM 说明开始播放的位置包含在 PlayParms 结构体中，参数 MCI_NOTIFY 的意义是播放完后发送 MM_MCINOTIFY 消息。

4. 暂停与继续

暂停函数格式：

```
MCIERROR mciSendCommand(MCIDEVICEID wDeviceID, MCI_PAUSE,
```

```
    DWORD dwFlags, (DWORD) (LPMCI_GENERIC_PARMS) lpPause);
```

继续函数格式：

```
MCIERROR mciSendCommand(MCIDEVICEID wDeviceID, MCI_RESUME,
    DWORD dwFlags, (DWORD) (LPMCI_GENERIC_PARMS) lpResume);
```

例如：

```
mciSendCommand(m_MCIDeviceID,MCI_PAUSE,0,NULL);
mciSendCommand(m_MCIDeviceID,MCI_RESUME,0,NULL);
```

5. 停止

停止所有播放操作，释放所有缓冲区资源，轨道回到起点，格式如下：

```
MCIERROR mciSendCommand(MCIDEVICEID wDeviceID, MCI_STOP,
    DWORD dwFlags, (DWORD) (LPMCI_GENERIC_PARMS) lpStop);
```

例如，下述语句可以实现停止功能：

```
mciSendCommand(m_MCIDeviceID,MCI_STOP,MCI_WAIT,NULL);
```

6. 录音

录音功能是 MCI 较为突出的一个功能，使用函数的格式如下：

```
MCIERROR mciSendCommand(MCIDEVICEID wDeviceID, MCI_RECORD,
    DWORD dwFlags, (DWORD) (LPMCI_RECORD_PARMS) lpRecord);
```

MCI_RECORD_PARMS 结构定义如下：

```
typedef struct
{
    DWORD dwCallback;
    DWORD dwFrom;
    DWORD dwTo;
} MCI_RECORD_PARMS;
```

7. MCI 消息

MCI 有两个消息：MM_MCINOTIFY、MM_MCISIGNAL。常用 MM_MCINOTIFY 通知应用程序，通报 MCI 已经完成某一个操作。MM_MCINOTIFY 有两个参数：

```
wParam = (WPARAM) wFlags
lParam = (LONG) lDevID
```

wFlags 可取如下 4 种值。

(1) MCI_NOTIFY_ABORTED。

(2) MCI_NOTIFY_FAILURE。

(3) MCI_NOTIFY_SUCCESSFUL。

(4) MCI_NOTIFY_SUPERSEDED。

例如下面的代码描述了如何编写 MM_MCINOTIFY 响应函数：

```
LRESULT CMyMCIDlg::MciNotify(WPARAM wParam,LPARAM lParam)
{
    if (wParam==MCI NOTIFY SUCCESSFUL) //成功播放后重置标识
    {
        ⋮
        return 0;
    }
    return -1;                              //否则返回错误
}
```

8.9 案例四：简易音频播放器

为了让读者对 MCI 有一个具体的认识，下面设计一个简易音频播放器，可以实现声音文件的加载、播放、暂停/继续等功能。

(1) 创建一个基于对话框的项目工程 MyMCI。

(2) 按图 8.22 所示设计对话框界面。

图 8.22 MyMCI 主对话框界面布局

其中的 6 个按钮控件的属性见表 8-33。

表 8-33 MyMCI 主对话框控件属性

ID	Caption	按 钮 类 型
IDC_BUTTON_Open	打开	PUSHBUTTON
IDC_BUTTON_Close	关闭	PUSHBUTTON
IDC_BUTTON_Play	播放	PUSHBUTTON
IDC_BUTTON_Pause	暂停/继续	PUSHBUTTON
IDC_BUTTON_Stop	停止	PUSHBUTTON
IDC_BUTTON_Exit	退出	PUSHBUTTON

(3) 将头文件 mmsystem.h 加入到文件 Stdafx.h 中。方法是打开 Stdafx.h 文件：

```
#ifndef _AFX_NO_AFXCMN_SUPPORT
```

在语句的上一行顶头加入下述语句：

```
#include <mmsystem.h>
```

再将多媒体函数库 Winmm.lib 与程序链接起来，具体步骤如图 8.19 所示。

(4) 在 CMyMCIDlg 类中声明 5 个数据成员，见表 8-34。

表 8-34　MyMCI 主对话框类自定义成员

成 员 名 称	数 据 类 型	涵 　 义
m_Psign	BOOL	作为判断正在播放的标识
m_Asign	BOOL	作为判断暂停的标识
dwError	DWORD	用来储存错误代码
m_MCIDeviceID	MCIDEVICEID	用来储存打开设备的 ID 值
szErrorBuf[MAXERRORLENGTH]	char	用来储存出错内容

(5) 编写按钮单击事件响应函数。

① "打开" 按钮响应函数，代码如下：

```
void CMyMCIDlg::OnBUTTONOpen()
{
  CString filename;            //存储文件名
  CString fileext;            //存储文件扩展名
  MCI_OPEN_PARMS OpenParms;  //存储打开文件的信息和返回的设备标识信息
  DWORD dwError;             //储存返回的错误标识
  static char szFilter[]="波形音频文件(*.wav)|*.wav|";
  CFileDialog dlg(TRUE,NULL,NULL,OFN_HIDEREADONLY|OFN_OVERWRITEPROMPT,
          szFilter);
  if (dlg.DoModal()==IDOK)
  {
      filename=dlg.GetFileName();    //获取打开的文件名
      fileext=dlg.GetFileExt();    //获取打开的文件扩展名
      if (m_Psign)                 //如果程序正在播放，则关闭
      {
        //关闭正在播放的声音
        dwError=mciSendCommand(m_MCIDeviceID,MCI_CLOSE,0,NULL);
        if (dwError)               //如果关闭不成功，则显示出错的原因
        {
          if(mciGetErrorString(dwError,(LPSTR)szErrorBuf,
             MAXERRORLENGTH))
            MessageBox(szErrorBuf,"MCI 出错",MB_ICONWARNING);
          else
            MessageBox("不明错误标识","MCI 出错",MB_ICONWARNING);
          return;
        }
      }
      if (!strcmp("wav",fileext))          //否则
          OpenParms.lpstrDeviceType="waveaudio";
      OpenParms.lpstrElementName=filename;
      //将打开的文件名存入 OpenParms 结构体中
      dwError=mciSendCommand(0,MCI_OPEN,MCI_OPEN_TYPE|MCI_OPEN_ELEMENT,
          (DWORD)(LPVOID)&OpenParms);    //发送打开文件命令
      if (dwError)                        //如果打开不成功，则显示出错的原因
      {
          if (mciGetErrorString(dwError,(LPSTR)szErrorBuf,MAXERRORLENGTH))
            MessageBox(szErrorBuf,"MCI 出错",MB_ICONWARNING);
          else
            MessageBox("不明错误标识","MCI 出错",MB_ICONWARNING);
```

```
        return;
    }
    m_MCIDeviceID=OpenParms.wDeviceID;
    m_Psign=FALSE; //设置正在播放标识为FALSE
    m_Asign=FALSE; //设置正在暂停标识为FALSE
  }
}
```

② "播放"按钮响应函数，代码如下：

```
void CMyMCIDlg::OnBUTTONPlay()
{
  MCI_PLAY_PARMS PlayParms;//结构体变量存储播放相关信息
  if (!m_Psign)                    //如果没有正在播放的声音
  {
    PlayParms.dwCallback=(long)GetSafeHwnd();
    PlayParms.dwFrom=0;//设置播放位置从头开始
    dwError=mciSendCommand(m_MCIDeviceID,MCI_PLAY,
        MCI_FROM|MCI_NOTIFY,(DWORD)(LPVOID)&PlayParms);
    if (dwError)
    {
        if(mciGetErrorString(dwError,(LPSTR)szErrorBuf,MAXERRORLENGTH))
            MessageBox(szErrorBuf,"MCI 出错",MB_ICONWARNING);
        else
            MessageBox("不明错误标识","MCI 出错",MB_ICONWARNING);
        return;
    }
    m_Psign=TRUE;    //设置正在播放标识为TRUE
  }
}
```

③ "暂停/继续"按钮响应函数，代码如下：

```
void CMyMCIDlg::OnBUTTONPause()
{
  if (m_Psign)          //如果有正在播放的声音
  {
    if (!m_Asign)    //如果不是暂停状态则暂停播放
    {
        dwError=mciSendCommand(m_MCIDeviceID,MCI_PAUSE,0,NULL);
        if (dwError)
        {
            if (mciGetErrorString(dwError,(LPSTR)szErrorBuf,
                    MAXERRORLENGTH))
                MessageBox(szErrorBuf,"MCI 出错",MB_ICONWARNING);
            else
                MessageBox("不明错误标识","MCI 出错",MB_ICONWARNING);
            return;
        }
        m_Asign=TRUE;          //设置正在暂停标识为TRUE
    }
    else                      //如果已经是暂停状态则继续播放
```

```
    {
        dwError=mciSendCommand(m_MCIDeviceID,MCI_RESUME,0,NULL);
        if (dwError)
        {
            if(mciGetErrorString(dwError,(LPSTR)szErrorBuf,
                    MAXERRORLENGTH))
                MessageBox(szErrorBuf,"MCI 出错",MB_ICONWARNING);
            else
                MessageBox("不明错误标识","MCI 出错",MB_ICONWARNING);
            return;
        }
        m_Asign=FALSE;//设置正在暂停标识为 FALSE
    }
  }
}
```

④ "停止"按钮响应函数，代码如下：

```
void CMyMCIDlg::OnBUTTONStop()
{
  dwError=mciSendCommand(m_MCIDeviceID,MCI_STOP,MCI_WAIT,NULL);
  if (dwError)
  {
    if (mciGetErrorString(dwError,(LPSTR)szErrorBuf,MAXERRORLENGTH))
        MessageBox(szErrorBuf,"MCI 出错",MB_ICONWARNING);
    else
        MessageBox("不明错误标识","MCI 出错",MB_ICONWARNING);
    return;
  }
  m_Psign=FALSE;                        //设置正在播放标识为 FALSE
  m_Asign=FALSE;                        //设置正在暂停标识为 FALSE
  MessageBox("如要播放新的文件，在打开前先关闭现有文件","注意",MB_ICONQUESTION);
}
```

⑤ "关闭"按钮响应函数，代码如下：

```
void CMyMCIDlg::OnBUTTONClose()
{
  if (m_MCIDeviceID)                    //若什么文件都没有打开过，就不执行关闭操作
  {
    dwError=mciSendCommand(m_MCIDeviceID,MCI_STOP,MCI_WAIT,NULL);
    if (dwError)
    {
        if(mciGetErrorString(dwError,(LPSTR)szErrorBuf,MAXERRORLENGTH))
            MessageBox(szErrorBuf,"MCI 出错",MB_ICONWARNING);
        else
            MessageBox("不明错误标识","MCI 出错",MB_ICONWARNING);
        return;
    }
    dwError=mciSendCommand(m_MCIDeviceID,MCI_CLOSE,0,NULL);
    if (dwError)
    {
```

```
        if (mciGetErrorString(dwError,(LPSTR)szErrorBuf,MAXERRORLENGTH))
            MessageBox(szErrorBuf,"MCI 出错",MB_ICONWARNING);
        else
            MessageBox("不明错误标识","MCI 出错",MB_ICONWARNING);
        return;
    }
    m_MCIDeviceID=0;                    //关闭文件后将变量设为 0
  }
}
```

⑥ "退出"按钮响应函数，代码如下：

```
void CMyMCIDlg::OnBUTTONExit()
{
    OnBUTTONClose();                    //先执行关闭文件的操作
    CDialog::OnOK();                    //关闭窗口
}
```

(6) 编写 MM_MCINOTIFY 消息处理函数。

首先打开 MyMCIDlg.h 文件，在 CMyMCIDlg 类定义体内的

```
//}}AFX_MSG
```

和

```
DECLARE_MESSAGE_MAP()
```

之间加入如下代码：

```
afx_msg LRESULT MciNotify(WPARAM wParam,LPARAM lParam);
```

再打开 MyMCIDlg.cpp 文件，在消息映射表中加入如下代码：

```
    ON_MESSAGE(MM_MCINOTIFY,MciNotify)。
```

结果如下：

```
BEGIN_MESSAGE_MAP(CMCIPlayerDlg, CDialog)
    //{{AFX_MSG_MAP(CMCIPlayerDlg)
    ON_WM_SYSCOMMAND()
    ON_WM_PAINT()
    ON_WM_QUERYDRAGICON()
    ON_BN_CLICKED(IDC_OPEN_BUTTON, OnOpenButton)
    ON_BN_CLICKED(IDC_START_BUTTON, OnStartButton)
    ON_BN_CLICKED(IDC_PAUSE_BUTTON, OnPauseButton)
    ON_BN_CLICKED(IDC_STOP_BUTTON, OnStopButton)
    ON_BN_CLICKED(IDC_CLOSE_BUTTON, OnCloseButton)
    //}}AFX_MSG_MAP
    ON_MESSAGE(MM_MCINOTIFY,MciNotify)
END_MESSAGE_MAP()
```

接着编写相应的响应函数，代码如下：

```
LRESULT CMyMCIDlg::MciNotify(WPARAM wParam,LPARAM lParam)
{
```

```
        if (wParam==MCI_NOTIFY_SUCCESSFUL)        //成功播放完成后重置标识
        {
            m_Psign=FALSE;                        //设置正在播放标识为 FALSE
            m_Asign=FALSE;                        //设置正在暂停标识为 FALSE
            return 0;
        }
        return -1;                                //否则返回错误
}
```

(7) 在对话框 OnInitDialog 函数中初始化相应变量，代码如下：

```
BOOL CMyMCIDlg::OnInitDialog()
{
    ......
    m_Psign=FALSE;                        //初始化正在播放标识
    m_Asign=FALSE;                        //初始化正在暂停标识
    m_MCIDeviceID=0;                      //初始化设备标识

    return TRUE;
}
```

至此，已经完成了简易音频播放器的设计，读者可以自行编译运行上述代码，测试系统是否达到了预期功能。

本 章 总 结

所谓多媒体就是文字、声音、图形/图像、视频等各种媒体的有效融合。从本质上说，在 Windows 操作系统下屏幕上显示的任何东西都可看成是图形。任何图形/图像的显示输出都离不开 GDI，由它管理应用程序在窗口内的绘图操作。GDI 有两个要素：设备描述表和绘图工具。MFC 对 GDI 的这两个要素进行了全面封装，这就是 CDC 类和 CGdiObject 类。CDC 类定义了设备描述表对象，封装了使用设备环境的 GDI 函数，所有的绘图操作都是直接或间接运用了 CDC 的成员函数。Windows 的绘图工具被封装到 CGdiObject 类中，并由之派生出 6 个子类。在 Windows 应用程序中，CDC 类与 CGdiObject 类共同工作，协同完成绘图显示工作。

图形图像有两种格式：矢量图格式和位图格式。其中位图又分为依赖于设备的位图 (DDB) 和与设备无关的位图(DIB)。MFC 提供了 DDB 类 CBitmap，但未提供 DIB 类，用户需要自己编写 DIB 类。典型的 DIB 位图是 BMP 格式。BMP 位图实际上是一个像素值阵列，像素阵列存储在一个字节数组中，每一个像素的位数可以是 1、4、8 或 24。BMP 文件可看成由 3 部分构成：文件头 BITMAPFILEHEADER、位图信息 BITMAPINFO 和数据点阵。

音频是另一种使用较多的媒体信息格式。Windows 支持两种资源交互文件格式 (Resource Interchange File Format，RIFF)的音频文件：MIDI 文件和波形音频 WAVE 文件，目前最常用的是 WAVE 文件，它保存的是最原始的、未被压缩的 PCM 数据，是对采样数据最完整的体现，所以通过对 WAVE 文件的分析、统计和可视化显示，可以得到最准确的结果。Windows 提供了 3 个特殊的播放声音的高级音频函数：MessageBeep、PlaySound 和

sndPlaySound。这 3 个函数可以满足播放波形声音的一般需要，但它们播放的 WAVE 文件大小不能超过 100 KB，如果要播放较大的 WAVE 文件，则应该使用 MCI 服务。

习　题

1．什么是 GDI、设备环境、绘图模式及画笔？并说明它们之间的关系。

2．举例说明 CDC、CClientDC、CWindowsDC 及 CPaintDC 类的主要功能与关系？

3．根据 CDC 类提供的画椭圆的成员函数，改变其参数，给出绘制圆的一般方式。

4．阅读有关资料，设计一个 SDI 工程，在视图窗口中显示"您好，欢迎参观学习！"。并要求这一行文字从窗口的左边向右滚动显示，每显示一轮，改变一次颜色和字体，一个周期的 4 种颜色为：红、绿、黄和蓝，4 种字体为宋体、楷体、仿宋体和黑体。

5．在例 8.2 中讲了一个利用"橡皮筋"技术画直线的实例，参照该实例，利用该技术画出"矩形"。即按住鼠标左键时，代表绘制矩形开始，并绘制出矩形的左上角处的点，当鼠标左键向右下角移动时，动态地画出一个矩形，移动鼠标，该矩形的右下角也在移动，直到释放鼠标左键。编写该程序，并上机调试。

6．下面是例 8.5 中的一段代码，分析其功能。如果要求改用 MessageBeep 函数、PlaySound 函数或 sndPlaySound 函数来实现声音播放，该如何修改程序？

```
MCI_PLAY_PARMS PlayParms;
if (!m_Psign)
{
    PlayParms.dwCallback=(long)GetSafeHwnd();
    PlayParms.dwFrom=0;
    dwError=mciSendCommand(m_MCIDeviceID,MCI_PLAY,
        MCI_FROM|MCI_NOTIFY,(DWORD)(LPVOID)&PlayParms);
    if (dwError)
    {
    if(mciGetErrorString(dwError,(LPSTR)szErrorBuf,MAXERRORLENGTH))
        MessageBox(szErrorBuf,"MCI 出错",MB_ICONWARNING);
    else
        MessageBox("不明错误标识","MCI 出错",MB_ICONWARNING);
    return;
    }
    m_Psign=TRUE;
}
```

7．*在例 8.4 中实现了 DIB 位图的显示，在此基础上，编程实现图像的缩放显示，并且缩放比例可随意调整。

参 考 文 献

[1] Microsoft．MFC 与 Windows 编程[M]．2 版．影印版．北京：北京大学出版社，2000.

[2] [美]Charles Petzold．Windows 编程[M]．5 版．影印版．北京：北京大学出版社，2002.

[3] [美]K.Li and M.Wu．Effective GUI Testing Automation: Developing an Automated GUI Testing Tool[M]．王轶昆，等译．北京：电子工业出版社，2005.

[4] 张宏林．Visual C++数字图像模式识别技术及工程实践[M]．北京：人民邮电出版社，2004.

[5] 刘长明，等．Visual C++实践与提高——多媒体篇[M]．北京：中国铁道出版社，2003.

[6] [美]David J, Kruglinski．Visual C++技术内幕[M]，潘爱民，王国印译．北京：清华大学出版社，1999.

[7] 魏亮，李春葆．Visual C++程序设计例学与实践[M]．北京：清华大学出版社，2006.

[8] 刘瑞，吴跃进，王宗越．Visual C++项目开发实用案例[M]．北京：科学出版社，2006.

[9] 孙鑫，余安萍．VC++深入详解[M]．北京：电子工业出版社，2006.

[10] 陈清华，等．Visual C++课程设计案例精选与编程指导[M]．南京：东南大学出版社，2004.

[11] 严华峰，等．Visual C++课程设计案例精编 [M]．2 版．北京：中国水利水电出版社，2004.

[12] 周鸣扬．Visual C++界面编程技术[M]．北京：北京希望电子出版社，2003.

[13] 原奕，等．Visual C++实践与提高——数据库开发与工程应用篇[M]．北京：中国铁道出版社，2005.

[14] 求是科技．Visual C++ 6.0 数据库开发技术与工程实践[M]．北京：人民邮电出版社，2004.

[15] 李鲲程．Visual C++打印编程技术与工程实践[M]．北京：人民邮电出版社，2003.

[16] 李闽溟，等．Visual C++ 6.0 数据库系统开发实例导航[M]．北京：人民邮电出版社，2004.

[17] 张越，等．Visual C++网络程序设计实例详解[M]．北京：人民邮电出版社，2006.

[18] 陈坚，等．Visual C++网络高级编程[M]．北京：人民邮电出版社，2003.

[19] 郎锐，等．Visual C++网络通信程序开发指南[M]．北京：机械工业出版社，2004.

[20] 周奇．SQL Server 2005 数据库基础及应用技术教程与实训[M]．北京：北京大学出版社，2008.

[21] 罗伟坚．Visual C++经典游戏程序设计[M]．北京：人民邮电出版社，2006.

[22] 向世明．Visual C++数字图像与图形处理[M]．北京：电子工业出版社，2005.

[23] 汪晓华，等．Visual C++网络通信协议分析与应用实现[M]．北京：人民邮电出版社，2004.

[24] [美]B. Shneiderman. Designing the User Interface: Strategies for Effective Human-Computer Interaction，3rd Ed[M]．张国印，李健利译．北京：电子工业出版社，2004.

[25] 朱娜敏，魏宗寿，李红．精通 Windows 程序设计——基于 Visual C++实现[M]．北京：人民邮电出版社，2009.

[26] 刘腾红，屈振新．Windows 程序设计技术[M]．北京：清华大学出版社，2004.

北京大学出版社本科计算机系列实用规划教材

序号	标准书号	书　名	主　编	定价
1	978-7-301-10511-5	离散数学	段禅伦	28.00
2	7-301-10457-X	线性代数	陈付贵	20.00
3	7-301-10510-X	概率论与数理统计	陈荣江	26.00
4	978-7-301-10503-0	Visual Basic 程序设计	闵联营	22.00
5	978-7-301-10456-9	多媒体技术及应用	张正兰	30.00
6	978-7-301-10466-8	C++程序设计	刘天印	33.00
7	978-7-301-10467-5	C++程序设计实验指导与习题解答	李　兰	20.00
8	978-7-301-10505-4	Visual C++程序设计教程与上机指导	高志伟	25.00
9	978-7-301-10462-0	XML 实用教程	丁跃潮	26.00
10	978-7-301-10463-7	计算机网络系统集成	斯桃枝	22.00
11	978-7-301-10465-1	单片机原理及应用教程	范立南	30.00
12	7-5038-4421-3	ASP .NET 网络编程实用教程(C#版)	崔良海	31.00
13	7-5038-4427-2	C 语言程序设计	赵建锋	25.00
14	7-5038-4420-5	Delphi 程序设计基础教程	张世明	37.00
15	7-5038-4417-5	SQL Server 数据库设计与管理	姜　力	31.00
16	978-7-5038-4424-9	大学计算机基础	贾丽娟	34.00
17	978-7-5038-4430-0	计算机科学与技术导论	王昆仑	30.00
18	7-5038-4418-3	计算机网络应用实例教程	魏　峥	25.00
19	7-5038-4415-9	面向对象程序设计	冷英男	28.00
20	978-7-5038-4429-4	软件工程	赵春刚	22.00
21	7-5038-4431-0	数据结构(C++版)	秦　锋	28.00
22	978-7-5038-4423-2	微机应用基础	吕晓燕	33.00
23	7-5038-4426-4	微型计算机原理与接口技术	刘彦文	26.00
24	7-5038-4425-6	办公自动化教程	钱　俊	30.00
25	7-5038-4419-1	Java 语言程序设计实用教程	董迎红	33.00
26	7-5038-4428-0	计算机图形技术	龚声蓉	28.00
27	978-7-301-11501-5	计算机软件技术基础	高　巍	25.00
28	978-7-301-11500-8	计算机组装与维护使用教程	崔明远	33.00
29	978-7-301-12174-0	Visual FoxPro 实用教程	马秀峰	29.00
30	978-7-301-11500-8	管理信息系统实用教程	杨月江	27.00
31	978-7-301-11445-2	Photoshop CS 实用教程	张　瑾	28.00
32	978-7-301-12378-2	ASP .NET 课程设计指导	潘志红	35.00(附 1CD)
33	978-7-301-12394-2	C# .NET 课程设计指导	龚自霞	32.00(附 1CD)
34	978-7-301-13259-3	VisualBasic .NET 课程设计指导	潘志红	30.00(附 1CD)
35	978-7-301-12371-3	网络工程实用教程	汪新民	34.00
36	978-7-301-14132-8	J2EE 课程设计指导	王立丰	32.00

序号	标准书号	书 名	主 编	定价
37	978-7-301-13585-3	计算机专业英语	张 勇	30.00
38	978-7-301-13684-3	单片机原理及应用	王新颖	25.00
39	978-7-301-14505-0	Visual C++程序设计案例教程	张荣梅	30.00
40	978-7-301-14259-2	多媒体技术应用案例教程	李 建	30.00
41	978-7-301-14503-6	ASP .NET 动态网页设计案例教程 (Visual Basic .NET 版)	江 红	35.00
42	978-7-301-14504-3	C++面向对象与 Visual C++程序设计案例教程	黄贤英	35.00
43	978-7-301-14506-7	Photoshop CS3 案例教程	李建芳	34.00
44	978-7-301-14510-4	C++程序设计基础案例教程	于永彦	33.00
45	978-7-301-14942-3	ASP .NET 网络应用案例教程(C# .NET 版)	张登辉	33.00
46	978-7-301-12377-5	计算机硬件技术基础	石 磊	26.00
47	978-7-301-15208-9	计算机组成原理	娄国焕	24.00
48	978-7-301-15463-2	网页设计与制作案例教程	房爱莲	36.00
49	978-7-301-04852-8	线性代数	姚喜妍	22.00
50	978-7-301-15461-8	计算机网络技术	陈代武	33.00
51	978-7-301-15697-1	计算机辅助设计二次开发案例教程	谢安俊	26.00
52	978-7-301-15740-4	Visual C# 程序开发案例教程	韩朝阳	30.00
53	978-7-301-16597-3	Visual C++程序设计实用案例教程	于永彦	32.00
54	978-7-301-16850-9	Java 程序设计案例教程	胡巧多	32.00

电子书(PDF 版)、电子课件和相关教学资源下载地址：http://www.pup6.com/ebook.htm，欢迎下载。